숭실대학교 한국기독교박물관 소장

심리학초권

이 자료총서는 2018년 대한민국 교육부와 한국연구재단의 지원을 받아 수행된 연구임(NRF-2018S1A6A3A01042723)

메타모포시스 자료총서 04

숭실대학교 한국기독교박물관 소장

싱리학초권

초판 1쇄 발행 2020년 1월 31일

편 역 | 애니 베어드(A.L.A Baird)
해 제 | 오선실

펴낸이 | 윤관백
펴낸곳 | 도서출판 선인

등 록 | 제5-77호(1998.11.4)
주 소 | 서울시 마포구 마포대로 4다길 4(마포동 324-1) 곶마루 B/D 1층
전 화 | 02) 718-6252 / 6257
팩 스 | 02) 718-6253
E-mail | sunin72@chol.com

정가 23,000원

ISBN 979-11-6068-345-5 93470

· 잘못된 책은 바꿔 드립니다.

메타모포시스 자료총서
04

숭실대학교 한국기독교박물관 소장

싱리학초권

애니 베어드(Annie L. Baird) 편역
오선실 해제

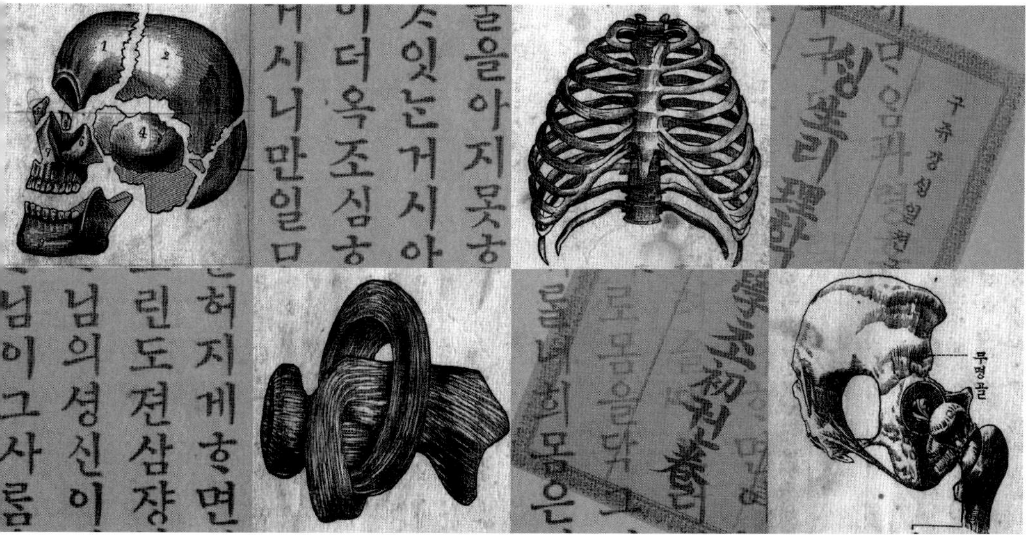

도서출판 선인

▎발간사 ▎

숭실대학교 한국기독교문화연구원은 2018년 한국연구재단의 인문한국플러스(HK+) 사업 수행기관으로 선정된 이후 '근대 전환 공간의 인문학-문화의 메타모포시스'라는 어젠다로 사업을 수행하고 있다. 본 사업단은 어젠다에 따라 한국 근대 전환 공간에서 외래 문명의 유입, 이에 따른 갈등과 대립, 수용과 변용, 확산 등 한국 근대의 형성 및 변화 과정을 총체적으로 검토 및 분석하고 있다. 특히 숭실대학교 한국기독교박물관이 소장하고 있는 근현대 희귀 소장 자료를 토대로 보다 더 구체적이고 실증적인 연구를 수행하고 있다.

한국기독교박물관이 소장하고 있는 근대 이후 자료들은 한국 사회의 근대 문명 도입과 전개 과정을 살펴볼 수 있는 중요한 자료이다. 한국기독교박물관에서 소장하는 있는 문헌 자료는 2018년 3월 현재 조선 중기 이후부터 해방까지 고문서, 고서, 서화류, 근대 인쇄물류 등으로 구분할 수 있으며 이 중 현재 박물관에서 등록한 문헌 자료는 총 6,977점에 달한다. 연구자들에게 이를 활용할 수 있도록 제공하고 있다. 그동안 한국기독교박물관은 소장하고 있는 자료에 대해 주제별로 해제집을 발간하였다. 2005년 2월 『한국기독교박물관 소장 고문헌목록』을 시작으로 『한국기독교박물관 소장 기독교 자료 해제』(2007년 1월), 『한국기독교박물관 소장 과학 · 기술 자료 해제』(2009년 2월), 『한국기독교박물관 소장 한국학 자료 해제』(2010년 12월), 『한국기독교박물관 소장 민족운동 자료 해제』(2012년 12월) 등을 발간하였다.

특히 개항 이후부터 1945년까지 역사 자료 중 주목할 만한 기독교 자료로는

성경, 찬송가, 신앙교리서, 주일학교 공과, 교회 회의록, 한국 교회사, 기독교 신문, 기독교 잡지 등이 있고 천주교 자료로는 천주교 신앙 형성과 관련된 자료, 천주교 교리서, 천주교 성인들의 전기류, 한국 천주교 역사, 천주교 성가집, 조선 선교에 관한 소개서류 등이 있다. 한국학 자료로는 한말 정치 경제 자료, 을미사변 전후 의병활동 자료, 외교사 관련 자료, 학부, 일제강점기 독립운동 관련 자료 등이 대표적이다. 근대 교과서로는 인문과학, 역사, 수학, 천문지리학, 동식물학, 생리해부학, 물리 · 화학, 자연과학 일반, 군사학 등을 소장하고 있다. 또한 개화기와 일제강점기에 발행된 서적류가 다량 소장되어 있다. 예를 들어 인문사회과학 일반, 역사지리 일반, 언어 · 어학, 문학예술, 음악, 교육, 의생활, 농학 및 경제학, 전통 유학, 기타 종교 · 잡술 등을 들 수 있다. 중국과 일본에서 발행된 여러 종류의 서적류, 다종의 근대 신문 · 잡지 등도 있다.

이와 같이 한국기독교박물관에 소장되어 있는 자료는 모두 본 사업단의 어젠다 연구에서 반드시 필요한 문서들이다. 특히 학계에서 아직은 많은 관심을 보이지 않고 있는 자연과학과 관련된 자료는 본 사업단 연구에 매우 필요한 문헌들이다. 근대 자연과학은 전근대 한국인들이 합리적이고 이성적인 근대인으로 전환했다고 믿게 해주는 학문이었다. 근대라는 것이 합리성의 추구라면 그것을 뒷받침해주는 것이 근대 자연과학이라고 할 수 있다. 그러므로 근대 자연과학의 도입에 대한 탐구는 본 사업단에서 추구하는 어젠다에 반드시 포함시켜야 할 주제이다. 한국기독교박물관에서 소장하고 있는 구한말 근대 자연과학 자료는 근대 서양과학의 도입, 변용, 그리고 확산을 밝혀줄 수 있는 매우 중요한 역사적 문헌들이다.

그래서 본 사업단에서는 제1차로 대한제국 시기 평양 숭실대학에서 교과서로 사용했던 근대 자연과학 교과서를 해제 및 영인하여 본 사업단의 연구뿐만 아니라 나아가 한국 근대 과학사 연구에 도움을 주고자 하였다. 제1차로 추진된 근대 자연과학과 관련된 해제 및 영인 자료는 모두 4개의 자료총서로 구성되어 있다. 희귀 자료인 『텬문략히』(1908), 『동물학』(1906), 『식물도셜』(1908), 『싱리학초권』(1908) 등이다.

자료총서 1 『텬문략히』는 미국 북장로교 선교사로서 평양 숭실학당을 설립한 윌리엄 베어드(William M. Baird)가 쓴 천문학 교과서이다. 이 책은 1899년에 발행된 조엘 스틸(Joel Dorman Steele)의 *Popular Astronomy*를 번역 · 편찬한 것이다. 베어드는 일찍부터 교과서 편찬에 힘을 쏟았다. 초창기에 사용할 수 있는 교재의 대부분은 한문과 일본어로 된 것이었다. 그러나 베어드는 이런 교재를 사용하지 않았다. 한국어가 일반 교육 언어가 되어야 한다고 믿었기 때문이다. 베어드는 자체적으로 한국어로 된 교육용 교재를 편찬하였다. 베어드의 『텬문략히』는 사립학교에서 독립 교과과정으로 사용되었고 당시 천문학 지식을 전파하는 역할을 했다.

자료총서 2 『동물학』은 1906년 애니 베어드(A.L.A Baird)가 편역한 교과서이며 현존하는 대한제국기의 '동물학' 교과서로는 가장 앞선다. 이 책은 한국 근대 전환 공간에서 '기독교와 과학'이라는 근대 학문 지식을 전달하고 있으며 평양 숭실의 교육정책(한국인에게 한국어로 학문을 가르치고, 사용되는 교육용어는 한국어로)이 반영되어 있다. 애니 베어드의 과학 교과서 시리즈 가운데 그 첫 번째 책이고, 발행부수가 2,000부로 『식물학』, 『생리학초권』의 발행부수 1,000부보다 1,000부가 더 발행되어 많은 이들에게 읽혔다. 한국의 근대 전환기의 서구 학문(생물학)의 수용사와 국내 학술용어의 형성사에 가장 기초적인 자료로 가치가 있으며, 한국 근대 교과서 형성사, 기독교와 과학을 다루는 기독교계 학교교육 연구, 한국 교육사에 기초 사료로서의 가치가 크다.

자료총서 3 『식물도셜』은 1908년 애니 베어드가 숭실중학교 첫 졸업생이며 오늘날 독립운동가로 널리 알려진 차리석의 도움을 받아 순한글로 편역한 평양 숭실대학의 과학 교과서였다. 페이지는 색인을 포함해 총 259면으로 구성되어 있다. 이 책은 아사 그레이(Asa Gray)가 1858년 뉴욕의 아메리칸 북 컴퍼니(American Book Company)에서 출간한 총 233페이지 분량의 *Botany for young people and common schools : how plants grow*를 번역한 것이었다. 애니 베어드가 번역 출간한 『식물도셜』은 일제강점기 이후에도 평양 숭실대학에서 교재로 계속 사용되었으며, 숭실 학생들에게 서양 근대과학을 배울 수 있는 기회를 주었다. 이러한 의미에서 애니 베어드의 『식물도셜』은 한국 근대과학사 연구를 위해서도 매우 중요한 자료이며, 아울러 『식물도셜』에서 번역된 학술 용어와 오늘날 사용되고 있는 식물학 관련 학술 용어를 비교함으로써 식물학 관련 학술 용어가 어떤 변화 과정을 거치면서 정착되었는지를 밝힐 수 있는 중요한 근거 자료가 될 수 있다.

자료총서 4 『싱리학초권』은 1908년 애니 베어드에 의해 번역 출판되었다. 이 책은 미국 중등학교 생리학 교과서였던 윌리엄 테이어 스미스(William Thayer Smith)의 책, *The Human Body and its Health-a Textbook for Schools, Having Special Reference to the Effects of Stimulants and Narcotics on the Human System*(New York, Chicago, Ivison, Blakman, Taylor & Company, 1884)를 충실하게 번역하였고, 평양 숭실대학의 과학 수업 교재를 개발하기 위한 생물 교과서 번역 작업의 결과물 중 하나였다. 이러한 애니 베어드의 『싱리학초권』은 기존 한국에서는 낯선 학문 분야였던 생리학을 자세히 소개하는 동시에 체계적인 과학 교과서로서 한국의 생리학 교육이 확립되는 중요 기반을 제공했다. 또한 생리학은 자연과학 지식뿐만 아니라 건강을 유지하기 위한 위생 관념을 포함한다는 점에서 통제와 절제를 강조하는 청교도적 규범을 제시하는 것이기도 했다.

2020년 1월

숭실대학교 한국기독교문화연구원

HK+사업단장 황민호

▌목 차▐

애니 베어드(A.L.A Baird)의 『싱리학초권』 해제

오선실*

1. 애니 베어드 번역 활동과 『싱리학초권』의 출판 과정

숭실학당을 설립한 선교사 윌리엄 베어드(William M. Baird, 1862~1931)의 부인 신분으로 그와 함께 1891년 처음 한국에 온 애니 베어드(Annie L. Baird, 1864~1916)는 선교사 배우자로서 그를 보조하는 역할뿐만 아니라 직접 강의를 하는 교육자로서, 그리고 한국어로 글을 쓰는 번역가이자 저술가로서 다방면에서 활약하며 중요한 업적들을 남겼다.[1] 특히 "안애리"라는 한국 이름으로 번역, 출판한 그녀의 과학교과서들은 기존 한국에서는 접하기 어려웠던 서구 근대 과학의 실재 내용을 자세히 소개하는 동시에 과학 교재를 갖춘 체계적인 과학 교육을 시작하는 중요한 토대가 되었다.

초기 숭실학당에서 식물학 강의를 담당했던 애니 베어드는 『식물도셜』, 『동물학』, 『싱리학초권』 등 주로 생물학의 범주에 들어가는 과학교과서들을 번역했다.[2] 1895년 조선의 근대식 학제 도입 이후 겨우 그 학문 범주가 생겨

* 숭실대학교 한국기독교문화연구원 HK+사업단 HK연구교수

1) 김성연, 「근대 초기 선교사 부인의 저술 활동과 번역가로서의 정체성」, 『현대문학의 연구』 55, 2015, 266~273쪽; 김승태, 박혜진, 『내한선교사총람』, 한국기독교역사연구소, 1994, 149쪽; 애니 베어드에 자세한 생애와 활동에 대해서는 오지석, 「해제 : 개화기 조선선교사의 삶」, 『Inside Views fo Mission Life(1913): 개화기 조선 선교사의 삶』, 도서출판 선인, 2019, 7~21쪽을 참고하라.

2) 스스로 소설을 창작할 만큼 한국어 실력이 뛰어났던 애니 베어드는 생물학 교재 외에도 윌리엄 베어드가 번역한 역사, 지리 교과서 『만국통감』 1~5권의 편역 작업에 참여했고, 다수의 음악, 찬송가를 번역했다. 김성연, 위의 글, 267쪽.

나기 시작한 근대 과학은 미처 교과체계도 갖추지 못한 채 근대 교육 과정 안에 등장했는데, 당시 숭실학당을 비롯한 신식 학교들도 제대로 된 교재 없이 강의가 개설되어 강의를 진행하는 담당 교사가 매주 강의에 사용할 강의록을 만들어야 했고, 한학기가 끝나 후 이를 묶은 것이 다음 학기 교재가 되기도 했다.[3] 이러한 상황에서 애니 베어드가 번역한 생물학 서적들도 그녀 자신이 담당했던 식물학 강의를 비롯해 숭실학당에 개설된 과학 과목에 강의 교재를 제공하기 위한 것들이었다.

이렇듯 기독교 선교학교가 당장 강의에 사용할 과학 교과서를 번역한다는 목적은 당시 애니 베어드가 번역할 원서들을 선정하는 기준이 되었다. 5년제 중등학교를 표방한 숭실사학에서 식물학과 동물학은 각각 1학년과 2학년 과목으로 개설되었고, 이들 과목의 교과서로 애니 베어드는 아사 그레이(A.L.Gray, 1810~1888)의 책, *Zoology*와 *Botany for Young People and Common Schools* (1858)를 번역해 『동물학』(1906)과 『식물도셜』(1908)이라는 제목으로 출판했다.[4] 이들 원서의 저자 그레이는 19세기 미국의 대표적인 생물학자 중 한 사람으로 미국에 다윈주의를 소개하고 적극 지지한 인물이었다. 무엇보다 그는 다윈의 진화론을 기독교적 세계관 안에서도 충분히 수용 가능하다고 보아 그 충돌 가능성을 생물학 이론으로 해소하고자 노력한 인물로 그의 또 다른 생물학 교과서, *Natural Science and Religion: Two Lectures Delivered to Theological School of Yale College* (New York, Scribnerl's, 1880)는 예일대학 신학과 교재로 쓰이기도 했다.[5] 즉 애니 베어드는 기독교적 세계관 안에서 생물학의 최신 내용들을 충실하게 소개하는 중등 교과서를 숭실학당의 과학교과서로 삼고

---

3) 한명근, 「한국기독교박물관 소장 근대 자료의 내용과 성격」, 『한국기독교박물관 자료를 통해 본 근대의 수용과 변용』, 도서출판 선인, 2019, 65~68쪽.

4) 숭실대학교, 『숭실대학교 100년사』, 숭실대학교 100년사 편찬위원회, 1997, 84쪽, 92쪽.

5) 아사 그레이에 대한 소개는 백과사전을 참조했다. https://www.encyclopedia.com/humanities/encyclopedias-almanacs-transcripts-and-maps/gray-asa-1810-1888; 김성연, 앞의 글, 268쪽.

자 했던 것이다.

애니 베어드가 숭실학당 3학년에 개설된 생리학 수업의 교과서로 윌리엄 테이어 스미스(William Thayer Smith, 1839~1909)의 책, *The Human Body and its Health-a Textbook for Schools, Having Special Reference to the Effects of Stimulants and Narcotics on the Human System* (New York, Chicago, Ivison, Blakman, Taylor & Company, 1884)을 선정한 이유도 같은 맥락에서 이해할 수 있다.[6] 생리학은 인체에 해부학적 이해를 바탕으로 신체에서 일어나는 물질대사, 약리작용을 설명하는 학문으로 의학, 생물학 범주에 포함되는 학문이지만, 동시에 건강 유지를 위해 필요한 위생관념과 생활규범을 제시한다는 점에서 윤리의식을 내포한다. 해부학 교수이자 의사인 원서의 저자, 스미스는 책에서 명확하게 기독교 세계관을 표출하지는 않았지만, "자극과 각성제의 효과"를 부재로 달아두고 각 장의 말미 마다 술과 마약류가 각 신체기관에 미치는 영향을 제시하며 절제를 강조했다는 점에서 청교도적 윤리의식을 공유했다.

애니 베어드의 다른 번역서들과 마찬가지로 『싱리학초권』도 순한글로 번역되었다. 서구 근대 과학을 한글로 번역하는 일은 낯선 서구식 지식 개념과 더불어 기존 한국에는 존재하지 않던 과학 용어들을 적절한 한국말로 새롭게 창조해내는 작업을 포함했다. 특히 생리학은 기존 한의학과는 다른 방식으로 인간의 신체를 바라보는 서구 의학의 시각이 극명하게 드러나는 분야라는 점에서 양질의 번역을 위해서는 두 지식 체계를 모두 이해할 필요가 있었다. 이렇듯 쉽지 않은 번역 작업이 전적으로 애니 베어드에 의해 이뤄졌지만, 애니 베어드는 서문을 통해 숭실 중학교 졸업생 리근식이 교정 작업에 큰 도움을 주었다며 큰 감사를 표했고, 원서의 출처와 번역 사항을 영문으로 적시한 내지에서는 한국 최초의 서구식 병원인 제중원의 원장을 역임하고 이후 세브란

6) 『싱리학초권』의 원서인 *The Human Body and its Health* 에 대한 원문은 https://archive.org/details/elementaryphysio00smit/page/n6에서 무료로 제공한다.

스 병원을 설립한 올리버 에비슨(Oliver R. Avison, 1860~1956)의 도움을 받아 의학 용어를 정리할 수 있었다고 언급했다. 이러한 노력들은 책의 말미에 "명목"이라는 이름으로 묶어 한글–한자–영어로 순으로 번역 나열한, 279개에 달하는 생리학 용어 목록으로 확인할 수 있다.

2. 『싱리학초권』의 구성과 내용

『싱리학초권』은 애니 베어드가 서문 말미에서 "본 영문에 뜻에 의지해서 번역"했다고 밝혔듯 원서의 구성과 내용에 충실하게 번역되었다. 신체의 각 기관과 기능에 따라 나눠진 10개의 장과 각 소절들, 그리고 응급 상황에 대처하는 법을 다룬 부록까지 동일한 제목의 목차가 그대로 사용됐고, 69개에 달하는 도판도 2개가 빠지고 새로 하나가 추가되는 정도로만 차이가 있을 뿐, 원서의 내용이 거의 그대로 유지됐다. 또한 원서가 가진 일반적인 과학교과서의 특징, 즉 내용을 설명하는 본문과 더불어 배운 내용을 확인하기 위한 연습 문제들을 포함하는 구성도 번역서 역시 교과서라는 점에서 그대로 차용되었다. 책의 마지막에는 "명목"이라는 이름으로 각각 한글 자음 순과 알파벳 순으로 생리학 용어 278개를 나열한 색인이 붙어있는데, 한글 자음 순과 알파벳 순은 순서만 다를 뿐 동일한 항목이다. 이 부분도 원서의 구성과 동일한데, 원서의 색인 항목이 매우 상세하게 나눠진데 비해서는 다소 축약되었다.

다만 번역자 애니 베어드가 "안애리"라는 한국 이름으로 새로 쓴 서문으로 시작하는 『싱리학 초권』에는 원저자가 쓴 서문은 빠져있다. 뉴햄프셔주 해노버에 위치한 다트머스 의학 대학(Dartmouth Medical College)의 해부학 및 생리학 조교수로 재직하던 스미스는 원서 서문에서 이 책이 중등 학생들을 위한 교과서로 저술되었으며, 학생들의 효과적인 학습과 불필요한 혼란 방지를 위해 의도적으로 복잡한 작용 설명과 사실적인 도판을 배제하고, 비교적 단순하고 명확하게 신체의 구조와 기능을 제시했음을 밝혔다. 또한 그는 이 책이 해부학과 생리학에 기초해 그것으로부터 유도된 위생 관념과 원칙을 제시함으로써 기존 관습이나 선대의 지혜에 근거했던 불명확한 위생 관념을 벗어나 위생 법칙을 확립하는 데 기여할 수 있을 것이라 주장했다. 무엇보다 그는 이 책의 장점이 신체에 가해지는 다양한 자극과 각성제들의 효과를 풍부한 근거들과 함께 다루는 데 있으며, 학생들이 이 책을 통해 자극과 각성을 통제하는 법을 배울 수 있을 것이라는 기대를 드러냈다.

바로 이러한 점이 애니 베어드가 이 책을 숭실학당의 생리학 교재로 선택한 이유가 됐을 터인데, 애니 베어드의 서문에서 그러한 의도를 읽어볼 수 있다. 애니 베어드는 "하느님께서 사람을 만드실 때 마음과 영혼을 주실 뿐만 아니라" "마음과 영혼이 살 집"인 몸도 주셨으니 "예수를 믿어 영혼을 닦고 학문을 힘써 마음을 닦으며 생리학을 배워 배운 대로 몸을 닦으면 온전한 사람"이 될 것이라며 생리학의 효용을 제시했다. 특히 그녀는 담배와 술은 몸을 무너뜨리는 행위로 절대로 해서는 안 될 일로 제시하고 있는데, 그녀의 그러한 생각은 원서의 각성제(narcotics)를 "취하게 하는 독한 물건"으로, 원서에 "알콜이 근육에 미치는 영향," "알콜이 순환에 미치는 영향" 정도로 제시된 항목들을 "주정과 담배의 후환"이나 "주정이 피와 여타 순환하는 것을 해하게 함이라"로 매우 강한 표현을 골라 번역한 것에서 찾아 볼 수 있다.

『싱리학초권』의 제1장은 "결정(definitions)"으로 이 책에서 다루는 학문 분야를 소개하고 그 범위를 정의하는 데서 출발한다. 이 책에서 다루는 범주인 해부학, 생리학, 위생은 모두 기존 한국을 포함한 동아시아에서는 낯선 개념으로 한국보다 먼저 시작된 일본과 중국의 서구 근대 과학 용어 번역 작업 과정에서 만들어진 신조어들이다.

제2장은 뼈와 마디(The Bones and Joints)를 다루는 장으로 전체 골격을 설명하고 이어 각각의 뼈들을 상세하게 그린 도판들과 함께 그 모양과 기능을

제시했다. 이어지는 제3장은 근육(the Muscles)으로 온몸의 근육들이 어떻게 뼈를 움직이게 하는지를 설명한다. 3장의 말미에서는 전술한 신체의 물리적 움직임, 운동을 가능케 하는 뼈와 근육에 대한 해부학 지식에 기초해 지나친 술이 가져오는 해약들, 즉 근육의 제대로 된 움직임을 방해할 뿐만 아니라 근육 변형을 일으키고 종국에는 근육을 무력화하는 기작까지 발생하는 일련의 과정을 이해할 수 있으며, 이러한 생리학 지식을 바탕으로 합리적인 삶을 실천할 것을 강조했다.

제4장과 제5장은 피(일하는 것과 쇠약하여 짐과 피, Works and Waste-The Blood)와 그 순환(피의 순환하는 것, the Circulation)을 다룬다. 혈액과 혈장, 혈구 등 혈액 안의 다양한 요소들을 다루고, 심장을 통해 이뤄지는 피의 대순환과 폐를 통과하는 소순환을 다양한 도판들을 통해 설명한다. 더불어 이러한 피의 대순환이 술로 인해 어그러질 수 있음을 경고했다.

제6장과 제7장은 우리가 섭취하는 음식들(먹는 것과 마시는 것과 자극과 취하게 하는 독한 물건, Food and Water, Stimulants and Narcotics)과 그것을 처리하는 소화, 흡수, 배설 등 물질 대사(소화하는 것과 빨아들이는 것과 배설과 림프계통, Digestion and Absorption-The Lymphatic System)의 전 과정을 설명한다. 특히 애니 베어드는 이 부분에서 술과 담배, 아편은 물론 커피와 차의 해약을 원서보다 더 강경한 어조로 표현하고 있으며, 이들 물질들을 적절히 통제할 수 있는 자제력, 윤리적 태도가 반드시 필요함을 다시 한 번 강조한다. 이 장에는 한 가지 특이한 점이 발견되는데, 『싱리학초권』 제7장, 제5편 「낡은것을 내어ᄇᆞ리는 긔계」에 기술된 배설을 다루는 내용이 원서에는 없다는 점이다. 이 부분에서 원서에 없는 배설기 계통 도판도 추가됐다. 원서에 없는 배설 관련 내용을 서술하기 위해서는 그에 관련한 상당한 과학 지식이 필요한데, 이 부분이 어떻게 채워질 수 있었는지는 연구가 더 필요하다. 혹시 애니 베어드가 사용한 스미스의 책 판본이 다른 것은 아니었는지, 아니면 다른 전

문가들의 도움을 받아 내용을 새로 썼는지, 새로 쓰였다면, 왜 굳이 원서에 없는 부분을 삽입하고자 했는지 등 세심한 검토가 필요하다.

제8장에서는 호흡기계통(호흡하는 것과 목소리, Respiration and the Voice)을 다루고 있다. 이 부분에서는 먼저 공기의 구성 등과 기체의 희박함 등 자연환경에 대한 설명을 제시하고, 기관지, 폐를 통해 호흡이 이뤄짐을 설명한다. 호흡을 통해 산소를 공급받고 이를 피의 순환을 통해 온몸에 보내는 원리를 제시했다. 특히 목소리를 내는 것이 곧 공기를 받아들이고 내보내는 호흡 과정이며, 술과 담배가 이러한 호흡을 저해해 “후환”을 가져올 수 있음을 지적했다.

제9장은 신경계통(The Nervous System)에 대한 설명으로 뇌가 신체의 모든 활동을 주관한다는 서구식 인체관이 강하게 드러난다. 대뇌야 말로 “높은 지혜와 지각이 있는” 생물체의 것으로 신체가 처한 상황에 따라 근육의 움직임, 피의 순환, 호흡기, 소화기 계통 등 신체의 모든 기관들이 적절히 대처할 수 있도록 조절하는 역할을 한다는 것이다. 술과 담배는 이러한 대뇌활동을 저해하는 가장 주된 해악으로 지나치면 “후환”이 생길 수 있음을 다시 한 번 경고했다. 또한 이 장에서는 서구에서도 비교적 최신 이론인 감각 뉴런과 운동 뉴런을 통한 자극과 반응 명령 전달 기작을 상세하게 설명하고 있다.

제10장에서는 피부를 포함한 신체의 말단 감각 기관(피부와 귀와 눈, The Skin, The Ear, The Eye)을 살펴봤고 실제 응급 상황이 발생했을 때 필요한 처치들(갑자기 죽을 지경에 빠진 사람을 구원하는 방법, What to do case of Accident)이 부록으로 수록했다.

마지막으로 명목이라는 이름으로 279개에 이르는 생리학 용어 색인을 제시해 생리학의 중요 개념들을 찾아보기 쉽도록 했다. 앞서 언급했듯이 명목 또한 원서에 있는 색인을 번역한 것이지만, 새로운 지식을 도입, 소개하는 시기에 이뤄지는 학술 용어 목록 작업은 단순한 번역작업을 넘어 기존 사용되는

용어들 중에서 적절한 용례를 찾아내고, 많은 경우 새로운 용어를 창작하는 일까지를 포함하는 방대한 작업이었다. 골격 명칭이나 위, 간, 염통(심장), 허파(폐) 같은 신체기관들의 명칭은 대부분 기존 한의학에서 사용하던 이름을 그대로 가져왔고, 가운데 귀(중이), 검은주우 등 고유어로 표현하기도 했다. 기존 한의학에는 존재하지 않는 서구의학 고유의 개념들, 예를 들어, 생리학, 위생학, 해부학, 세포 등은 상당부분 중국, 일본의 번역 작업에서 만들어진 용어들을 차용했지만, 일부 용어들은 따로 용어가 만들어지지 않아 림프, 림프선과 같이 중국에서 음차한 용어를 사용하거나 히비쓰시쇼관, 글구텐 등 영어식으로 그대로 읽어 한글로 표기하기도 했다. 특히 개념화 작업 없이 서술형으로 표현한 목록들이 눈에 띄는데, 쇼화하는 것(소화), 빨아들이는 것(흡수), 피의 슌환하는 것(순환) 등 주로 물질 대사의 작용 기작을 설명할 때 이러한 방식을 사용했다.

3. 『싱리학초권』의 의의

이상에서 살펴본 바와 같이 『싱리학초권』은 애니 베어드의 생물학 교과서 번역 작업 중 하나로 실제 숭실학당 3학년을 대상으로 주당 3시간으로 배정된 생리학 수업에서 교재로 사용되었다. 애니 베어드는 직접 생리학을 가르치지는 않았지만, 적절한 교재를 선택해 번역한 교과서를 공급함으로써 향후 생리학 수업이 체계화되는데 기여했다.

생리학은 해부학을 기반으로 간략한 생리, 의학 지식을 제공하는 동시에 위생을 진작하기 위한 생활방식을 제시한다는 점에서 청빈한 삶을 추구하는 기독교 교육 방침에 잘 부합할 수 있었다. 특히 생리학이라는 새로운 과학 이론을 통해 도출된 합리적인 생활 방식이 술과 담배를 멀리하고 방종과 방탕으로부터 스스로를 지키고 절제할 필요였다는 점은 꽤 매력적이었을 것이다.

애니 베어드는 이러한 목적에 부합하는 원서를 골러 번역하고 절제된 삶의 태도를 더욱 강조함으로써 학생들에게 기독교인으로서 가져야 할 삶에 태도를 강변할 수 있었을 것이다.

1908년 과학교과서로서는 꽤 이른 시기에 생리학이라는 새로운 학문 분야를 소개, 도입하는 단계에서 번역된 애니 베어드의 『싱리학초권』은 새로운 개념을 제시하기 위해 적절한 용어를 선택하는 등 많은 과제들을 스스로 해소해야 하는 어려움 속에서 출판되었지만, 아무것도 없는 맨땅에서 진행된 작업은 아니었다. 최근 김연희에 연구에 따르면, 1876년 개항 직후부터 조선 정부는 일본, 미국, 중국에 파견한 외교사절단을 통해 서구 기술서적들을 수집하는데 적극적이었고, 실제 수많은 서구 기술서들이 한역 번역서의 형태로 유입되었다. 기존 한의학과는 확연히 달랐던 서구 의학 관련 서적도 큰 관심을 받은 분야 중 하나였는데, 이때 유입된 책만 18종에 달했다고 한다. 특히 홉슨의 『서의약론』(1837)은 서구의학이 해부학에 기반을 두고 있어 모호한 음양오행에 의존하는 동양의학과 크게 다르며 처방 역시 질병을 직접 치료할 수 있다는 점을 강조해 큰 주목을 받았다. 그뿐만 아니라 비교적 가벼운 증상에 쉽게 적용할 수 있는 치료법을 다룬 책이나 위생관념을 제시하는 책들도 많이 소개되었는데, 『유문의학』이나 『위생요지』, 『위생요결』과 같은 서적이 대표적이었다.[7] 이렇듯 조선 정부에 의해 일찍부터 수집된 유통된 한역 번역서들은 서구식 신체 개념과 치료 방법을 소개하는 동시에 생리학 용어 생성에 중요한 역할을 했으며, 애니 베어드가 생리학 교과서를 번역하는 과정에도 길잡이가 되었을 것이다.

그러나 애니 베어드의 『싱리학초권』은 미국 중등학교 학생들을 위한 생리

7) 김연희, 『한역 근대과학기술서와 대한제국의 과학』, 혜안, 2019, 75~78쪽. 合信(英), 管茂材 撰, 『西醫略論』(1837, 奎中 4704, 숭실대학교박물관). 海得蘭(英) 撰, 傳蘭雅(英) 口譯, 『儒門醫學』(1876, 奎中 2895-v. 1-4). 嘉約翰(美) 口譯, 『衛生要地』(奎中, 5353), 海得蘭(英) 撰, 傳蘭雅(英) 口譯, 『衛生要訣』 (奎中, 6361).

학 교재를 중국어, 일본어 등 다른 번역어를 거치지 않고 바로 한글로 번역한 1차 번역서라는 점에서 기존 책들과는 다른 특징을 가진다. 이러한 직접 번역 과정에서 보이는 개념 용어 사용 및 생물 기작 설명은 한국에서 생리학이라는 새로운 학문이 어떻게 수용되었고, 개념화 작업의 결과인 전문 용어들이 어떻게 만들어졌는지를 추적하는 중요한 단초를 제공한다. 허재영의 연구들에 따르면, 근대 계몽기 생물학 분야의 번역어들은 초기 그 의미를 풀어쓴 구 형태의 신조어로 많이 쓰이다가 점차 그 의미 혹은 기작을 간결한 한자어로 조합해 개념화한 신조어를 만들어 내는 경향을 보인다.[8] 또한 외국어 발음을 그대로 한글로 적는 외래어 사용도 점차 늘어났고, 한자어와 외래어를 붙어 신조어를 만들어내기도 했다. 심지어 영어 원문을 한자어로 번역을 하더라도 중국 혹은 일본과 다른 한자어를 채택하는 경우도 있었다. 이러한 경향은 애니 베어드의 번역 작업과 같이 영어 원문을 중국어나 일본어 번역을 거치지 않고 한글로 직접 옮기는 1차 번역 작업이 늘어나면서 나타난 결과로 볼 수 있다. 즉 애니 베어드의 번역 작업은 낯선 서구의 지식이 한국에 수용되고 토착화하는 과정에서 과연 어떤 굴곡과 변용이 있었는지를 보여주는 귀중한 사료로서 가치를 가지는데, 이러한 번역 과정을 통해 기존 한국의 지식 토대 위에 서구의 지식 개념 용어는 물론 각기 조금씩 달랐던 중국과 일본의 번역 용어 등 다양한 자원들이 융합되어 새로운 지식이 만들어질 수 있었던 것이다. 이 부분에 대해서는 향후 많은 연구가 필요한데, 자료총서 『싱리학초권』의 출판이 그러한 연구가 진작되는데 크게 기여할 수 있을 것으로 기대한다.

---

8) 허재영, 「근대 계몽기 전문 영어의 수용과 생성 과정 연구－생물학 담론을 중심으로」, 『한말연구』 제42호, 2016, 245~269쪽; 「지식 유통 관점에서 본 근대 학술어 생성과 변화 연구－『성신지상』과 『생리학 초권』의 색인어를 대상으로」, 『동남어문논집』 제46집, 2018, 96~120쪽.

【참고문헌】

김성연, 「근대 초기 선교사 부인의 저술 활동과 번역가로서의 정체성」, 『현대문학의 연구』 55, 2015.

김승태, 박혜진, 『내한선교사총람』, 한국기독교역사연구소, 1994.

김연희, 『한국근대과학형성사』, 들녘, 2016.

_____, 『한역 근대과학기술서와 대한제국의 과학』, 혜안, 2019.

숭실대학교, 『숭실대학교 100년사』, 숭실대학교 100년사 편찬위원회, 1997.

오지석, 「해제:개화기 조선선교사의 삶」, 『Inside Views fo Mission Life(1913): 개화기 조선 선교사의 삶』, 도서출판 선인, 2019.

한명근, 「한국기독교박물관 소장 근대 자료의 내용과 성격」, 『한국기독교박물관 자료를 통해 본 근대의 수용과 변용』, 도서출판 선인, 2019.

허재영, 「근대 계몽기 전문 용어의 수용과 생성 과정 연구–생물학 담론을 중심으로」, 『한말연구』 제42호, 2016.

_____, 「지식 유통 관점에서 본 근대 학술어 생성과 변화 연구–『성신지상』과 『생리학 초권』의 색인어를 대상으로」, 『동남어문논집』 제46집, 2018.

원문

싱리학초권

▌편역자 | 애니 베어드(Annie L. Baird, 1864~1916)

애니 베어드는 웨스턴여자신학교를 졸업한 후 윌리엄 베어드(William Baird)와 함께 선교활동을 위해 한국에 왔다. 애니 베어드는 선교사 부인으로서의 역할뿐만 아니라 평양 숭실에서 생물학을 가르친 교육자이자 과학교과서를 번역한 번역가, 다수의 소설, 에세이를 남긴 저술가로도 활발한 활동을 벌였다. 주로 생물학에 큰 관심을 가졌는데, 실제 평양 숭실의 교과서로 사용된 『식물도셜』, 『동물학』, 『싱리학초권』을 번역한 것이 대표적이다.

▌해제자 | 오선실

고려대학교에서 화학을 전공한 후 서울대학교 과학사 및 과학철학 협동과정에 진학해 『한국 현대 전력망 체계의 형성과 확산』이라는 연구로 2017년 박사학위를 받았다. 주로 근대 초기부터 현대에 이르기까지 외부에서 유입된 전기기술이 한국의 역사적 격변과 함께 성장하고 토착화하는 과정, 그리고 그 과정에서 일어난 사회, 문화적 변화에 주목한 연구를 진행해왔고, 기반산업, 에너지 문제 전반으로 연구를 확대하고 있다. 또한 근대시기 한국에 도입된 과학기술의 특징과 그 역할, 변형에 관심을 가지고 연구를 진행하고 있다.

셩리학초권

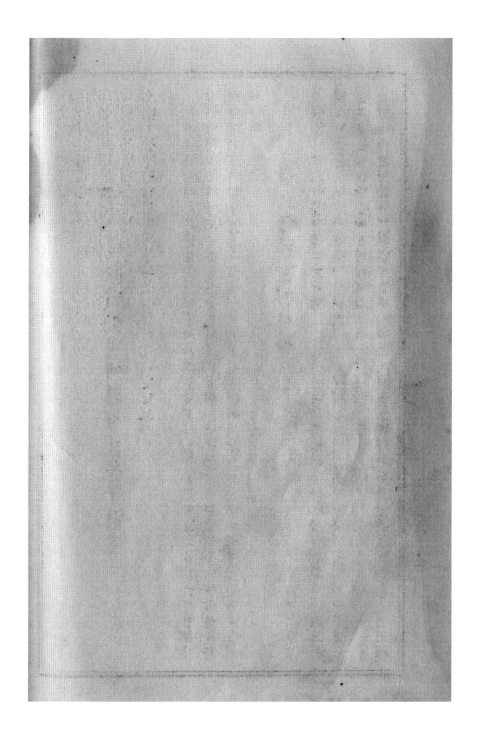

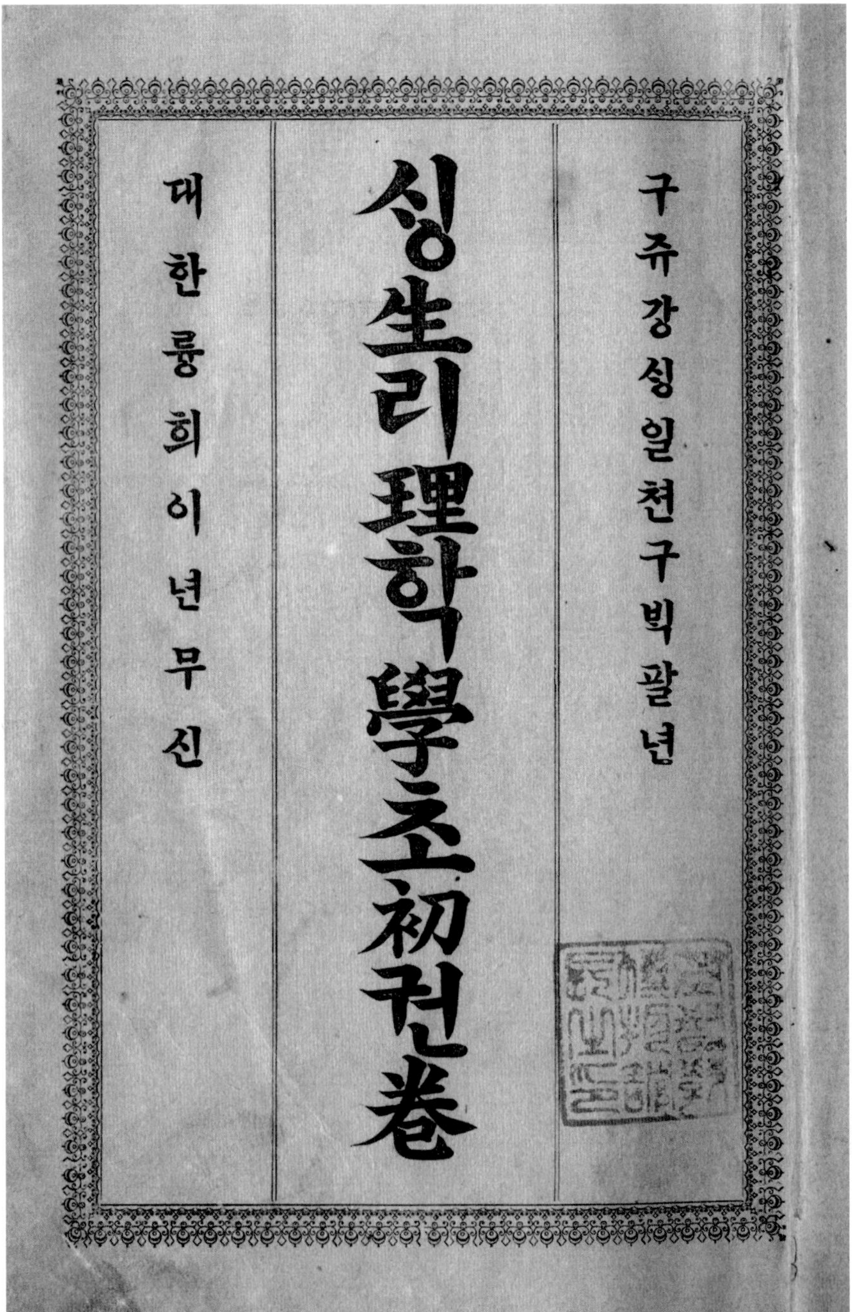

구쥬강싱일쳔구빅팔년

싱生리理학學초初권卷

대한륭희이년무신

THE HUMAN BODY AND ITS HEALTH.

TRANSLATED FROM THE ENGLISH OF

W. T. SMITH, M.D., L.L.D.,

By Mrs. W. M. BAIRD.

HULBERT SERIES, No. V.

1908.

Price: 80 Sen.

Thanks are due to Lee Keun Sik, class '07 of Pyeng Yang Union Academy, for services rendered as secretarial assistant, and also to Dr. Avison of Severance Hospital, who kindly furnished the list of terms used, thus rendering the preparation of the book a comparatively easy and pleasant task.

싱리학

싱리학을본영문의ᄯᅳᆺ슬의지ᄒᆞ야번역ᄒᆞ엿ᄂᆞᆫᄃᆡ번역ᄒᆞᆯᄯᆡ에말에ᄉᆞ느리도잘아지못ᄒᆞ고국문습ᄌᆞ법도닉지못ᄒᆞ나그러나특별히평양즁학교졸업싱리근식씨의도아교정ᄒᆞᆷ을만히밧앗시니ᄆᆡ우감샤ᄒᆞᆸ네다

안ᄋᆡᄂᆡ

셔문

하ᄂᆞ님ᄭᅴ셔사ᄅᆞᆷ을ᄆᆞᆫᄃᆞ실ᄯᅢ에ᄆᆞᄋᆞᆷ과령혼만주실ᄲᅮᆫ아니오ᄆᆞᄋᆞᆷ과령혼잇ᄉᆞᆯ집도주셧ᄂᆞᆫᄃᆡ이집은곳사ᄅᆞᆷ의몸이라누구던지퇴락ᄒᆞᆫ집에살기를원ᄒᆞᄂᆞᆫ사ᄅᆞᆷ이어ᄃᆡ잇스리오마ᄂᆞᆫ만일그ᄆᆞᄋᆞᆷ과령혼만닥고그몸을닥지아니ᄒᆞ면이ᄂᆞᆫ문허져가ᄂᆞᆫ집에누어셔도평안ᄒᆞ다ᄒᆞᆷ과ᄀᆞᆺᄒᆞ니라그러나사ᄅᆞᆷ이만일어려ᄉᆞᆯᄯᅢ브터예수를밋어령혼을닥고학문을힘써ᄆᆞᄋᆞᆷ을닥그며ᄉᆡᆼ리학을ᄇᆡ화ᄇᆡ호ᄂᆞᆫᄃᆡ로몸을닥그면온젼ᄒᆞᆫ사ᄅᆞᆷ이라칭ᄒᆞᆯ수잇ᄂᆞ니라고린도젼륙쟝열아홉졀에말ᄉᆞᆷᄒᆞ시기를너희몸은너희가하ᄂᆞ님ᄭᅴ로브터밧은바너희가온ᄃᆡ계신셩신의뎐인줄을아지못ᄒᆞᄂᆞ냐ᄒᆞ엿스니이말ᄉᆞᆷ을ᄉᆡᆼ각ᄒᆞ여보면밋ᄂᆞᆫ사ᄅᆞᆷ은그집과ᄀᆞᆺᄒᆞᆫ몸에저ᄒᆞᆫᄌᆞ잇ᄂᆞᆫ거시아니오셩신ᄭᅴ셔그몸에ᄒᆞᆫ가지로계셔그와ᄒᆞᆷᄭᅴᄒᆡᆼᄒᆞ시ᄂᆞ니그런고로사ᄅᆞᆷ이더옥조심ᄒᆞ여몸으로ᄒᆞᄂᆞᆫ모든일에셩신을해롭게ᄒᆞᄂᆞᆫ것업시평안ᄒᆞ게ᄒᆞᆯ것만ᄒᆡᆼᄒᆞᆯ거시니만일ᄆᆞᄋᆞᆷ과령혼의집과셩신의뎐된몸을가지고담ᄇᆡ와술먹ᄂᆞᆫ것과음란ᄒᆞᄂᆞᆫ거스로스ᄉᆞ로문허지게ᄒᆞ면엇지그집속에잇ᄂᆞᆫᄆᆞᄋᆞᆷ과령혼과셩신을해롭게ᄒᆞ지아니ᄒᆞᆯ수잇스리오고린도젼삼쟝열여ᄉᆞᆺ졀과열닐곱졀에말ᄉᆞᆷᄒᆞ시기를너희가하ᄂᆞ님의셩뎐이된것과하ᄂᆞ님의셩신이너희안헤거ᄒᆞ심을아지못ᄒᆞᄂᆞ냐누구던지하ᄂᆞ님셩뎐을더럽게ᄒᆞ면하ᄂᆞ님이그사ᄅᆞᆷ을멸ᄒᆞ실지라ᄒᆞ엿스니이말ᄉᆞᆷ

을보고ᄉᆡᆼ각ᄒᆞᆫ즉누구던지악ᄒᆞᆫᄒᆡᆼ습으로그몸을더럽게ᄒᆞ면하ᄂᆞ님의져주아래잇슬수
밧긔업ᄂᆞ니라원컨ᄃᆡ대한잇는모든청년들은다하ᄂᆞ님의셩뎐이거룩ᄒᆞᆫ줄알고몸으로
ᄒᆞ는모든일에부졍ᄒᆞᆫ거ᄉᆞᆯᄇᆞ리고졍결ᄒᆞᆫᄯᅳᆺ스로만ᄒᆡᆼᄒᆞ여셔하ᄂᆞ님을영화롭게ᄒᆞ기를
ᄇᆞᄅᆞ고비옵ᄂᆞ이다

싱리학초권

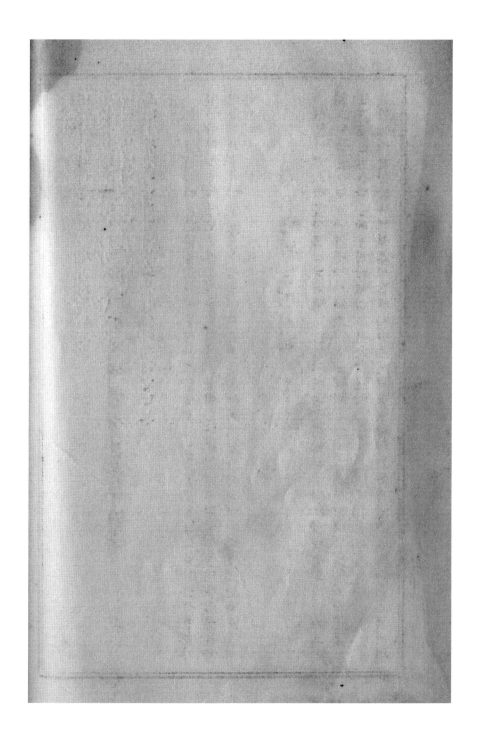

싱리학초권

뎨일쟝은 결뎡ᄒᆞᆷ이라

뎨일편

1 대뎌시계나솜틀이나무론아모긔계던지샹고ᄒᆞ려ᄒᆞᆯ때에몬져그긔계ᄅᆞᆯᄯᅳ어놋코각죵류ᄅᆞᆯᄉᆞᆲ혀보고각조각마다무어시라ᄒᆞ겟ᄉᆞ며무어스로ᄆᆞᆫ든거시며긔계잇ᄂᆞᆫ다른죵류와엇더케합ᄒᆞ며각각공용이엇더ᄒᆞ며ᄒᆞᄂᆞᆫ일도엇더케ᄒᆞᄂᆞᆫ거ᄉᆞᆯ무러보아이여러리치ᄅᆞᆯ알어야그긔계의셩픔도ᄭᆡ닷고부리ᄂᆞᆫ법도알지니라

2 사ᄅᆞᆷ의몸도오묘ᄒᆞᆫ긔계가온ᄃᆡ뎨일오묘ᄒᆞ니맛당히이와ᄀᆞᆺ치샹고ᄒᆞᆯ지니라

ᄒᆡ부학(解剖學)은사ᄅᆞᆷ의ᄉᆞ지ᄇᆡᆨ톄의일홈지은것과그대쇼와경즁과형샹과빗과싱긴것과그본ᄌᆡ료와잇ᄂᆞᆫᄃᆡ위와몸에잇ᄂᆞᆫ다른긔계와샹관되ᄂᆞᆫ거ᄉᆞᆯ셜명ᄒᆞᄂᆞᆫ거시오싱리학(生理學)은모든긔계의ᄒᆡᆼ지거동을셜명ᄒᆞᄂᆞᆫ거시니긔계마다엇더케ᄒᆡᆼᄒᆞᄂᆞᆫ것과어ᄂᆞ때에ᄒᆡᆼᄒᆞ며ᄒᆡᆼᄒᆞᄂᆞᆫ셔ᄃᆞᆰ과밋그ᄒᆡᆼᄒᆞᄂᆞᆫ일의결국(結局)을셜명ᄒᆞᄂᆞᆫ거시니라ᄒᆡ부학(解剖學)은시톄(尸體)로능히공부ᄒᆞᆯ수잇스나싱리학(生理學)은싱톄(生體)

뎨일쟝

로야공부ᄒᆞᄂᆞ니라
ᄒᆡ부학(解剖學)은거반다알아죡히셜명ᄒᆞᆯ만ᄒᆞᆫ거ᄉᆞᆫ몸의ᄉᆞ지ᄇᆡᆨ톄ᄅᆞᆯ다졍밀히샹고ᄒᆞ여봄이니라
싱리학은대강만ᄉᆞᆲ혀보앗ᄂᆞᆫᄃᆡ몸가온ᄃᆡ엇던거ᄉᆞᆫ지금ᄭᆞ지소용이무어신지알수업고ᄯᅩ긔계즁에거의아ᄂᆞᆫ것가온ᄃᆡ라도분명치못ᄒᆞᆫ거시잇ᄉᆞᆯ지라도박학ᄉᆞ들이ᄇᆡᆨᄉᆞᄅᆞᆯ젼폐ᄒᆞ고이리치만궁구ᄒᆞᆷ으로졈졈싱리학의리치ᄅᆞᆯ더옥ᄶᅢᄃᆞᆺᄂᆞ니라
싱리학에셔비호ᄂᆞᆫ것과사ᄅᆞᆷ이경력ᄒᆞ야보ᄂᆞᆫ거시합ᄒᆞᆷ으로위싱학을지을수잇스며ᄯᅩ위싱학의리치ᄅᆞᆯ가지고몸을강령(康寧)케ᄒᆞᄂᆞᆫ버리가되게ᄒᆞᆯ수잇ᄂᆞ니라
ᄒᆡ부학(解剖學)은몸의된거ᄉᆞᆯᄀᆞᄅᆞ치ᄂᆞᆫ거시오싱리학은ᄉᆞ지ᄇᆡᆨ톄의ᄒᆡᆼ지거동을ᄀᆞᄅᆞ치ᄂᆞᆫ거시오위싱학은몸이평안ᄒᆞᆯ거ᄉᆞᆯᄀᆞᄅᆞ치ᄂᆞᆫ거시니라

습문

사ᄅᆞᆷ의몸을공부ᄒᆞᄂᆞᆫᄌᆞ연ᄒᆞᆫ법은무어시뇨○ᄒᆡ부학은몸의무어ᄉᆞᆯ셜명ᄒᆞ엿ᄂᆞ뇨○싱리학은몸의무어ᄉᆞᆯ셜명ᄒᆞ엿ᄂᆞ뇨○싱톄(生體)ᄅᆞᆯ가지고ᄒᆡ부학을공부ᄒᆞᆯ수잇ᄂᆞ뇨○시톄(尸體)ᄅᆞᆯ가지고싱리학을공부ᄒᆞᆯ수잇ᄂᆞ뇨○이두학즁에어ᄂᆞ거시확실ᄒᆞ고분명ᄒᆞ뇨○일언이폐지ᄒᆞ면ᄒᆡ부학은무어시뇨○싱리학은무어시뇨○위싱학은무어시뇨

골격이라

머리뼈는이십팔기니

머리뒤에잇는후두골(後頭骨)이훈기오 *Occipital bone*

머리량편에잇는로뎡골(顱頂骨)이두기오 *Parietal*

두귀녑헤잇는셥유골(顳顬骨)이두기오 *Temporal*

니마에잇는전두골(前頭骨)이훈기오 *frontal*

얼골속뒤편에잇는호졉골(蝴蝶骨)이훈기오 *Sphenoid*

또ᄉᆞ골(篩骨)이훈기오 *Ethmoid*

코등에잇는비골(鼻骨)이두기오 *nasal*

두코구멍ᄉᆞ이에잇는셔골(鋤骨)이훈기오 *Vomer*

코속좌우편에잇는갑기골(甲介骨)이두기오 *Turbinated*

입텬당속에잇는구기골(口蓋骨)이두기오 *Palate bone*

눈안협잇는누골(淚骨)이두기오 *lachrymal bone*

권두에권골(顴骨)이두기오 *malar bone*

코밋파입수우헤샹악골(上顎骨)이두기오 *superior maxillary*

턱아리에잇는하악골(下顎骨)이훈기오 *lower maxillary*

귀속에는츄골(槌骨)두기와침골(砧骨) *malleus* *incus*

두기와마등골(馬鐙骨)두기가잇ᄉᆞ며 이여ᄉᆞᆺ뼈는미우 적은거시니라 *stapes*

몸ᄯᆼ이의뼈는오십이기니

등심에마듸로된뼈퇴골(椎骨)이이십ᄉᆞ기오 *Vertebra*

퇴골아릭잇는천골(薦骨)이훈기오 *Sacrum*

쳔골아릭미려골(尾閭骨)이훈기인듸 이우헤세가지뼈는다등심뼈 이니라 *Coccyx*

혀밋ᄲᅮ리에잇는셜골(舌骨)이훈기오 *Hyoid*

두편갈비뼈가(脅)이십ᄉᆞ기오 *Rib*

가슴뼈흉골(胷骨)이훈기니라 *Sternum*

샹지골(上肢骨)은륙십ᄉᆞ기니

엇기뒤에잇는견갑골(肩甲骨)주세뼈 이두기오

가슴우헤잇는쇄골(鎖骨)이두기오

웃팔둑에잇는샹박골(上膊骨)이두기오 *Humerus*

아릭팔둑에는뇨골(橈骨)이두기오 *Radius*

또쳑골(尺骨)이두기오 *ulna*

팔목에잇는완골(腕骨)이십륙기오

손바닥에잇는쟝골(掌骨)이열기오 *metacarpal bone*

손가락에잇는지골(指骨)이이십팔기니라 *Phalanges*

뎨일장

하지골(下肢骨)은륙십이ᄀᆡ니

환두에잇는무명골(無名骨)이두ᄀᆡ오
넓적다리에잇는대퇴골(大腿骨)이두ᄀᆡ오
죵다리에잇는경골(脛骨)이두ᄀᆡ오 ᄯᅩ비골(腓骨)이두ᄀᆡ오

무릅에잇는슬ᄀᆡ골(膝蓋骨)이두ᄀᆡ오
발목과뒤축에잇는부골(跗骨)이십ᄉᆞᄀᆡ오
발바닥에잇는쳑골(蹠骨)이열ᄀᆡ오
발가락에잇는지골(趾骨)이이십팔ᄀᆡ니라

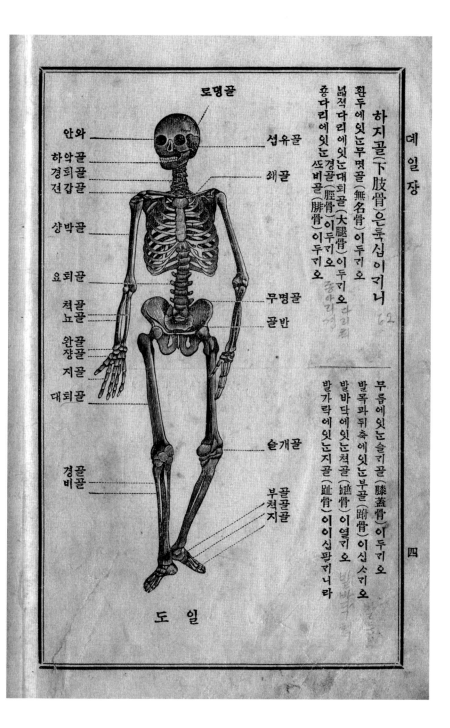

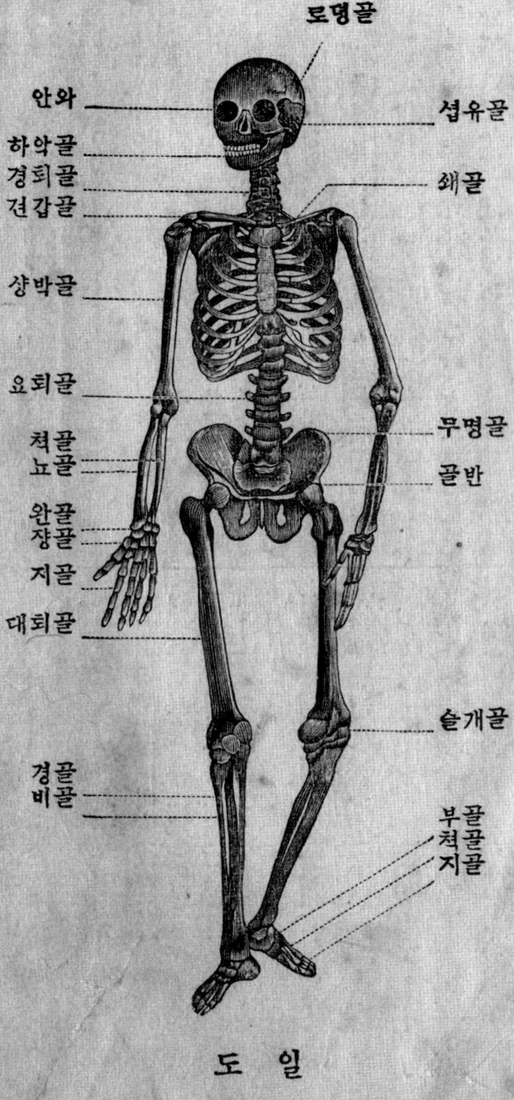

도일

뎨이쟝은 쌔와마듸라

뎨일편

공부식히 는사름의게ᄒᆞ는말이라첫재는히부학파성리학을ᄀᆞᄅᆞ치 는학당마다사름의골격잇는거시맛당ᄒᆞᆫᄃᆡ만일엇을수업ᄉᆞ면네발가진즘싱의골격을엇어두는것도맛당ᄒᆞ니라온젼ᄒᆞᆫ골격을엇지못ᄒᆞ나각각된뢰골파샹악골파대뢰골을가지는거시됴흔ᄃᆡ흙을가지고길게도버히 고가로도버혀보면비홀거시만흐니라다만마른쌔와산쌔에잇는분간을닛지말거시오둘재는도야지나다른즘싱의다리쌔를가지고보면마듸에맛당ᄒᆞᆫ거ᄉᆞᆯ잘볼수잇ᄂᆞ니라

1 쌔는몸의틀과ᄀᆞᆺᄒᆞᆫ거시니사름이살아슬때에그쌔가련졉ᄒᆞᆫᄃᆡ로잇는거ᄉᆞᆯ골격(骨格)이라ᄒᆞ는ᄃᆡ골격의ᄒᆞ는일은세가지니

첫재는몸의형샹을든든ᄒᆞ게벗치며그덥는부드러온살은모양을아름답게ᄒᆞ는거시오

둘재는근육(筋肉)을밧아몸을운동ᄒᆞ게ᄒᆞ는거시오

셋재는요긴ᄒᆞᆫ긔계를잘보호ᄒᆞ는거시니라

2 몸의두뷘곳시잇서쌔로된거신ᄃᆡ

첫재는두ᄀᆡ골(頭蓋骨)과등심쌔속에뷘곳신ᄃᆡ두ᄀᆡ골속에뢰가잇ᄉᆞ니두ᄀᆡ골은든

든ᄒᆞᆫ궤와ᄀᆞᆺ치각조각이힘이잇고견고ᄒᆞ여눌너도관계치안코피줄과신경(神經)의왕ᄅᆡᄒᆞᄂᆞᆫ적은구멍밧긔업스며그밋헤잇ᄂᆞᆫ큰구멍이등심ᄲᅧ에잇ᄂᆞᆫ뷘곳과련속ᄒᆞᄂᆞᆫ동인ᄃᆡ그경(徑)이ᄒᆞᆫ치니거긔잇ᄂᆞᆫ다른구멍은이보다ᄆᆡ우적으니라

등심ᄲᅧ에잇ᄂᆞᆫ뷘곳도여러ᄲᅧ로잘싸서두엇ᄂᆞᆫᄃᆡ그속에쳑슈(脊髓)도잇ᄂᆞ니라

둘재ᄂᆞᆫ몸ᄯᅩᆼ이에잇ᄂᆞᆫ뷘곳인ᄃᆡ이ᄂᆞᆫ가로된횡격막(橫隔膜)으로ᄂᆞᆫ화둘이되ᄂᆞ니우흿거ᄉᆞᆫ흉곽(胷廓)이라ᄒᆞ고아ᄅᆡᆺ거ᄉᆞᆫᄇᆡ(腹)와골반(骨盤)이라ᄒᆞᄂᆞ니라

흉곽(胷廓)은ᄲᅧ로된가리와ᄀᆞᆺᄒᆞ여뒤에잇ᄂᆞᆫ등심ᄲᅧ와좌우편에잇ᄂᆞᆫ갈비ᄲᅧ와압헤잇ᄂᆞᆫ가슴ᄲᅧ세가지로된거시라그속에ᄂᆞᆫ념통과허파가잇ᄂᆞᆫᄃᆡ이긔계들은우연히치ᄂᆞᆫ거시나누루ᄂᆞᆫ거ᄉᆞᆯ면ᄒᆞ여야ᄒᆞᆯ터이나그러나뢰와쳑슈(脊髓)보다덜샹ᄒᆞᄂᆞᆫ고로두ᄀᆡ골(頭蓋骨)ᄀᆞᆺ치ᄂᆞᆫ튼튼치못ᄒᆞᆫ거시며ᄯᅩ사ᄅᆞᆷ이호흡ᄒᆞ기ᄅᆞᆯ위ᄒᆞ야움작이게된거시니그속에잇ᄂᆞᆫ귀ᄒᆞᆫ긔계ᄅᆞᆯ보호ᄒᆞ며호흡ᄒᆞᄂᆞᆫᄃᆡ로능히커졋다주러졋다ᄒᆞᄂᆞ니라

ᄇᆡ(腹)ᄂᆞᆫ흉곽(胷廓)보다덜보호ᄒᆞᄂᆞᆫᄃᆡ압헤ᄂᆞᆫᄲᅧ가업서ᄂᆡ쟝이샹홈을쉽게밧을수잇ᄉᆞ나그러나념통과허파보다ᄂᆞᆫ눌님을밧어도관계치안ᄂᆞ니만일ᄇᆡ가흉곽과ᄀᆞᆺ치ᄲᅧ가잇섯ᄉᆞ면능히구브러치지도못ᄒᆞ고음식을만히먹은후에도커지게못ᄒᆞᆯ지니이두가지연고로압헤보호ᄒᆞᄂᆞᆫᄲᅧ가업ᄂᆞ니라

골반(骨盤)은환두ᄲᅧ와쳔골과미려골노된거시니둡거온ᄲᅧ들이그속에잇ᄂᆞᆫ거ᄉᆞᆯ잘

보호ᄒᆞᄂᆞ니라

3온몸의뼈가이ᄇᆡᆨ륙ᄀᆡ이니

머리의뼈가이십팔ᄀᆡ오

몸ᄯᅩᆼ이의
- 등심뼈가이십륙ᄀᆡ오
- 갈비뼈가이십ᄉᆞᄀᆡ오
- 가슴뼈가ᄒᆞᆫᄀᆡ오
- 설골이ᄒᆞᆫᄀᆡ이니

도합오십이ᄀᆡ니라

샹지의뼈ᄂᆞᆫ륙십ᄉᆞᄀᆡ오

하지의뼈ᄂᆞᆫ륙십이ᄀᆡ니라

머리와몸ᄯᅩᆼ이에잇ᄂᆞᆫᄲᅧ라

뎨이편

I 두개골(頭蓋骨)은등심뼈웃긋헤잇ᄂᆞᆫᄃᆡ수믈여ᄃᆞᆲ조각이합ᄒᆞ야된거시라사ᄅᆞᆷ이

이도

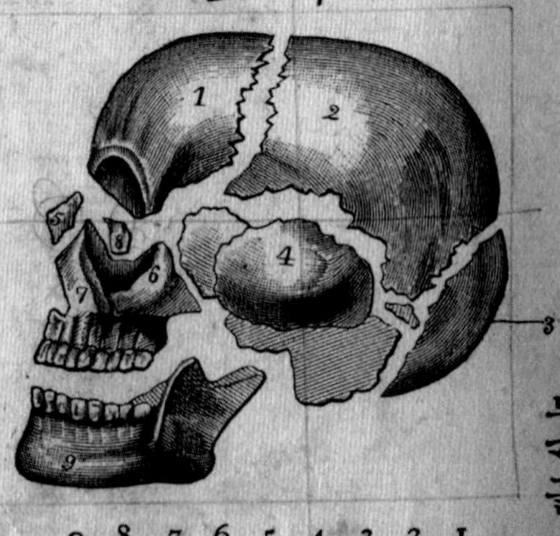

두개골

1 전두골
2 로뎡골
3 후두골
4 셥유골
5 비 골
6 퀸 골
7 샹악골
8 누 골
9 하악골

어렷슬때에는이뼈가훗허지기쉬우나ᄎᆞᄎᆞ쟝셩ᄒᆞ는ᄃᆡ로이여러뼈가합ᄒᆞ야잘붓는고로훗허지지안ᄂᆞ니그가온ᄃᆡ아릐턱과귀에잇는조고마ᄒᆞᆫ뼈밧긔는운동ᄒᆞ는거시업ᄂᆞ니라이두ᄀᆡ골이뢰를덥고ᄯᅩ듯는것과보는것과맛하보며맛보는여러긔계를다보호ᄒᆞᄂᆞ니라

2 쳑쥬(脊柱)라ᄒᆞ는등심뼈는퇴골(椎骨)이십ᄉᆞᄀᆡ와쳔골(薦骨)과미려골(尾閭骨)이런합ᄒᆞ여된거시니퇴골에는몸과홍예(虹霓)모양ᄀᆞᆺ흔거시잇고여긔셔뒤로내민후각(後角)이라ᄒᆞ는뼈가잇서근육(筋肉)이붓헛는ᄃᆡ이퇴골들이그마ᄃᆡ를ᄯᅥ나지안코련ᄒᆞ여잇ᄉᆞ면그홍예는쳑쥬관(脊柱管)이되고몸들은젼신의의지ᄒᆞ는기동이되며그몸ᄉᆞ이에질기고늘엇다줄엇다ᄒᆞ는방셕ᄀᆞᆺ흔거시잇ᄉᆞ니이거슨셤유양연골(纖維樣軟骨)이라ᄒᆞ는ᄃᆡ두텁기는ᄉᆞ분지일지도부족ᄒᆞ며그공용(功用)은아릐웃등심뼈가서로련졉ᄒᆞ는마ᄃᆡᄉᆞ이에잇셔등심뼈의약력(躍力)이되고교력(絞力)도되ᄂᆞ니

삼도

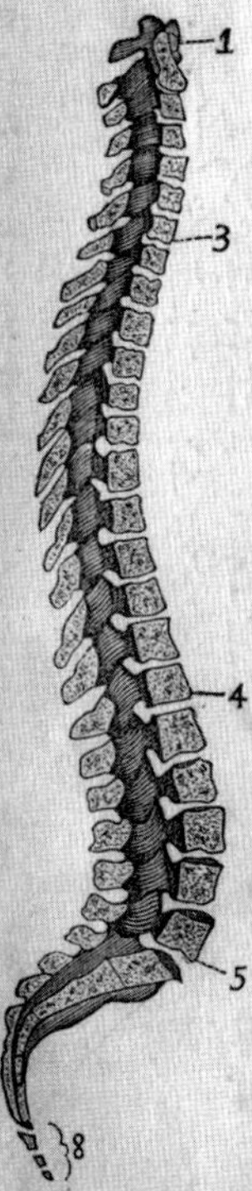

이그림은등심뼈를기리로베여본거시니 1브터 3ᄭᆞ지경퇴골이오 3브터 4ᄭᆞ지흉퇴골이오 4브터 5ᄭᆞ지요퇴골이오 5브터 8ᄭᆞ지쳔골과미려골이라

라
천골(薦骨)의모양은첨벽(尖劈)과ᄀᆞᆺᄒᆞᆫ거시니환두뼈가온ᄃᆡ꽉붓혓ᄂᆞ니라
미려골(尾閭骨)은등심뼈아ᄅᆡᄭᅳᆺ헤붓ᄒᆞᆫ조되골ᄒᆞᆫ마ᄃᆡ라
고마ᄒᆞᆫᄭᅮᆨ브러진뼈인ᄃᆡᄒᆞᆫ이두어조각이마ᄃᆡ
로련ᄒᆞᆫ거시니라
3어린ᄋᆞᄒᆡᄯᅢ에ᄂᆞᆫ등심뼈가꽉곳고등심이
가평평ᄒᆞ다가쟝셩ᄒᆞ야거러가ᄂᆞᆫᄃᆡ로등심뼈
가엇기뒤로조곰ᄭᅮᆨ브러지고허리ᄶᅢᄂᆞᆫ압흐로
조곰ᄭᅮᆨ브러지ᄂᆞ니이ᄂᆞᆫ텬연(天然)으로되ᄂᆞᆫ
거시나엇던사ᄅᆞᆷ은등심뼈가과히ᄭᅮᆨ브러져엇
ᄀᆡ압흐로숙어지고가슴이넓져ᄒᆞ게되ᄂᆞ니이
연고ᄂᆞᆫ허리와머리ᄅᆞᆯ붓드러주ᄂᆞᆫ근육(筋肉)이약홈으로도되고조심업시게으름으로
도되ᄂᆞ니모양보기슬케될ᄲᅮᆫ아니오그념통과허파(肺)ᄅᆞᆯ눌너임의ᄃᆡ로동ᄒᆞᄂᆞᆫ거슬막
음으로온몸을ᄒᆡ롭게ᄒᆞᄂᆞ니몸을곳게가지고ᄯᅩ가슴을내미ᄂᆞᆫ거시됴ᄒᆞ며맛당ᄒᆞᆫ운동
으로흉곽에잇ᄂᆞᆫ근육을건쟝케ᄒᆞᆯ지니라
등심뼈가압흐로나뒤로ᄭᅮᆨ브러지ᄂᆞᆫ거ᄉᆞᆫᄌᆞ연히되나ᄒᆞᆫ편으로기우러지ᄂᆞᆫ거ᄉᆞᆫᄌᆞ연

ᄉᆞ도

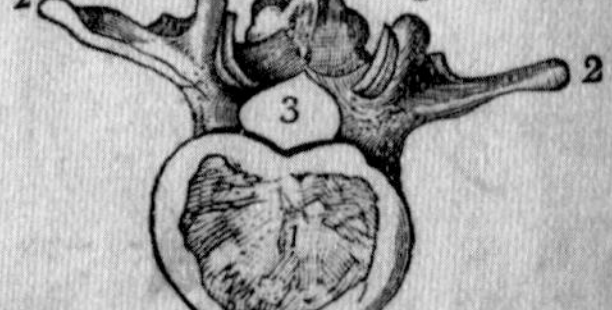

1 몸
2 후각
3 쳑쥬관

오도

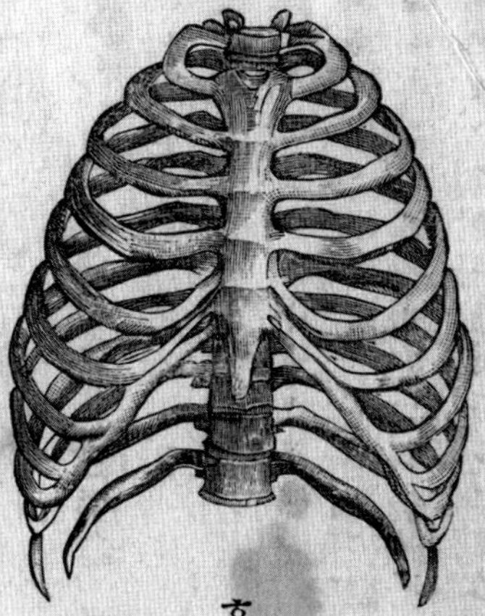

흉곽

치아니ᄒᆞᆫ거시니이러케되ᄂᆞᆫᄭᆞᄃᆞᆰ은혹몸이
약ᄒᆞᆫ거나ᄆᆞᆰ은공긔와운동이부족ᄒᆞᆫ거나혹
ᄒᆞᆫ발노만늘섬을인ᄒᆞᆷ이니라

4 갈비ᄃᆡ와가슴뼈와등심뼈가합ᄒᆞ야흉
곽이되ᄂᆞᆫᄃᆡ이갈비ᄃᆡᄂᆞᆫᄒᆞᆫ편에열두ᄀᆡ식도
합수믈네ᄀᆡ가뒤등심뼈와련졉ᄒᆞᄂᆞ니첫닐
곱ᄀᆡᄅᆞᆯ춤갈비ᄃᆡ라ᄒᆞᆷ은륵연골(肋軟骨)노
가슴뼈와련졉ᄒᆞᆷ이오또이밧긔다ᄉᆞᆺᄀᆡᄂᆞᆫ거
즛갈비ᄃᆡ라ᄒᆞᆷ은가슴뼈와바로련졉지아니
ᄒᆞᆷ인ᄃᆡ이즁에두ᄀᆡᄂᆞᆫ그압ᄭᅳᆺ치아모것과도
련졉지못ᄒᆞᆷ으로ᄯᅳᆫ갈비ᄃᆡ(浮脅)라ᄒᆞᄂᆞ니라

륵연골(肋軟骨)은갈비ᄃᆡᄅᆞᆯ니어길게ᄒᆞ고또탄력(彈力)이잇게ᄒᆞᄂᆞ니이런고로사
ᄅᆞᆷ이호흡ᄒᆞᆯᄯᅢ에흉곽이커젓다젹어젓다ᄒᆞᄂᆞ니그런고로사ᄅᆞᆷ이믈ᄉᆡ북두ᄅᆞᆯ동일ᄯᅢ에
믈이그흉곽을크게ᄒᆞ며슬혀ᄒᆞᄂᆞᆫ모양을내ᄂᆞᆫ거ᄉᆞᆫ그북두가ᄲᆡᆼᄲᆡᆼᄒᆞ야호흡ᄒᆞᄂᆞᆫ거ᄉᆞᆯ막
아편치못ᄒᆞ게ᄒᆞᆷ이라사ᄅᆞᆷ도이즘ᄉᆡᆼ과ᄀᆞᆺᄒᆞᆫ지혜가잇ᄉᆞ면허리와흉곽을누르ᄂᆞᆫ의복을
닙지아닐거시니대개그탄력(彈力)잇ᄂᆞᆫ흉곽이눌님을쉽게밧아졈졈뎐연ᄒᆞᆫ모양이변

ᄒᆞ야쪽으러져셔그속에잇ᄂᆞᆫ념통과허파가모히고간이그ᄃᆡ위로뻐나다른긔계로핍근(逼近)케ᄒᆞᄂᆞ니이러케된몸이아름답지도못ᄒᆞ고평안치도못ᄒᆞᄂᆞ니라

륙도 가슴뼈

5 가슴뼈(胷骨)ᄂᆞᆫ적고납작ᄒᆞᆫᄃᆡ길이가목쳑으로다ᄉᆞᆺ치즘되고바로압가슴에잇셔쇄골과륵연골(肋軟骨)ᄯᅡᆺ과련졉ᄒᆞᆫ거시라

6 셜골(舌骨)의형샹은가늘고몰빈지와ᄀᆞᆺᄒᆞᆫᄃᆡ살며우흘몬져보면가히알지니혀색리가이뼈에붓헛ᄂᆞ니라

샹지골(上肢骨)이라

뎨삼편

I 사ᄅᆞᆷ마다네ᄉᆞ로말ᄒᆞᆯᄯᅢ에엇기브터손ᄭᅡ지다팔이라ᄒᆞ기쉬오나히부학(解剖學)박학ᄉᆞ들은이거ᄉᆞᆯ각각ᄂᆞᆫ호와엇기와팔과압팔과손이라ᄒᆞᄂᆞ니이ᄂᆞᆫ혼ᄃᆡ로말ᄒᆞ면팔은엇기브터팔고빙이ᄭᆞ지니르고압팔은팔고빙이브터

칠도

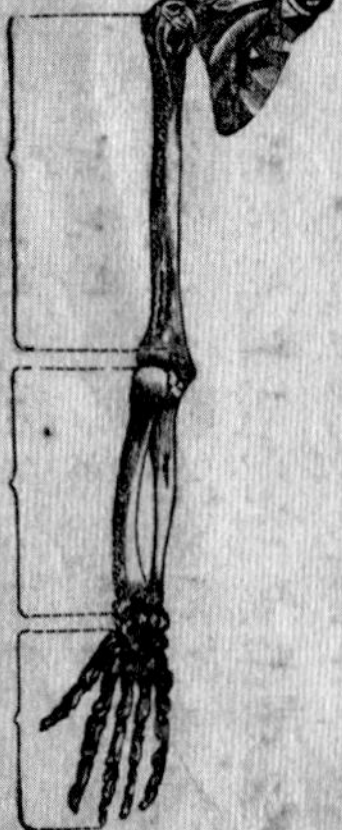

손ᄭᅥ지니르ᄂᆞᆫ거시오

2 엇ᄀᆡ에잇ᄂᆞᆫᄲᅧᄂᆞᆫ쇄골과,견갑골(肩胛骨)인ᄃᆡ흔이엇ᄀᆡᄲᅧ와주게ᄲᅧ라ᄒᆞᄂᆞ니라쇄골은사ᄅᆞᆷ의손가락만치크고조곰ᄭᅡ브러져셔가슴ᄲᅧ웃ᄭᅳᆺ헤셔브터주게ᄲᅧᄭᅡ지련졉ᄒᆞ야엇ᄀᆡ힘을돕ᄂᆞ니라

견갑골

3 견갑골(肩胛骨) 주게ᄲᅧ 은넓젹ᄒᆞ고세모가잇ᄂᆞᆫᄃᆡ거긔셔내여민돌긔에근육이붓혓ᄉᆞ며ᄒᆞᆫ모에ᄂᆞᆫ밋그러온조곰오목ᄒᆞᆫᄌᆞ리가잇ᄂᆞᆫᄃᆡ팔ᄲᅧ웃머리ᄭᅳᆺ히이ᄌᆞ리에련졉ᄒᆞᄂᆞ니라

팔도

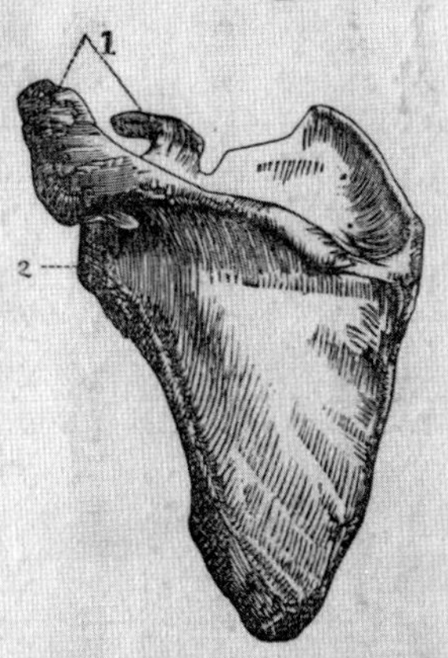

1 돌긔
2 샹박골을밧ᄂᆞᆫ오목ᄒᆞᆫᄌᆞ리라

샹박골

4 샹박골(上膊骨) 팔ᄲᅧ 은힘이잇고쟝셩ᄒᆞᆫ사ᄅᆞᆷ의ᄲᅧᄂᆞᆫ목쳑ᄒᆞᆫ자즘긴거시니웃ᄭᅳᆺ히공과ᄀᆞᆺ치둥그럽고아ᄅᆡᆺᄭᅳᆺ흔압팔ᄲᅧ와련졉ᄒᆞᄂᆞ니라

5 뇨골(橈骨)과쳑골(尺骨)은압팔에잇ᄂᆞᆫᄲᅧ인ᄃᆡ뇨골은엄지손가락편에잇고쳑골은식기손가락편에잇스며이샹박골(上膊骨)과쳑골과련졉ᄒᆞᆫ거시좀이샹ᄒᆞ야쳑골

구도

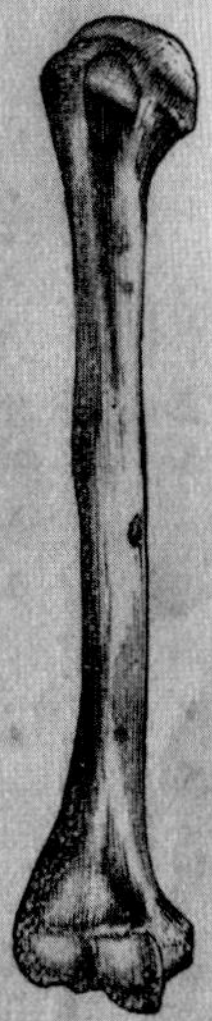

우흐로돌닐수가잇서손바닥을능히임의뒤로뒤쳣다지쳣다홀수잇ᄂᆞ니라

도십

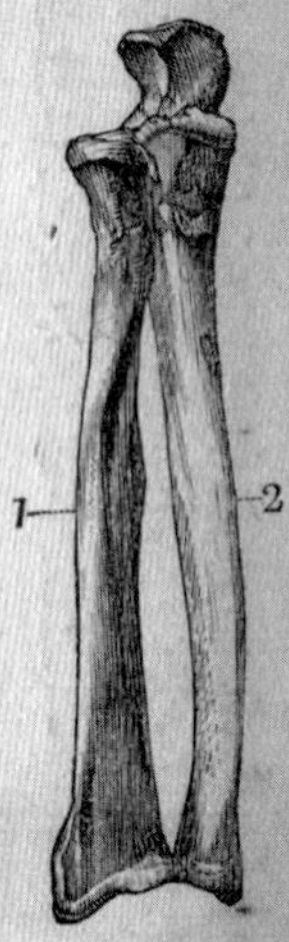

1 뇨골
2 쳑골

쳑골(尺骨)도상박골과련접ᄒᆞ야압뒤로만ᄉᆞ브러칠수잇ᄂᆞᆫᄃᆡ뇨골은손과잘붓흔고로이쳑골을돌닐때에손ᄭᆞ지도라가ᄂᆞ니라

6 손뼈로ᄂᆞᆫ호면손목에ᄂᆞᆫ완골(腕骨)이잇고바닥에ᄂᆞᆫ쟝골(掌骨)이잇고가락에ᄂᆞᆫ지골(指骨)이잇ᄂᆞ니라

7 손목에여듧져은뼈가잇서대소와형샹이서로ᄀᆞᆺ지아니ᄒᆞᆫᄃᆡ인ᄃᆡ(靭帶)로써묵거ᄒᆞᆫ뻑뻑ᄒᆞᆫ폭이기가되여조곰식움쟉일수잇ᄂᆞ니심샹히보면의ᄉᆞ업시모힌것ᄀᆞᆺᄒᆞ나실샹은ᄌᆞ동(自動)홈과힘을더옥나게ᄒᆞᄂᆞᆫ거시오

8 쟝골(掌骨)은다ᄉᆞᆺ시다조곰식ᄯᅮ브러져셔손바닥을오목ᄒᆞ게ᄒᆞᄂᆞ니라

지골(指骨)은엄지가락밧긔ᄂᆞᆫ각각세마ᄃᆡ식인ᄃᆡ그엄지가락은다른가락보다

도일십 손

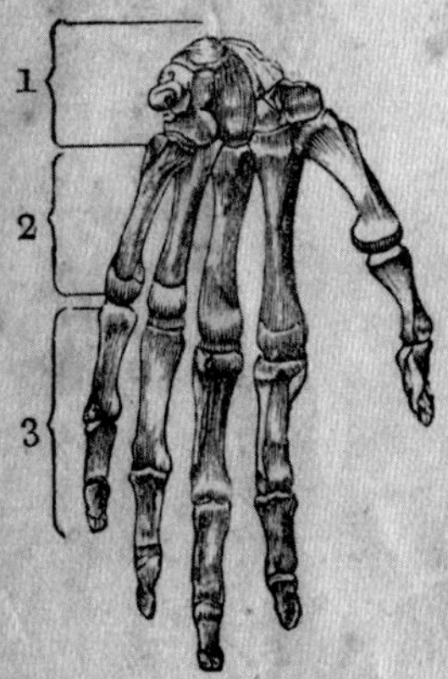

1 완골
2 쟝골
3 지골

조곰ᄯᅧ나잇셔다른가락ᄭᅳᆺ과서로맛출수잇ᄂᆞᆫ고로지극히젹은거시라도ᄭᅳᆺ집을수잇ᄂᆞ니ᄂᆞᆫ 즘ᄉᆡᆼ동물에잔ᄂᆞᆫ비ᄀᆞᆺᄒᆞᆫ거손혹사ᄅᆞᆷ의엄지손가락ᄀᆞᆺᄒᆞᆫ거시잇ᄉᆞ나사ᄅᆞᆷ과ᄀᆞᆺ치온젼치못ᄒᆞᆫᄃᆡ사ᄅᆞᆷ이온동물즁에놉고귀ᄒᆞᆫ거ᄉᆞᆯ뢰와손으로나타내ᄂᆞ니사ᄅᆞᆷ의손지조가심히령교ᄒᆞ야이온ᄃᆡ구우희잇ᄂᆞᆫ일즁에태반이나손으로ᄒᆞᆫ거시니만일사ᄅᆞᆷ의손이온젼치못ᄒᆞ엿더면이러케만흔일을다폐ᄒᆞᆯ번ᄒᆞ엿도다

하지골(下肢骨)이라

뎨ᄉᆞ편

1 하지ᄅᆞᆯ논ᄒᆞ면엉치와넓젹다리와종아리와발이라

2 환두ᄲᅧ의모양이좀이샹ᄒᆞ니이젼에ᄒᆡ부학박ᄉᆞ들이무어시라고일홈ᄒᆞ지못ᄒᆞ야무명골(無名骨)이라ᄒᆞ엿ᄂᆞᆫᄃᆡ이두ᄲᅧ가몸아ᄅᆡ에잇셔압헤ᄂᆞᆫ붓고그뒤에ᄂᆞᆫ이두ᄲᅧ짬에쳔골(薦骨)이ᄭᅵ웟ᄂᆞᆫᄃᆡ

십이도

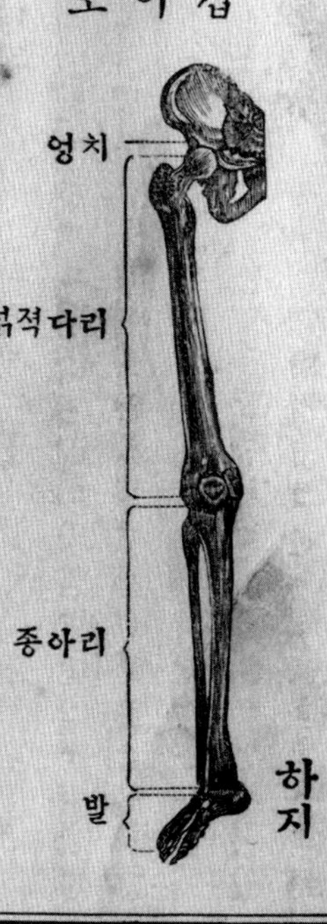

이세뼈가합ᄒᆞ여골반(骨盤)이되ᄂᆞ니라
3대퇴골(大腿骨)은넓적다리뼈라온몸에잇ᄂᆞᆫ뼈즁에뎨일긴거신ᄃᆡ공ᄀᆞᆺ치둥그러온그웃ᄭᅳᆺ시환두뼈오목ᄒᆞᆫᄌᆞ리에련졉ᄒᆞ고그아릐ᄭᅳᆺ손무릅마ᄃᆡ와잘련ᄒᆞ게ᄒᆞ랴고넓어지고온톄가조곰싹브러졋ᄂᆞ니라
4슬ᄀᆡ골(膝蓋骨)은무릅압ᄒᆡ잇ᄂᆞᆫ졀편과비슷ᄒᆞᆫ젹은뼈니라

십삼도

대퇴골

십ᄉᆞ도

슬ᄀᆡ골

5경골(脛骨)과비골(腓骨)은종다리에잇ᄂᆞᆫ뼈인ᄃᆡ경골(脛骨)은힘이잇고그등에ᄂᆞᆫ칼날ᄀᆞᆺᄒᆞᆫ날이잇서졍강마루가되고그웃ᄭᅳᆺ슨대퇴골(大腿骨)과련졉ᄒᆞᄂᆞ니라
비골(腓骨)은길고가ᄂᆞᆫᄃᆡ그아릐웃ᄭᅳᆺ치다경골(脛骨)과붓허경골의아릐ᄭᅳᆺ과ᄀᆞᆺ치발목뼈와련졉ᄒᆞᆫ거시니만일손으로만져보면ᄒᆞᆫ나흔발목안편에붓고

십오도

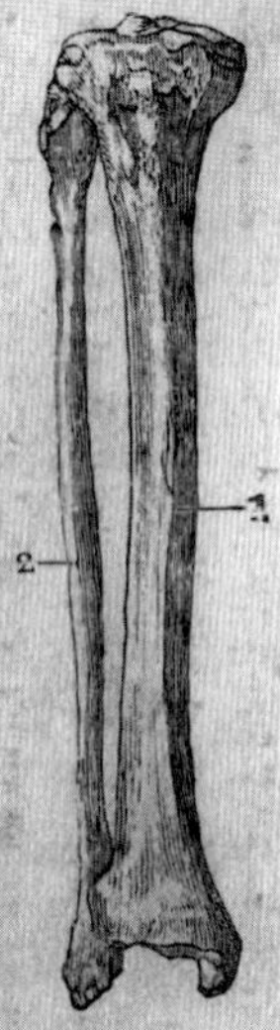

1 경골
2 비골

ᄒᆞᆫ나흔밧편에붓헛ᄂᆞ니라

6부골(跗骨)과쳑골(蹠骨)과지골(趾骨)은발에잇ᄂᆞᆫᄲᅧ이니라

7부골(跗骨)은닐곱ᄀᆡ가다각각ᄀᆞᆺ지아니ᄒᆞᆫ거시니발목과발뒤츅과발허리가된거시오

쳑골(蹠骨)은ᄆᆡ발에다ᄉᆞᆺᄀᆡ식인ᄃᆡ발허리와ᄉᆞᆺ치된거시오

지골(趾骨)은ᄆᆡ발에열네ᄀᆡ식이니발가락이된ᄲᅧ라

십륙도

8발ᄲᅧ의ᄉᆡᆼ긴모양이손과비ᄉᆞᆺᄒᆞ나손보다제ᄒᆞᆯᄂᆞᆫ존일에ᄯᅥᆨ당케되엿ᄂᆞᆫᄃᆡ그바닥안편은오목ᄒᆞ고뒤츅ᄲᅧ와쳑골(蹠骨)압ᄲᅧ가온몸의즁수를밧드ᄂᆞ니라그런고로신(履)을발에맛게ᄒᆞ야발을오그러쳐동ᄒᆞᄂᆞᆫᄃᆡ거리ᄭᅵ지안케ᄒᆞᆯ거시오구쥬를신ᄂᆞᆫ사ᄅᆞᆷ은조심ᄒᆞ야신길이가길고넓은거슬ᄐᆡᆨᄒᆞᆯ지니만일길이가ᄃᆞᆲ고좁은신을신으면엄지발가락이안흐로ᄭᅵ우러지고그큰마ᄃᆡ가내밀어압흐게되고티눈도박히ᄂᆞᆫᄃᆡ발을작게주리랴고작은신과보션을신ᄂᆞᆫ사ᄅᆞᆷ은스ᄉᆞ로제몸을괴롭게ᄒᆞ야거러ᄃᆞᆫ니ᄂᆞᆫ모양도됴치못ᄒᆞ고몸도편치못ᄒᆞ니라

쎠의싱긴모양이라

뎨오편

I 긴쎠롤길이로갈나보면두가지ᄉᆞᆲ힐거시잇ᄉᆞ니

첫재ᄂᆞᆫ그줄기속이뷘거신ᄃᆡ사ᄅᆞᆷ이살때에ᄂᆞᆫ골슈(骨髓)로그뷘곳ᄉᆞᆯᄎᆡ우ᄂᆞ니이골슈의ᄌᆡ료ᄂᆞᆫ태반이나기름이라이거ᄉᆞᆫ예비ᄒᆞ엿다가신톄가주릴때에도아주림을견ᄃᆡ게ᄒᆞᄂᆞ니라또여러번시험ᄒᆞ야아모거시던지ᄌᆡ료와즁수와길이가ᄀᆞᆺᄒᆞᆫ거시라도속이뷘거시속이뷔지아닌것보다질기고힘이만ᄒᆞᆫ줄을알앗ᄂᆞᆫᄃᆡ쎠의뷘것도힘이잇게ᄒᆞᆫ의ᄉᆞ오

둘재ᄂᆞᆫ줄기모양이든든ᄒᆞ고ᄲᅢᆨᄲᅢᆨᄒᆞ되좌우ᄭᅳᆺᄉᆞᆫ속이숭굴숭굴ᄒᆞ야벌집과비슷ᄒᆞ게되엿ᄂᆞ니대개줄기가ᄲᅢᆨᄲᅢᆨᄒᆞ게됨은가늘고도힘이잇게ᄒᆞᆷ이오그두ᄭᅳᆺ시숭굴숭굴ᄒᆞᆷ은마ᄃᆡ가되여굴고도가븨얍게ᄒᆞᆷ이니만일마ᄃᆡᄭᅡ지다ᄲᅢᆨᄲᅢᆨᄒᆞ게되엿ᄉᆞ면쓸ᄃᆡ업시무겁기만ᄒᆞᆯ거시라

십칠도

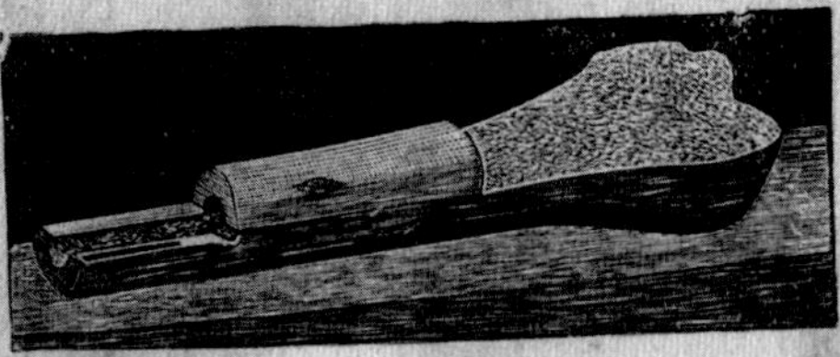

대퇴골길게베여본거시오

2두골(頭骨)ᄀᆞᆺ흔납쟉흔뼈나완골(腕骨)ᄀᆞᆺ치닭은뼈로갈나보면그외면은빽빽흔조직(組織)으로되엿ᄉᆞ나그속은긴뼈ᄭᅳᆺ과ᄀᆞᆺ치숭글숭글ᄒᆞ야벌집처럼되엿ᄂᆞ니라

3뼈의혈관(血管)과신경(神經)이만히잇ᄉᆞ니뼈마다조고마흔혈관(血管)이드러가ᄂᆞᆫ구멍흔나히나혹두엇식볼수잇ᄉᆞ며ᄯᅩ산뼈들은골막(骨膜)이잇ᄂᆞᆫ듸이골막에그물ᄀᆞᆺ흔혈관(血管)이만히잇고여긔셔ᄯᅩ무수흔심히젹은혈관이뼈속으로통ᄒᆞ엿ᄉᆞ니이길은히버쓰씨쇼관(小管)이라ᄒᆞᄂᆞ니모든뼈에다잇ᄂᆞ니라

십팔도

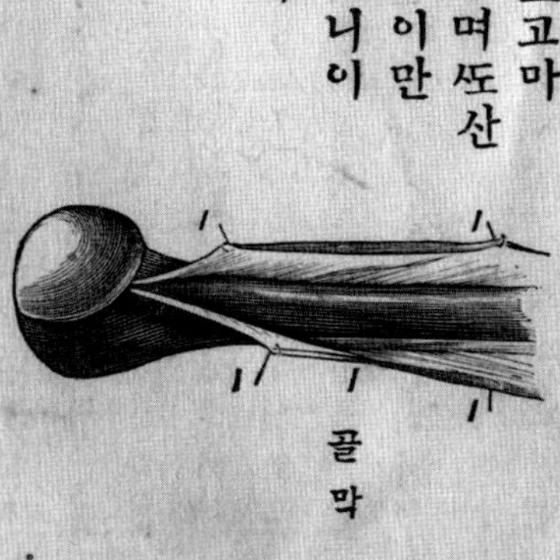

뼈의화학의셩분(骨의化學的成分)이라

뎨륙편

1뼈의된저료를말ᄒᆞ면삼분의이ᄂᆞᆫ뎡물질(定物質)이오삼분의일은동물질(動物質)인듸이뼈된뎡물질(定物質)에ᄂᆞᆫ거반다린산칼시엄이되ᄂᆞ니이질이뼈의졀반이나되ᄂᆞ니라이뎡물질과동물질이흡ᄊᆡ셕긴거슬두어가지방법으로각각헤여지게ᄒᆞᆯ수잇ᄂᆞ

니

첫재ᄂᆞᆫ뼈ᄅᆞᆯ가져북덕불에살오면그뼈가숭굴숭굴ᄒᆞ고썻썻ᄒᆞ게되나형상은그되로잇ᄂᆞ니이뼈에잇던동물질은다불살오와업셔지고뎡물질만남아이러케저가되ᄂᆞᆫ거시오

십구도

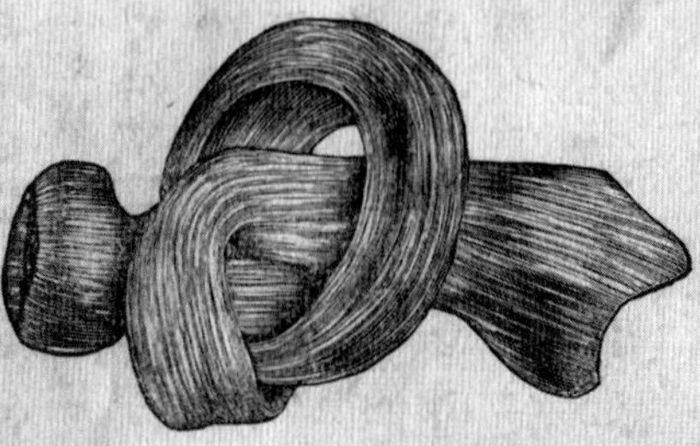

염화슈소산약에담아두어녹질녹질ᄒᆞᆫ모양이라

둘재ᄂᆞᆫ뼈ᄅᆞᆯ가지고염화슈소산(鹽化水素酸)이란약에담아두엇다가ᄒᆞᆫ보름즘후에보면그뼈가노끈ᄀᆞᆺ치녹질녹질ᄒᆞ게되여능히굽쳐밀수잇게되ᄂᆞ니이ᄂᆞᆫ뎡물질(定物質)은약에다녹아업셔지고동물질(動物質)만남아잇슴이라대개뼈에뎡물질이더만하지도록더옥썻썻ᄒᆞ여지ᄂᆞ니이런고로늙은사름의뼈ᄂᆞᆫ뎡물질이만하졀골(折骨)되기가쉽고어린ᄋᆞᄒᆡ뼈에ᄂᆞᆫ동물질이만하졀골은잘안되나구브러지기ᄂᆞᆫ잘ᄒᆞᄂᆞ니라

2 어려슬때브터쟝셩ᄒᆞ기ᄭᆞ지신톄(身體)의골격(骨格)이종신토록잇슬경형(景形)을일우ᄂᆞᆫ되이때에ᄂᆞᆫ신톄(身體)가녹질녹질ᄒᆞ야아름답고강건ᄒᆞᆫ모양되기도쉽고혹못되기도쉬우니맛당히그몸을본릐

지은형샹ᄃᆡ로가져텬연ᄒᆞᆫ용모ᄅᆞᆯ샹케ᄒᆞᄂᆞᆫ의복이나힝습을삼갈거시니라

마ᄃᆡ라

뎨칠편

1 사ᄅᆞᆷ마다아ᄂᆞᆫ쎠의마ᄃᆡ가다임의ᄃᆡ로동ᄒᆞᄂᆞᆫ거시나그러나두골에련졉ᄒᆞᆫ마ᄃᆡᄂᆞᆫ맛치샹과교ᄌᆞ에잇ᄂᆞᆫ마ᄃᆡᄀᆞᆺ치동ᄒᆞ지못ᄒᆞᄂᆞ니라 퇴골(椎骨)ᄉᆞ이에잇ᄂᆞᆫ마ᄃᆡᄂᆞᆫ조곰동ᄒᆞᆯ수잇ᄉᆞ나ᄉᆞ지(四肢)에잇ᄂᆞᆫ마ᄃᆡᄀᆞᆺ치ᄂᆞᆫ잘동치못ᄒᆞᄂᆞ니라

이거ᄉᆞᆯ보면온몸에마ᄃᆡ가세가지잇ᄉᆞ니동ᄒᆞᆯ수업ᄂᆞᆫ것과조곰동ᄒᆞᄂᆞᆫ것과만히동ᄒᆞᄂᆞᆫ거시니라

2 동ᄒᆞᄂᆞᆫ마ᄃᆡ가여러가지잇ᄉᆞ니엇던거ᄉᆞᆫ팔목에잇ᄂᆞᆫ완골(腕骨)과ᄀᆞᆺ치서로조곰만뷔비고엇던거ᄉᆞᆫ혼쎠가다른쎠에

이십도 두ᄀᆡ골의마ᄃᆡ

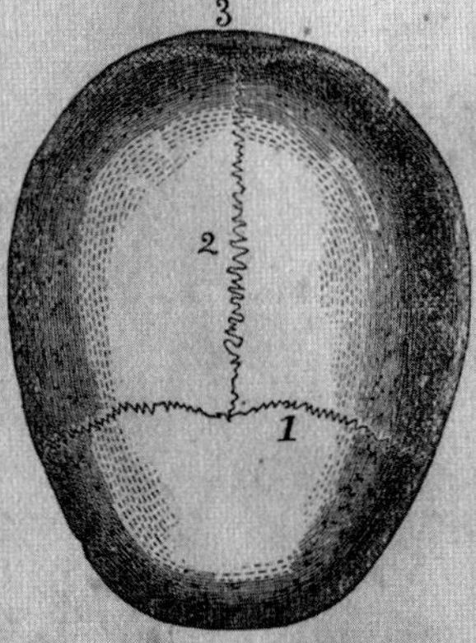

1 젼두골
2 로뎡골
3 후두골

련졉ᄒᆞ기를맛치문돌져귀와ᄀᆞᆺ치동ᄒᆞᄂᆞ니이ᄂᆞᆫ팔고빙이와무릅마ᄃᆡ가그러ᄒᆞ니라
또엇던거ᄉᆞᆫ뼈의둥그러온ᄭᅳᆺ치오목ᄒᆞᆫ골구(骨臼)에맛붓허셔ᄉᆞ면으로동ᄒᆞᄂᆞ니이ᄂᆞᆫ환두뼈마ᄃᆡ가그러ᄒᆞ니라

마ᄃᆡ의싱긴거시라

I 마ᄃᆡ라고ᄒᆞᄂᆞᆫ것에쳣재ᄂᆞᆫ뼈두어ᄀᆡ잇고이두뼈가서로맛붓ᄂᆞᆫᄶᅡᆷ이얇고밋그러온연골(軟骨)노덥허잇스니이거ᄉᆞᆫ뼈보다약력(躍力)이만하뼈의도반(跳反)이되게ᄒᆞᄂᆞ나라

둘재ᄂᆞᆫ뼈의ᄭᅳᆺ츨서로ᄀᆞᆺ셰히맛붓치ᄂᆞᆫ인ᄃᆡ(靭帶)이니이거ᄉᆞᆫ희고광나ᄂᆞᆫᄃᆡᄌᆞ와ᄀᆞᆺ흔ᄃᆡ힘은만흐나탄력(彈力)은흔이업ᄂᆞ니현미경으로ᄌᆞ셰히보면가늘ᄒᆞᆫ실ᄀᆞᆺ흔셤유(纖維)가뫼의날ᄀᆞᆺ치길이로합ᄒᆞ야된거ᄉᆞᆯ보리라

셋재ᄂᆞᆫ마ᄃᆡ속뷘곳에잇ᄂᆞᆫ얇은활익막(滑液膜)이라여긔셔나ᄂᆞᆫ활익(滑液)의공용은

이십일도

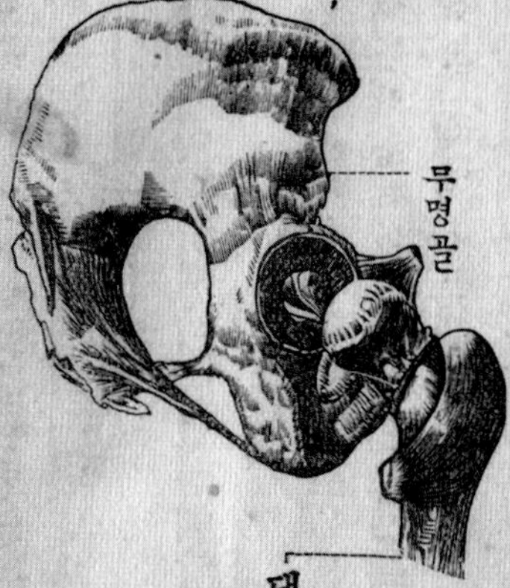

뎨이쟝

긔계의쓰는기름과ᄀᆞᆺ흔ᄃᆡ만일긔계에는기름을바르지아니ᄒᆞ면쉬못쓰게되나사ᄅᆞᆷ의ᄡᅧᄆᆞᄃᆡ는스ᄉᆞ로이활익을칠ᄒᆞ고칠팔십년동안에ᄒᆞᆼ샹쉬지안코동ᄒᆞ여도그ᄆᆞᄋᆞᆷ에념려ᄒᆞᆯ거시업ᄂᆞ니라

그러나ᄆᆞᄃᆡ가병이들면심히압흐고혹구브러도지고혹ᄶᅮ그러도지며ᄲᆡᆺᄲᆡᆺᄒᆞ게되ᄂᆞ니라

4 어려ᄉᆞᆯ때에는ᄆᆞᄃᆡ가연약ᄒᆞ야잘구브러지나ᄎᆞᄎᆞ쟝ᄉᆡᆼᄒᆞ는ᄃᆡ로점점ᄲᆡᆺᄲᆡᆺᄒᆞ여지ᄂᆞ니여러사ᄅᆞᆷ즁에혹은다른이보다ᄆᆞᄃᆡ가ᄲᅧ나기가더옥쉽고혹은어려ᄉᆞᆯ때브터괴벽ᄒᆞᆫᄒᆡᆼ습으로그ᄡᅧᄆᆞᄃᆡ의련졉ᄒᆞ는인ᄃᆡ를느러지게ᄒᆞᄂᆞ니이런사ᄅᆞᆷ의운동ᄒᆞ는거시이샹ᄒᆞ니라

5 인ᄃᆡ(靭帶)는질겨셔잘샹치는아니ᄒᆞ는거시나ᄒᆞᆫ번ᄆᆞᄃᆡ를샹케ᄒᆞ야그인ᄃᆡ(靭帶)가느러지거나혹ᄶᅧ여지면완젼ᄒᆞ기가더딀거시니라

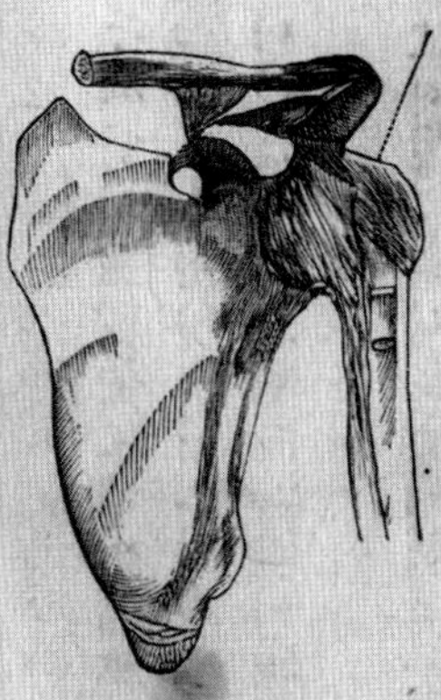

이십이도

ᄲᅧ(骨)의ᄌᆞ라ᄂᆞᆫ거시라

뎨팔편

1 ᄲᅧ가이처럼단단ᄒᆞ고ᄯᅮᆺᄯᅮᆺᄒᆞᆫ거시라도부드러온몸과ᄀᆞᆺ치ᄒᆞᆼ샹쇠잔ᄒᆞ게도ᄒᆞ고소셩케도ᄒᆞᆯ수잇ᄂᆞᆫ듸만일물드리ᄂᆞᆫ홍화(紅花)ᄅᆞᆯ도야지밥에셕거먹이면그ᄲᅧ가곳붉어지고ᄯᅩ다시아니먹이면그ᄲᅧ의붉은빗치업셔지니이ᄂᆞᆫ홍화물이그ᄲᅧ속ᄭᆞ지드러갓다가다시나아가ᄂᆞᆫ증거라이거ᄉᆞᆯ보면ᄲᅧᄅᆞᆯ먹이ᄂᆞᆫ거시홍화ᄀᆞᆺ치드러가고ᄯᅩ내여ᄇᆞ리ᄂᆞᆫ줄을알지니라

이런고로그골격(骨格)이잘ᄌᆞ라기위ᄒᆞ야그몸에잇ᄂᆞᆫ피ᄅᆞᆯ정결케ᄒᆞᆯ거시니라

2 사ᄅᆞᆷ이나즘ᄉᆡᆼ이어린ᄯᅢ담ᄇᆡ나ᄉᆞᆯ을먹으면그몸이크지못ᄒᆞᄂᆞᆫ거시올흐니라

3 ᄉᆞᆯ먹ᄂᆞᆫ사ᄅᆞᆷ의ᄌᆞ식이ᄲᅧ에병들기가쉬우니라

습　문

일편 1 골격은무어시뇨○ᄲᅧ의세가지공용이무어시뇨○동물즁에몸에ᄲᅧ가업ᄂᆞᆫ거시동ᄒᆞᆯ수잇ᄂᆞ뇨

뎨이쟝

2 골겨ᄋᆞ로된두뷘곳시무어시뇨○두ᄀᆡ골과등심뼈가그속에잇는거ᄉᆞᆯ보젼ᄒᆞ기위ᄒᆞ야특별히된모양이엇더ᄒᆞ뇨○몸동이가온ᄃᆡ잇는두뷘곳ᄉᆞᆫ무어시뇨○하지환두뼈짬을무어시라ᄒᆞᄂᆞ뇨○흉곽과비ᄅᆞᆯᄂᆞᆫ호는거ᄉᆞᆫ무어시라ᄒᆞᄂᆞ뇨○비와골반을ᄂᆞᆫ혼막이잇ᄂᆞ뇨○흉곽의벽된뼈는무어시뇨○그속에잇는뎨일요긴ᄒᆞᆫ거ᄉᆞᆫ무어시뇨○비가흉곽보다덜든든ᄒᆞᆫᄉᆞᆰ은무어시뇨

3 온몸에뼈가몃ᄀᆡ나되ᄂᆞ뇨○등심뼈는몃ᄀᆡ뇨○머리뼈는몃ᄀᆡ뇨○몸ᄯᅩᆼ이의뼈는몃ᄀᆡ뇨○샹지에뼈는몃ᄀᆡ뇨○하지에뼈는몃ᄀᆡ뇨

이편 I 두ᄀᆡ골즁에동ᄒᆞ는뼈는무어시뇨○두ᄀᆡ골이뢰밧긔ᄯᅩ무어ᄉᆞᆯ보호ᄒᆞᄂᆞ뇨

2 뢰골은모양이엇더ᄒᆞ뇨○후각은무어시뇨○뢰골들이합ᄒᆞ야무ᄉᆞᆷ동을일우ᄂᆞ뇨○이동이어ᄂᆞ뷘곳과통합ᄒᆞᄂᆞ뇨○쳑쥬의도반은무어시뇨○쳔골은어ᄃᆡ잇ᄂᆞ뇨

3 어린ᄋᆞᄒᆡ의쳑쥬는모양이엇더ᄒᆞ뇨○등심뼈가텬연히구부러지는거시엇더ᄒᆞ뇨○텬연치못ᄒᆞᆫ거ᄉᆞᆫ엇더ᄒᆞ뇨○몸을구부리는ᄃᆡᄒᆡ되는거시무어시뇨○텬연치안코구부러지는ᄉᆞᆰ은무어시뇨

4 갈비뼈즁에우희잇는닐곱ᄀᆡ와아ᄅᆡ잇는다ᄉᆞᆺᄀᆡ의분간이무어시뇨○ᄯᅳ는갈비ᄃᆡ는엇더ᄒᆞ뇨○특연골은무어시뇨○그공용은엇더ᄒᆞ뇨○흉곽과허리ᄅᆞᆯ누르는ᄃᆡᄒᆡ로옴은무어시뇨

5 가슴뼈ᄂᆞᆫ엇더ᄒᆞ뇨○셜골은어듸잇ᄂᆞ뇨○이뼈에붓흔요긴ᄒᆞᆫ긔계ᄂᆞᆫ무어시뇨

삼편 I ᄉᆞ지ᄅᆞᆯ엇더케논호앗ᄂᆞ뇨

2 쇄골은어듸잇ᄂᆞ뇨

3 견갑골의다른일홈이무어시뇨

4 팔의큰뼈ᄂᆞᆫ무어시라ᄒᆞᄂᆞ뇨○압팔에잇ᄂᆞᆫ뼈들의일홈은무어시뇨○이두뼈즁에어ᄂᆞ거시손뼈와더옥잘붓혓ᄂᆞ뇨

5 손의뼈ᄅᆞᆯ엇더케논호앗ᄂᆞ뇨

6 완골은멧ᄀᆡ뇨

7 쟝골은멧ᄀᆡ뇨○지골은멧ᄀᆡ뇨○사ᄅᆞᆷ의손이즘ᄉᆡᆼ의손보다더옥공교ᄒᆞᆫ션ᄃᆞᆰ이무어시뇨

ᄉᆞ편 I 하지ᄅᆞᆯ엇더케논호앗ᄂᆞ뇨

2 웨환두뼈ᄅᆞᆯ무명골이라ᄒᆞ엿ᄂᆞ뇨

3 뼈즁에뎨일긴거ᄉᆞᆫ어듸잇ᄂᆞ뇨

4 슬ᄀᆡ골은어듸잇ᄂᆞ뇨

5 종아리뼈ᄂᆞᆫ엇더ᄒᆞ뇨○졍강마루뼈ᄂᆞᆫ엇더ᄒᆞ뇨○비골은어ᄂᆞ뼈와붓혓ᄂᆞ뇨

6 발에잇ᄂᆞᆫ뼈ᄂᆞᆫ무어시뇨

7부골은멧ᄀᆡ뇨○쳑골은멧ᄀᆡ뇨○지골은멧ᄀᆡ뇨○져은신을신는ᄃᆡ ᄒᆡ로온거시무어
시뇨
오편ㅣ온ᄲᅧ속이다ᄎᆞᆺᄂᆞ뇨○그즁에뷘ᄃᆡ는어ᄃᆡ뇨○그즁숭굴숭굴ᄒᆞᆫᄃᆡ는어ᄃᆡ뇨○뷘
속에잇는거ᄉᆞᆫ무어시뇨○뷘ᄉᆞ둙은무어시뇨○긴ᄲᅧ의량ᄭᅳᆺ치ᄀᆞᆰ어진ᄉᆞ둙은무어시
뇨
2잚은ᄲᅧ의ᄉᆡᆼ긴모양은엇더ᄒᆞ뇨
3ᄆᆡᆨ관과신경이엇더케ᄲᅧ속에드러갈수잇ᄂᆞ뇨○ᄒᆡ버쓰씨쇼관은무어시뇨
륙편ㅣᄲᅧ의화학의셩분이무어시뇨○엇더케ᄒᆞ여야ᄲᅧ에잇는동물질과뎡물질을각각
헤여지게ᄒᆞᆯ수잇ᄂᆞ뇨○늙은사ᄅᆞᆷ이어린ᄋᆞᄒᆡ보다절골되기쉬온ᄉᆞ둙이무어시뇨
칠편ㅣ마ᄃᆡ가멧가지잇ᄂᆞ뇨○동ᄒᆞ는마ᄃᆡ가각각다른것무어시뇨○마ᄃᆡ에특별히잇
는거시멧가지뇨○마ᄃᆡ가스ᄉᆞ로기름칠ᄒᆞ는거시엇더ᄒᆞ뇨○엇던사ᄅᆞᆷ의ᄲᅧ는다ᄅᆞᆫ
사ᄅᆞᆷ의ᄲᅧ보다쎠나기가더쉬온거시무ᄉᆞᆷᄉᆞ둙이뇨○마ᄃᆡ가샹ᄒᆞ면곳치기가쉬우뇨
팔편ㅣᄲᅧ가부드러온살과ᄀᆞᆺ치ᄒᆞᆼ샹변ᄒᆞᄂᆞ뇨○ᄲᅧᄌᆞ라는거ᄉᆞᆯ돕는거ᄉᆞᆫ무어시뇨○또
막는거ᄉᆞᆫ무어시뇨

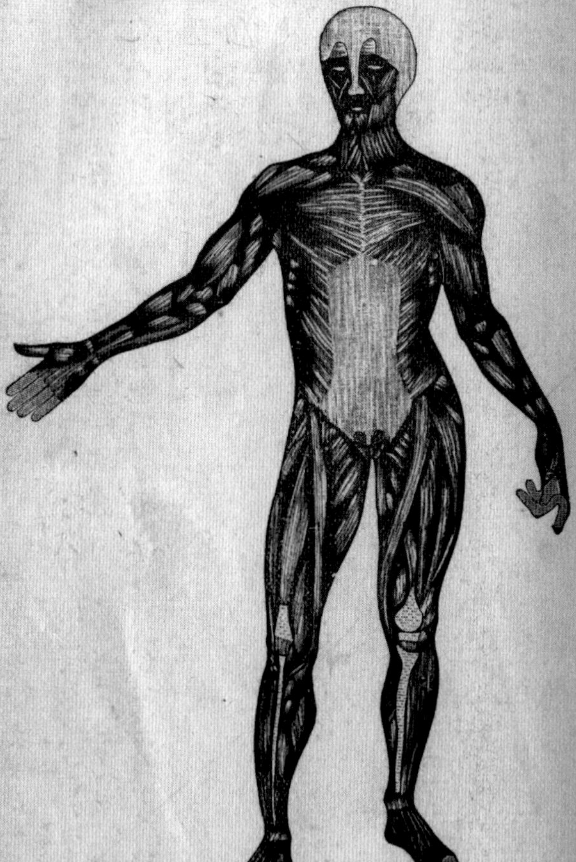

근육이뵈는거시라

뎨삼쟝은 근육(筋肉)이라

션셩된쟈마다이거ᄉᆞᆯᄀᆞᄅᆞ치기젼에몬져ᄉᆞᆲ혀볼거시라 (1)소고기ᄒᆞᆫ조각을가지고ᄌᆞ셰히보면슈의근(隨意筋)의된모양을볼수잇고또파리ᄒᆞᆫ사ᄅᆞᆷ의팔을보면그근육(筋肉)과젼(腱)을보기쉬올거시오또불슈의근(不隨意筋)의힝ᄒᆞ는거슨눈알에잇는검은ᄌᆞ위가빗츨밧고아니밧는ᄃᆡ로커지는거시오 (2)소고기조각에잇는근육가온ᄃᆡ셔결톄조직(結締組織)을볼수잇고또ᄃᆞᆰ이다리를보면젼을더잘볼수잇ᄂᆞ니라

뎨일편

I 근육(筋肉)은몸을동케ᄒᆞ는긔계인ᄃᆡ모든ᄲᅧ를덥는살이라이근육이쇼화ᄒᆞ는긔계와ᄆᆡᆨ관과몸속에잇는오장륙부에도잇는ᄃᆡ념통은거반다이근육이니라

2 사ᄅᆞᆷ마다아는근육(筋肉)은그쥬인의ᄆᆞᄋᆞᆷᄃᆡ로힝ᄒᆞᄂᆞ니가령우리가거러ᄃᆞᆫ니는것과ᄃᆞᄅᆞᆷ질ᄒᆞ는것과팔과머리를다임의ᄃᆡ로동케ᄒᆞᆯ수잇스나오직념통의ᄯᅱ노는거슨더ᄃᆡ며ᄲᅡ르게ᄒᆞᆯ수업고ᄂᆡ장(內臟)의동ᄒᆞ는것도사ᄅᆞᆷ의ᄯᅳᆺᄃᆡ로ᄒᆞ지못ᄒᆞᄂᆞ니라

3 이런고로근육(筋肉)을두가지에ᄂᆞᆫᄒᆞᆯ수잇ᄂᆞ니이는ᄯᅳᆺᄃᆡ로ᄯᆞ라동ᄒᆞ는슈의근(隨意筋)과또ᄯᅳᆺᄃᆡ로ᄯᆞ라동ᄒᆞ지안는불슈의근(不隨意筋)이라

4 온몸즁수의오분지이는이슈의근(隨意筋)이니골격을둘너거반다그두ᄭᅳᆺ치ᄲᅧ에

붓헛ᄂᆞᆫᄃᆡ그모양이각각다르고그ᄃᆡ위와공용에ᄯᅥᆨ당케되여엇던거ᄉᆞᆫ길고엇던거ᄉᆞᆫ닯으며혹은둥그럽고혹은납작ᄒᆞᆫ거시니살아슬때에는ᄉᆞ지에잇ᄂᆞᆫ근육이다결톄조직(結締組織)으로서로얽어ᄆᆡ여덥흔거시니라

5슈의근(隨意筋)은ᄒᆞᆫ이ᄒᆞᆫ끗이나두끗흐로어ᄂᆞ뼈에붓헛ᄂᆞᆫᄃᆡ이붓ᄒᆞᆫ끗슬건(腱)이라ᄒᆞᄂᆞ니건(腱)은광잇ᄂᆞᆫ노ᄭᅳᆫ과ᄀᆞᆺ치질기고느러나지안ᄂᆞ니라

6온몸에잇ᄂᆞᆫ근육(筋肉)의수ᄂᆞᆫ오ᄇᆡᆨ이더되ᄂᆞᆫᄃᆡ몸이좌우가ᄀᆞᆺᄒᆞᆫ고로이근육도둘식쌍으로잇ᄉᆞ며귀속에잇ᄂᆞᆫ마등골근(馬鐙骨筋)은뎨일젹은ᄃᆡ길기가륙분지일치즘되며봉쟝근(縫匠筋)이라ᄒᆞᄂᆞᆫ뎨일긴근(筋)은환두뼈에셔브터무릅뼈를지나경골ᄭᆞ지니르ᄂᆞᆫᄃᆡ길이가ᄒᆞᆫ자반이나되ᄂᆞ니라

팔에잇ᄂᆞᆫ이두근(二頭筋)의갈나진웃두끗슨견갑골(肩甲骨)에다붓고아릐끗츤팔고빙이를지나뇨골(橈骨)에붓헛ᄉᆞ며또훙골(臂骨)에셔브터웃팔ᄭᅥ지간거ᄉᆞᆫ훙근(臂筋)이라ᄒᆞ고또죵아리에잇ᄂᆞᆫ근육은비장근(腓匠筋)이라ᄒᆞ

이십삼도

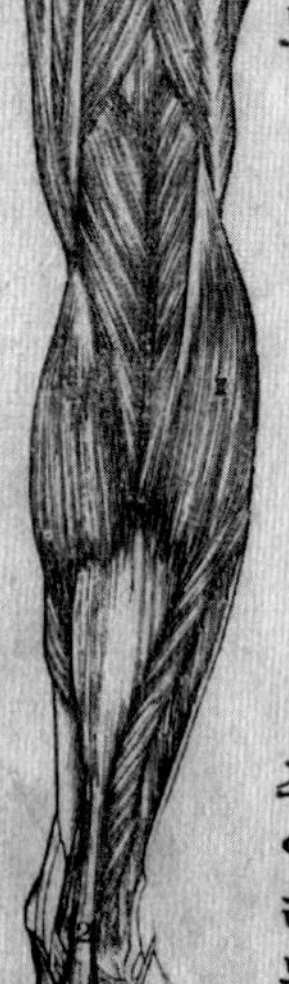

종아리뒤라

고또여긔셔발뒤축쌔ᄉᆡ지붓ᄒᆞᆫ건(腱)은온몸에잇ᄂᆞᆫ건즁에뎨일큰ᄃᆡ일홈은줄ᄯᅴ라ᄒᆞᄂᆞ니라

근육(筋肉)의본셩(本性)이라

뎨이편

ㅣ 근육(筋肉)의특별ᄒᆞᆫᄒᆞᆫ가지셩질은스ᄉᆞ로주려지ᄂᆞᆫ거시니온몸에잇ᄂᆞᆫ인ᄃᆡ(靭帶)즁에혹인도고와ᄀᆞᆺ치탄력(彈力)이만ᄒᆞᆫ조직으로된거ᄉᆞᆫᄒᆞᆫ번느러난후에스ᄉᆞ로주려질힘이잇스나다만이근육만여러조직즁에느러나지안코주려질수잇ᄂᆞᆫᄃᆡ이근육이주려질때에졈졈굵어지ᄂᆞᆫ거시맛치ᄃᆡ령이가그몸을주려치면셔굵어지ᄂᆞᆫ것과ᄀᆞᆺᄒᆞ니만일내가내왼편손으로올ᄒᆞᆫ편팔에잇ᄂᆞᆫ이두근(二頭筋)을잡고그팔을구브려치면

이십ᄉᆞ도

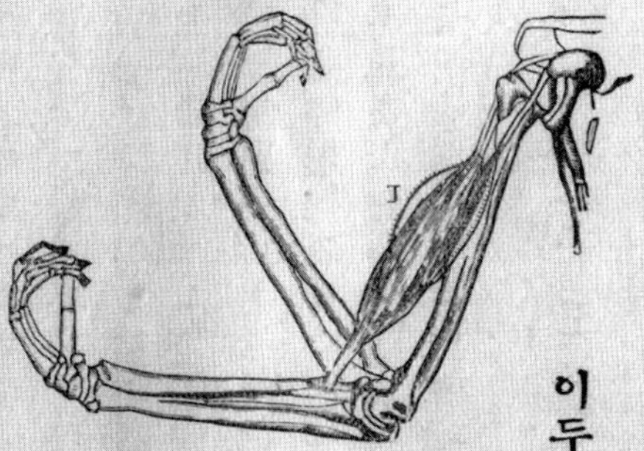

이두근

ㅣ 드믄드믄ᄒᆞᆫ줄은압팔구브러질때이두근변ᄒᆞᄂᆞᆫ거슬마ᄅᆞ치ᄂᆞᆫ모양이라

그근육이굵어지고단단ᄒᆞ여지ᄂᆞᆫ거ᄉᆞᆯ볼수잇ᄉᆞ며이러케ᄒᆞᆯᄯᅢ에ᄯᅩ그붓흔ᄲᅧ롤엇ᄭᅴ셔
지잡아당긔ᄂᆞᆫᄃᆡ근육이엇더케본톄(本體)의ᄯᅳᆺᄃᆡ로주러지ᄂᆞᆫ거ᄉᆞᆫ알수업스나그러케
되ᄂᆞᆫ줄은분명히아ᄂᆞ니라

2 불슈의근육(不隨意筋肉)도슈의근(隨意筋)과ᄀᆞᆺ치주러질힘이잇ᄉᆞ나그러나본
톄의ᄯᅳᆺᄃᆡ로ᄂᆞᆫ아니ᄒᆞ고다만치움을맛나면주러지고더움을맛나면ᄂᆞ러나ᄂᆞᆫᄃᆡ니장
(內臟)에잇ᄂᆞᆫ이근육은음식을맛줄ᄯᅢ에나ᄯᅩ다른여러가지물건에격동을밧으면주러
질지라도슈의근육(隨意筋肉)을다ᄉᆞ리ᄂᆞᆫᄆᆞ음이이근육은다ᄉᆞ리지못ᄒᆞᄂᆞᆫᄃᆡ이불슈
의근육은슈의근육ᄀᆞᆺ치ᄲᆞᆯ니주러지지못ᄒᆞ고ᄒᆞᆼ샹쳔쳔히동ᄒᆞᄂᆞ니라

근육(筋肉)의싱긴형샹이라

뎨삼편

1 힘잇ᄂᆞᆫ현미경으로슈의근육(隨意筋肉)ᄒᆞᆫ가ᄂᆞᆫ실오락이만치가지고보면거긔심
히가ᄂᆞᆫ실이무수히잇고ᄯᅩ건너간검은줄을만히
불수잇ᄂᆞᆫᄃᆡ이ᄀᆞᆺ치가ᄂᆞᆫ실들이만히모혀폭이가
되고ᄯᅩ이폭이여러시모혀서로근육의톄롤일우

슈의근의셤유 이십오도

ᄂᆞ니만일소고기ᄒᆞᆫ조각을가지고보면분명히알니라

이십륙도 불슈의근의셤유

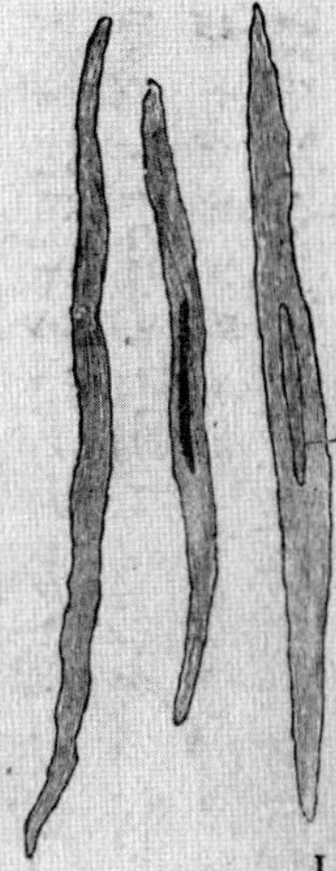

2 불슈의근육(不隨意筋肉)도현미경으로보면실노된거시라도슈의근육(隨意筋肉)에잇ᄂᆞᆫ실보다ᄆᆡ우닮고뵈싸ᄂᆞᆫ부의형샹과ᄀᆞᆺ치가온ᄃᆡᄂᆞᆫ넓고량ᄭᅳᆺ촌좁게되여가로건너간줄도업ᄂᆞᆫᄃᆡ그ᄒᆞᆫ가온ᄃᆡ씨라ᄂᆞᆫ길쭉ᄒᆞᆫ뎜이ᄒᆞᆫ나식잇ᄂᆞ니라

근육(筋肉)의운동(運動)ᄒᆞᆷ이라

뎨ᄉᆞ편

1 텬연ᄒᆞᆫ리치ᄂᆞᆫ무릇살아동ᄒᆞᄂᆞᆫ물건마다평안ᄒᆞᆫ가온ᄃᆡ잇고져ᄒᆞ면맛당히져희직분을ᄒᆞ여야될거신ᄃᆡ가령돌ᄀᆞᆺᄒᆞᆫ거ᄉᆞᆫ가만히잇셔동치못ᄒᆞ게ᄆᆞᆫ든거시나사ᄅᆞᆷ과밋ᄂᆞᆫ즈ᄂᆞᆫ동물들은다운동ᄒᆞ기에뎍당케된거신고로온ᄉᆞ지ᄇᆡᆨ톄가다각각제직분을ᄒᆞ야근육은동ᄒᆞ고위ᄂᆞᆫ쇼화ᄒᆞ게ᄒᆞ고신경(神經)도쓰고뢰로ᄉᆡᆼ각도ᄒᆞᆯ터이니몸가온ᄃᆡ게으러셔가만히잇ᄂᆞᆫ거시도로혀불편ᄒᆞ고약ᄒᆞ여지ᄂᆞ니운동ᄒᆞᄂᆞᆫ법즁에이거시뎨일이니라

2 청년들은맛당히이법을알아더옥힝ᄒᆞᆯ거시니몸이아조쟝셩ᄒᆞ야강건ᄒᆞ게된후에는청년보다위싱을덜ᄒᆞ여도관계치아니ᄒᆞ니라

3 여러가지싱업즁에그업을ᄒᆞ는사ᄅᆞᆷ의ᄆᆞᄋᆞᆷ과몸에잇는긔계ᄅᆞᆯ다넉넉히쓰게ᄒᆞ는거시쟝슈ᄒᆞ게ᄒᆞ는업인ᄃᆡ미국마셔츄셋쓰도에셔삼십년동안에여러싱업ᄒᆞ는사ᄅᆞᆷ의싱명을혜아려보매농업(農業)ᄒᆞ는사ᄅᆞᆷ들이그즁뎨일쟝슈ᄒᆞ더라

4 엇던싱업은뢰보다근육을더쓰게ᄒᆞ는업이잇ᄉᆞ니이런업을ᄒᆞ는사ᄅᆞᆷ은쉬는시간에맛당히그ᄆᆞᄋᆞᆷ을닥는거시됴코또몸은쓰지안코ᄆᆞᄋᆞᆷ만쓰게ᄒᆞ는업을ᄒᆞ는사ᄅᆞᆷ은가히틈을타셔당연ᄒᆞᆫ운동으로그몸을닥을지니라

5 근육을운동케ᄒᆞᆯᄭᅡᄃᆞᆰ이여러가지잇ᄉᆞ니

첫재는근육이사ᄅᆞᆷ의몸에뎨일만하온몸즁수의거의반이됨이오

둘재는운동을힘써ᄒᆞ면몸속에잇는만흔혈관에셔슌환ᄒᆞ는피가ᄲᆞᆯ니흐르나가만히잇셔놀때에는피가쳔쳔히힝ᄒᆞᆷ이오

셋재는근육을운동식히면온몸이소셩ᄒᆞᄂᆞ니대개뢰ᄅᆞᆯ크게쓸때에는근육이가만히잇고피도그다지ᄲᆞᆯ니힝치못ᄒᆞ나그러나근육을운동식힐때에는념통이힘잇게ᄯᅱ놀고피도더옥ᄲᆞᆯ니도라ᄃᆞᆫ녀근육에만니ᄅᆞᆯᄲᅮᆫ더러가족(皮)과간(肝)과위(胃)와뢰(腦)에ᄭᅡ지통힝ᄒᆞᄂᆞ니이럼으로피에잇는쓰다가남은거ᄉᆞᆯ내여ᄇᆞ리는긔계가힘이더옥잇셔

온몸을써굿ᄒᆞ게ᄒᆞᄂᆞᆫᄃᆡ운동은몸의ᄌᆞ연ᄒᆞᆫᄌᆞ극(自戟)이니라

6 근육을운동케ᄒᆞᄂᆞᆫ거시모든위ᄉᆡᆼ을도을ᄲᅮᆫ아니라온근계통(筋系統)을곳강건케ᄒᆞᄂᆞᆫᄃᆡ사ᄅᆞᆷ마다아ᄅᆞᆷ답고온젼ᄒᆞᆫ몸을부르워ᄒᆞᄂᆞ니녯적헬나사ᄅᆞᆷ들의몸이아ᄅᆞᆷ답고강건ᄒᆞᆫ긔력과활발ᄒᆞᆫ의량을후ᄃᆡ(後代)사ᄅᆞᆷ들이다이샹히넉이ᄂᆞᆫᄃᆡ이헬나사ᄅᆞᆷ들도근육을닥ᄂᆞᆫ거ᄉᆞᆯ유익ᄒᆞᆫ줄노알아션비와벼ᄉᆞᆯᄒᆞᄂᆞᆫ사ᄅᆞᆷ들이대운동ᄒᆞᆯ때에주ᄂᆞᆫ샹급밧기ᄅᆞᆯ힘써ᄇᆞ랏ᄂᆞ니텬하만국에허다ᄒᆞᆫ일을근육으로다ᄒᆞᄂᆞᆫ고로이근육을강건ᄒᆞ게잘기르야모든일이더옥진흥ᄒᆞᆯ지니라

7 근육을닥ᄂᆞᆫᄃᆡ세가지효험이잇ᄉᆞ니첫재ᄂᆞᆫ힘이오둘재ᄂᆞᆫ민쳡ᄒᆞᆷ이오셋재ᄂᆞᆫᄎᆞᆷ아이김이라

첫재힘은이근육을쓰ᄂᆞᆫᄃᆡ로커지고힘이나ᄂᆞᆫᄃᆡ온몸을평균ᄒᆞ게쓰ᄂᆞᆫ거시됴ᄒᆞ니모든운동즁에몸동이와ᄉᆞ지ᄅᆞᆯ동ᄒᆞ게ᄒᆞᄂᆞᆫ거ᄉᆞᆯ튁ᄒᆞᆯ지니라사ᄅᆞᆷ이흔이운동ᄒᆞᄂᆞᆫᄃᆡ에힘밧긔다른효험이업ᄂᆞᆫ줄노잘못알기쉬오나그러나힘만흔거시ᄒᆞᆼ샹위ᄉᆡᆼ에유익ᄒᆞᆫ거시아니니혹엇던힘내기ᄒᆞᄂᆞᆫ사ᄅᆞᆷ은그힘을너무과히닥으매근육은비록커지나위ᄉᆡᆼ에ᄂᆞᆫ히로오니혹이ᄀᆞᆺ치ᄒᆞᄂᆞᆫ사ᄅᆞᆷ은일죽이죽ᄂᆞ니라

둘재민쳡ᄒᆞᆷ은그본톄의ᄯᅳᆺ시니오관의식히ᄂᆞᆫ거ᄉᆞᆯ밧아속히준ᄒᆡᆼᄒᆞᄂᆞᆫ힘이라이민쳡ᄒᆞᆫ거시모든ᄉᆡᆼ업ᄒᆞᄂᆞᆫ즁에뎨일요긴ᄒᆞᆫᄃᆡ여러가지노ᄅᆞᆷ즁에ᄌᆞ세히ᄉᆞᆯ펴보고ᄲᆞᆯ니동ᄒᆞ

는거시이힘을나게ᄒᆞᄂᆞ니라

셋재ᄎᆞᆷ아이긔는거ᄉᆞᆫ오ᄅᆡ동안힘을쓰되ᄅᆡ곤치아니ᄒᆞ는거시니근육큰사ᄅᆞᆷ이ᄒᆞᆼ샹이힘이뎨일만ᄒᆞᆫ것아니오오직이힘과여러긔계가잘ᄒᆡᆼᄒᆞ는것과합ᄒᆞ는거시ᄒᆞᆫ나히되여견ᄃᆡ는힘이되여야내기ᄒᆞᆯ때에능히이긔게ᄒᆞ는ᄃᆡ이힘은평균ᄒᆞᆫ운동으로엇을거시니라

8 근육을운동ᄒᆞ는ᄃᆡ또ᄒᆞᆫ가지유익은ᄒᆞᆫ이그눈과귀ᄅᆞᆯ련단식혀속히ᄭᆡᄃᆞᆺ게ᄒᆞ는거시니라

9 사나희근육이녀인의근육보다크고실ᄒᆞ나그러나남녀ᄅᆞᆯ무론ᄒᆞ고맛당ᄒᆞᆫ운동을ᄒᆞ여야위ᄉᆡᆼ에유익ᄒᆞ고맛당ᄒᆞᆫᄌᆞᄅᆞ남이될터인ᄃᆡ공연히톄면만ᄎᆞ려셔운동아니ᄒᆞ는거시맛당치못ᄒᆞ니라

10 뎨일유익ᄒᆞᆫ운동을ᄒᆞ고져ᄒᆞᆯ진ᄃᆡ맛당히ᄆᆡ일평균케ᄒᆞᆯ거시니가령오ᄂᆞᆯ은여러시동안을ᄒᆞ고ᄅᆡ일은도모지아니ᄒᆞ는것보다날마다조곰식늘ᄒᆞ는거시유익ᄒᆞᆫᄃᆡ또운동ᄒᆞᆯ때에ᄆᆞᆰ은공긔에호흡ᄒᆞ는거시됴흐니밧긔셔ᄒᆞ는거시더옥유익ᄒᆞ니라

이러케ᄒᆞᆯ때에는ᄌᆞ미잇는줄노알고일단정신ᄒᆞ여ᄒᆞ도록더옥유익ᄒᆞᆷ이되ᄂᆞ니라

11 또음식을만히먹은후에곳힘드는운동ᄒᆞ는거ᄉᆞᆫᄒᆡ로오니이는음식을먹은때에는위가ᄒᆞᆯ일이만ᄒᆞᆫᄃᆡ만일힘드는운동을ᄒᆞ면피와힘이위에셔ᄯᅥ나다른여러근육에셔지

가셔쇼화ᄒᆞᄂᆞᆫ거ᄉᆞᆯ막음인ᄃᆡ오ᄅᆡ동안이ᄀᆞᆺ치ᄒᆞ면위의힘이약ᄒᆞ여지리라

12 근육을운동식힐ᄯᅢ에과도히ᄒᆞ지안ᄂᆞᆫ거시유익ᄒᆞ니가령운동을오ᄅᆡᄒᆞ거나과히힘써ᄒᆞᆷ으로다른일을못ᄒᆞ게되ᄂᆞᆫ것과ᄯᅩ근육과ᄉᆞ지가압흐도록ᄒᆞ야쉬지못ᄒᆞᄂᆞᆫ것과승벽이잇셔힘에넘ᄂᆞᆫ거ᄉᆞᆯᄒᆞᄂᆞᆫ것과곤ᄒᆞᆯᄯᅢ에힘드ᄂᆞᆫ운동은다말지니만일이러케ᄒᆞᄂᆞᆫᄃᆡᄒᆡ로온거손허파에셔피가나아오고ᄯᅩ념통이너무커져셔병이되여죽기가쉬오니라

13 얼골(顔面)에도무수ᄒᆞᆫ근육이잇셔ᄒᆞᆫ끗손ᄲᅧ에붓고ᄒᆞᆫ끗손가족에붓헛ᄂᆞᆫᄃᆡ이거시ᄒᆞᆷ셔모혀동ᄒᆞᆷ으로여러모양을내여그ᄆᆞᄋᆞᆷ에잇ᄂᆞᆫᄉᆡᆼ각과회포를표ᄒᆞ되슬픈ᄯᅢ에ᄂᆞᆫ그즁ᄒᆞᆫ가지근육을주려지게ᄒᆞ며깃블ᄯᅢ에ᄂᆞᆫᄯᅩ다른근육을주려지게ᄒᆞ니엇던근육이엇던회포와샹관된거시분명ᄒᆞ야사ᄅᆞᆷ이제ᄆᆞᄋᆞᆷ에잇ᄂᆞᆫᄉᆡᆼ각을남의압헤숨기기가어려오니라

ᄂᆞ즌동물들의얼골(顔面)은사ᄅᆞᆷ의얼골에보다근육의수가적고ᄯᅩ덜녹질녹질ᄒᆞ야ᄆᆞᄋᆞᆷ에잇ᄂᆞᆫ회포를덜나타내ᄂᆞᆫᄃᆡᄉᆞᄌᆞ(獅)의얼골은늠름ᄒᆞᆫ긔샹을나타내고호랑이(虎)의얼골은포악ᄒᆞᆫ위엄을나타내고소(牛)의얼골은ᄎᆞᆷ을셩을나타내ᄂᆞ니사ᄅᆞᆷ의얼골에ᄒᆞᆼ샹잇ᄂᆞᆫ모양은아모ᄯᅢ이나업셔지지안코그셩픔을얼골에쓰ᄂᆞᆫᄃᆡ혹완ᄑᆡᆨᄒᆞ고사오나온셩픔은그얼골에됴치아니ᄒᆞᆫ모양을내고ᄯᅩᄉᆞ랑스럽고인ᄌᆞᄒᆞᆫ셩픔은ᄎᆞᄎᆞ그얼골에아름다온모양을나타내ᄂᆞ니라

쥬졍(酒精)과담비(烟草)의후환(後患)이라

뎨오편

I 쥬졍(酒精)의ᄒᆡᄅᆞᆯ밧ᄂᆞᆫ근육(筋肉)은변ᄒᆞ야기름이되며부드럽고약ᄒᆞ게되ᄂᆞᆫ뒤쥬졍이이러케바로근육을ᄒᆡᄒᆞᆯᄲᅮᆫ더러또감인(感引)ᄒᆞ야ᄒᆡᄒᆞᄂᆞ니쇼화ᄒᆞᄂᆞᆫ긔계와피ᄅᆞᆯ샹케ᄒᆞᆷ으로근육을양육ᄒᆞᄂᆞᆫ힘을졈졈감ᄒᆞ게ᄒᆞᄂᆞ니라
샹을엇으랴고몸을잘닥ᄂᆞᆫ사ᄅᆞᆷ이맛당히알거ᄉᆞᆫ이술과담비ᄂᆞᆫ근육을ᄒᆡᄅᆞᆸ게ᄒᆞ야몸이든든ᄒᆞᆷ과긔력이강건ᄒᆞ게되지못ᄒᆞ리니ᄂᆞᆷ을이긔고져ᄒᆞᄂᆞᆫ사ᄅᆞᆷ은이거ᄉᆞᆫ조곰도먹지말지니라

2 사ᄅᆞᆷ마다몸이츙실ᄒᆞ고힘센근육을부ᄅᆞ워ᄒᆞᄂᆞᆫ뒤담비먹ᄂᆞᆫ거ᄉᆞᆯ대쟝부의ᄒᆞᄂᆞᆫ노릇신줄알고먹ᄂᆞᆫᄋᆞᄒᆡ들은이담비먹ᄂᆞᆫ악습으로그부럽고건장스러온근육의힘을감케ᄒᆞ야ᄆᆞᆺᄎᆞᆷ내아ᄅᆞᆷ다온긔샹을잇지못ᄒᆞ게ᄒᆞᄂᆞ니이증거ᄂᆞᆫ낫체병식이잇고눈에빗치업고ᄉᆞ지가연약ᄒᆞ여지ᄂᆞᆫ거시니라

혹이말ᄒᆞ되술과담비ᄅᆞᆯ먹ᄂᆞᆫ사ᄅᆞᆷ이라도힘이만흔이가잇다ᄒᆞ나그러나이런사ᄅᆞᆷ은ᄒᆞᆼ샹병이나셔감슈ᄒᆞ기쉬우니이ᄂᆞᆫ하ᄂᆞ님ᄭᅴ셔제게주신긔력을방탕ᄒᆞ게허비ᄒᆞᆷ이니

라

습 문

일편 1 근육은무어시뇨○어ᄃᆡ잇ᄂᆞ뇨
2 3 멧가지나잇ᄂᆞ뇨
4 서로얽어ᄆᆡᄂᆞᆫ거손무어시뇨
5 건은무어시뇨
6 몸에잇ᄂᆞᆫ근육은도합멧치나되ᄂᆞ뇨○그즁긴거손어ᄃᆡ잇ᄉᆞ며무어시라ᄒᆞᄂᆞ뇨○뎨
일닯은거손어ᄃᆡ잇ᄉᆞ며무어시라ᄒᆞᄂᆞ뇨○이두근은어ᄃᆡ잇ᄂᆞ뇨○흉근은어ᄃᆡ잇ᄂᆞ
뇨○비쟝근은어ᄃᆡ잇ᄂᆞ뇨○뎨일큰건은어ᄃᆡ잇ᄉᆞ며무어시라고ᄒᆞᄂᆞ뇨
이편 1 근육의본셩은엇더ᄒᆞ뇨○근육이엇더케주려지ᄂᆞ뇨.
2 슈의근과불슈의근의주려지ᄂᆞᆫ분간은무어시뇨
삼편 1 현미경으로슈의근을보면형샹이엇더ᄒᆞ뇨○또불슈의근을보면형샹이엇더ᄒᆞ
뇨
ᄉᆞ편 1 운동의리치ᄂᆞᆫ무어시뇨
2 운동이늙은사ᄅᆞᆷ의게유익ᄒᆞ뇨졂은사ᄅᆞᆷ의게유익ᄒᆞ뇨

3엇더ᄒᆞᆫ사ᄅᆞᆷ이쟝슈ᄒᆞ뇨

4근육을만히쓰ᄂᆞᆫ업ᄒᆞᄂᆞᆫ사ᄅᆞᆷ이놀ᄯᅢ에엇더케ᄒᆞᄂᆞᆫ거시가ᄒᆞ뇨○또ᄆᆞᄋᆞᆷ을쓰ᄂᆞᆫ업을
ᄒᆞᄂᆞᆫ사ᄅᆞᆷ은놀ᄯᅢ에엇더케ᄒᆞᄂᆞᆫ거시가ᄒᆞ뇨

5근육을닥을특별ᄒᆞᆫ세ᄭᆞᄃᆞᆰ은무어시뇨

6넷적헬나사ᄅᆞᆷ이엇더케ᄒᆞ엿ᄂᆞ뇨

7근육을닥ᄂᆞᆫ듸세가지효험은무어시뇨

9근육을운동ᄒᆞᄂᆞᆫ거시남녀가다유익ᄒᆞᆷ이ᄀᆞᆺᄒᆞ뇨

10운동을엇더케ᄒᆞ여야유익ᄒᆞ겟ᄂᆞ뇨

11운동ᄒᆞᆯᄯᅢ에조심ᄒᆞᆯ거ᄉᆞ무어시뇨

12운동의과도가무어시뇨○그후환은엇더ᄒᆞ뇨

13얼골에잇ᄂᆞᆫ근육의공용은무어시뇨○엇더케사ᄅᆞᆷ의ᄂᆞᆺ출보고그셩픔을짐쟉ᄒᆞᆯ수잇
ᄂᆞ뇨

오편 I 쥬졍이근육의셩픔을변화ᄒᆞᄂᆞᆫ거시엇더ᄒᆞ뇨○근육을엇더케감인(感引)ᄒᆞ야
샹ᄒᆞᄂᆞ뇨○샹급을밧으라ᄒᆞᄂᆞᆫ사ᄅᆞᆷ이능히술과담비ᄅᆞᆯ먹을수잇ᄂᆞ뇨

뎨ᄉᆞ쟝은 일ᄒᆞᄂᆞᆫ것과 쇠약ᄒᆞ여짐이라

뎨일편

1 사ᄅᆞᆷ의몸도ᄉᆡᆼ명업ᄂᆞᆫ긔계와ᄀᆞᆺ치쓰ᄂᆞᆫᄃᆡ로쇠약ᄒᆞ여지ᄂᆞᆫᄃᆡ그즁뎨일굿은니(齒)에잇ᄂᆞᆫ법랑질(琺瑯質)이라도ᄂᆞ죵에업서지ᄂᆞ니라

2 그즁부드러온거시ᄆᆡ우속히ᄒᆡ여지ᄂᆞᆫᄃᆡ근육이운동ᄒᆞᆯᄯᆡ와뢰로ᄉᆡᆼ각ᄒᆞᆯᄯᆡ마다그된조직을감ᄒᆞ야업서지ᄂᆞ니라

3 이몸은ᄒᆞᆼ샹활동ᄒᆞ야잠잘ᄯᆡ라도그호흡ᄒᆞᄂᆞᆫ근육과념통과쇼화ᄒᆞᄂᆞᆫ긔계들이오ᄅᆡᄂᆞᆫ쉬지안코늘동ᄒᆞᄂᆞᆫ고로ᄒᆡ여지기도ᄒᆞᆼ샹ᄒᆞᄂᆞ니라

4 그러나사ᄅᆞᆷ의몸이ᄉᆡᆼ명업ᄂᆞᆫ다른긔계와ᄀᆞᆺ지아니ᄒᆞᆫ거ᄉᆞᆫ스ᄉᆞ로그ᄒᆡ여지ᄂᆞᆫ거ᄉᆞᆯ곳칠수잇ᄂᆞᆫ거시니어려ᄉᆞᆯᄯᆡ에만스ᄉᆞ로곳칠ᄲᅮᆫ더러스ᄉᆞ로ᄌᆞ라ᄂᆞᆫ거시며쟝셩ᄒᆞᆫ후에라도그ᄒᆡ여지ᄂᆞᆫ거ᄉᆞᆯ곳쳐여러ᄒᆡ를지낼동안에그힘과견딜셩이더옥나게ᄒᆞᆯ수잇ᄉᆞ나ᄂᆞ죵ᄯᆡ가니ᄅᆞ면젼과ᄀᆞᆺ치능히스ᄉᆞ로곳치지못ᄒᆞᄂᆞ니이럼으로ᄒᆡ여짐을과히오ᄅᆡ견ᄃᆡ지못ᄒᆞ야늙은사ᄅᆞᆷ이졂은사ᄅᆞᆷ과ᄀᆞᆺ치활동치못ᄒᆞ고ᄂᆞ죵에ᄂᆞᆫ호흡과쇼화ᄒᆞᄂᆞᆫ긔계의ᄒᆡ여짐ᄭᆞ지라도곳치지못ᄒᆞ야불가불ᄉᆡᆼ명이ᄭᅳᆫ허질수밧긔업ᄂᆞ니라

5그러나나히만하셔죽ᄂᆞᆫ사ᄅᆞᆷ은별노만치안코ᄒᆞᆫ히늙어죽을ᄯᅢ가되기젼에무ᄉᆞᆷ병이그약ᄒᆞᆫ몸을ᄒᆡᄒᆞ야이긔ᄂᆞ니라

6우리가비록ᄒᆞᆼ샹스ᄉᆞ로곳치기ᄂᆞᆫᄒᆞᆯ지라도ᄭᅢ여잇슬ᄯᅢ에ᄒᆡ여지ᄂᆞᆫ거시곳치ᄂᆞᆫ것보다만ᄒᆞ니이런고로사ᄅᆞᆷ마다맛당히ᄒᆞ로에여러시간을잘거시니대개잠잘ᄯᅢ에ᄂᆞᆫᄒᆡ여지ᄂᆞᆫ거시ᄆᆡ우적고밤마다낫에ᄒᆡ여진거ᄉᆞᆯ곳침이라

7맛당히잠잘증거ᄂᆞᆫ뢰곤ᄒᆞᆷ과조름이오ᄂᆞᆫ거시니이ᄂᆞᆫ우리몸을곳치기를위ᄒᆞ야일을쉬게ᄒᆞᄂᆞᆫ텬연ᄒᆞᆫ리치라만일이러케ᄒᆞ지아니ᄒᆞ엿ᄉᆞ면사ᄅᆞᆷ이그러케오ᄅᆡ동안가만히잇슬ᄆᆞᄋᆞᆷ이업슬터인ᄃᆡ이쉬ᄂᆞᆫ거시사ᄅᆞᆷ의게심히유익ᄒᆞᆫ고로하ᄂᆞ님셔셔이런텬연ᄒᆞᆫ지시를힘이잇게ᄒᆞ샤사ᄅᆞᆷ이능히이긔지못ᄒᆞ게ᄒᆞ셧ᄂᆞ니가령병뎡이되여심히곤ᄒᆞᆫ사ᄅᆞᆷ은물을타던지거러가면셔도잘수잇ᄂᆞ니라

8이런연ᄒᆞᆫ지시가일죽이ᄒᆞᄂᆞᆫᄃᆡ만일우리가곤ᄒᆞᆫ후에맛당히ᄒᆞᆯ일을ᄒᆞᄂᆞᆫ거시ᄒᆡ로옴을업시ᄒᆞᆯ수잇스나그후에ᄂᆞᆫ쉬여야ᄒᆞᆯ터이니밤에ᄂᆞᆫ아모리곤ᄒᆞᆯ지라도잘잔후에평안ᄒᆞ면관계치아니ᄒᆞ나만일낫에ᄒᆡ여진거슬밤에온젼히곳치지못ᄒᆞ야아참마다그젼아참보다더곤ᄒᆞ면위태ᄒᆞᆫᄃᆡ경에드러간거시라

9갓난ᄋᆞ히가자지안ᄂᆞᆫᄯᅢ가별노업ᄂᆞᆫᄃᆡᄎᆞᄎᆞ자라ᄂᆞᆫᄃᆡ로덜자도관계치아니ᄒᆞᄂᆞ니쟝셩ᄒᆞᆫ사ᄅᆞᆷ은ᄒᆞᄅᆞ로여ᄉᆞᆺ시나혹아홉시동안ᄭᆞ지자ᄂᆞᆫ거시됴ᄒᆞ니라게으른사ᄅᆞᆷ은잠을

과히오ᄅᆡ자기쉬오나쳥년에잠잘시간을가지고일을ᄒᆞ나노름ᄒᆞ는거ᄉᆞ로그위ᄉᆡᆼ을방ᄒᆡ롭게ᄒᆞ기쉬오니라

10 쉬는법즁에자는거시뎨일온젼ᄒᆞᆫ쉬옴이될지라도이밧긔도근육을쓴후에뢰롤쓸동안에는근육이쉬일수잇고또뢰로공부ᄒᆞᆫ후에도운동을잘홈으로쉬일수잇ᄂᆞ니아모거시던지그ᄒᆞ는일을밧고는거시쉬는거시니라

온몸을곳치는ᄌᆡ료라

뎨이편

1 온몸이때로ᄒᆡ여지는거슬곳치는ᄌᆡ료는공긔와물과음식인ᄃᆡ공긔는긋치지안코ᄒᆞᆼ샹드러가고물과음식은때때로드러가ᄂᆞ니만일공긔가업ᄉᆞ면두어푼동안밧긔견ᄃᆡ지못ᄒᆞ고또물이업ᄉᆞ면두어날밧긔살수업는ᄃᆡ공긔와물두가지만잇ᄉᆞ면음식은업시라도수십일동안을살수잇ᄉᆞ나그러나이세가지롤다넉넉히쓰리만치때때로밧지못ᄒᆞ면몸의긔력이다업셔지리라

2 사ᄅᆞᆷ이공긔에잇는산소(酸素)는호흡ᄒᆞ는긔계로밧고물과음식은쇼화ᄒᆞ는긔계로밧으니이두가지가다피에드러가셔온몸에슌환ᄒᆞ며각쟝부의쓰는ᄃᆡ로더옥밧ᄂᆞ니

라

3피가공긔에서밧ᄂᆞᆫ산소(酸素)와물과음식을온몸각쳐에가져갈ᄲᅮᆫ만아니라또각쳐에잇ᄂᆞᆫᄒᆡ여져ᄇᆞ릴거ᄉᆞᆯ가져다가찍기ᄅᆞᆯ내여ᄇᆞ리ᄂᆞᆫ긔계로보내ᄂᆞ니라

피(血)라

뎨삼편

1피ᄂᆞᆫ붉은류질(流質)인ᄃᆡ묽지아니ᄒᆞ고소곰맛시잇셔물보다걸고무거오니현미경으로피ᄒᆞᆫ뎜을ᄌᆞ세히ᄉᆞᆯ펴보면그속에심히적은둥그러온거시만히잇ᄂᆞᆫᄃᆡ 그모양은숡이가온ᄃᆡ보다둡거온돈닙과ᄀᆞᆺ고경(徑)은삼쳔이빅분지일치즘되며대쇼가다ᄀᆞᆺᄒᆞᆫᄃᆡ이ᄂᆞᆫ젹혈구(赤血球) 라ᄒᆞᄂᆞ니온몸에피가거반반즘이거스로되ᄂᆞ니리

이십칠도

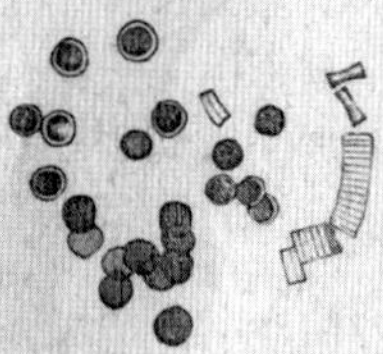

현미경으로크게보이는사름의적혈구라

2등심써잇ᄂᆞᆫ즘ᄉᆡᆼ마다피에이젹혈구(赤血球)가다잇스나그대쇼와형샹이각각다르니새(鳥)와파힝부(爬行部)의피에잇ᄂᆞᆫ거ᄉᆞᆫ둥그럿치아니ᄒᆞ고좀길죽ᄒᆞ며가온ᄃᆡ씨(核)라ᄂᆞᆫ뎜이ᄒᆞᆫ

나식잇ᄂᆞᆫᄃᆡ둥그러온혈구(血球)잇ᄂᆞᆫ동물즁에사ᄅᆞᆷ의피에잇ᄂᆞᆫ것보다큰거시잇ᄂᆞᆫ즘승은둘밧긔업ᄂᆞ니이ᄂᆞᆫ코기리(象)와목구(木狗)니라

3이거ᄉᆞᆯ졍밀히비교ᄒᆞ여봄으로모든즘승의혈구(血球)의대쇼를알게되여현미경으로피ᄒᆞᆫ뎜만보면능히어ᄂᆞ즘승의피인지다알수잇ᄂᆞ니라

4이젹혈구(赤血球)밧긔또ᄇᆡᆨ혈구(白血球)가잇ᄉᆞ니젹혈구보다크고공과ᄀᆞᆺ치둥그러온ᄃᆡ이거ᄉᆞᆫ젹혈구삼ᄉᆞᄇᆡᆨ즁에ᄒᆞᆫ나식잇ᄂᆞ니라

이십팔도

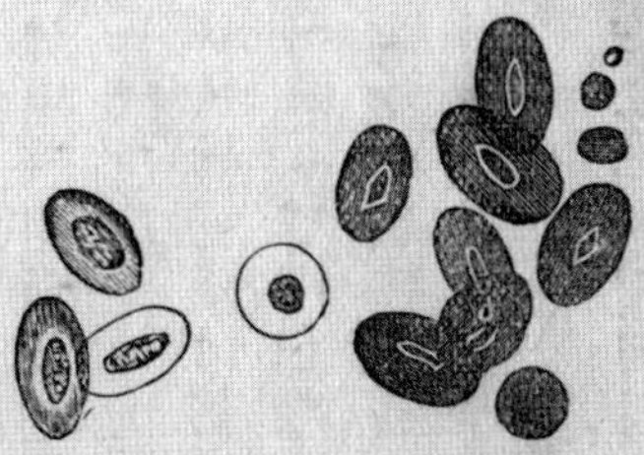

현미경으로크게보인먹조구의피에잇ᄂᆞᆫ적혈구

5이젹혈구가산소(酸素)ᄅᆞᆯ밧아져축ᄒᆞᄂᆞᆫ힘이잇셔허파에잇ᄂᆞᆫ공긔에셔산소ᄅᆞᆯ밧아가지고온몸에잇ᄂᆞᆫ각쳐혈관으로가ᄂᆞ니라

6이젹혈구가잇ᄂᆞᆫ고로피빗치ᄇᆞᆰ어지ᄂᆞ니만일이거시업ᄉᆞᆯ것ᄀᆞᆺᄒᆞ면피ᄂᆞᆫᄆᆞᆰ고빗치업ᄉᆞᆯ지니라혈관에ᄇᆞᆰ은피가츙만ᄒᆞ엿ᄉᆞᆯ때에ᄂᆞᆫ그얼골에화ᄉᆡᆨ이잇고입수가잉도빗처럼되ᄂᆞᆫᄃᆡ이거ᄉᆞᆯ위ᄉᆡᆼ빗치라ᄒᆞᆯ수잇ᄂᆞᆫ거ᄉᆞᆫ그피가넉넉ᄒᆞ고젹혈구(赤血球)가만흔표라대개이젹혈구가산소(酸素)ᄅᆞᆯ밧아온몸에가져가ᄂᆞᆫ고로이거시만토록몸의조직마다산소가만코또산소가만토록위ᄉᆡᆼ에ᄂᆞᆫ유익ᄒᆞᆷ이라그런고로입수에빗치업고얼골에

화식이업ᄉᆞ면이젹혈구가젹어온몸에산소가부족ᄒᆞ고위셩이잘못되ᄂᆞᆫ증거니라

7또이ᄇᆡᆨ혈구(白血球)ᄂᆞᆫ슌검(巡檢)과ᄀᆞᆺ치온몸에힝ᄒᆞ다가몸에잇ᄂᆞᆫ희로온거ᄉᆞᆯ맛나면곳입을내여먹ᄂᆞ니라

8이여러혈구가ᄯᅥ잇ᄂᆞᆫ물ᄀᆞᆺᄒᆞᆫ거ᄉᆞᆫ혈쟝(血漿)이라ᄒᆞᄂᆞᆫᄃᆡ이속에녹아잇ᄂᆞᆫ거시만ᄒᆞ니더러ᄂᆞᆫ음식에셔밧아몸을양육ᄒᆞᄂᆞᆫ진익이오더러ᄂᆞᆫ낡아진거시니피가내여ᄇᆞ리랴고가져가ᄂᆞᆫ거시니라

9몸이샹ᄒᆞ야피가혈관에셔흐를때에속엉킈ᄂᆞᆫ거ᄉᆞᆫ혈익(血液)의응고(凝固)라ᄒᆞᄂᆞ니라

10사ᄅᆞᆷ이살때에혈관(血管)이셩ᄒᆞ면그피가엉킈지안ᄂᆞ니만일몸이샹ᄒᆞ야피가ᄲᅢᆯ니흐를때에그샹쳐ᄅᆞᆯ막지안코ᄂᆞᆫ엉킈게못ᄒᆞᆯ거시오또극히차면쉬엉킈지안ᄂᆞ니라

11피가이처럼엉김으로사ᄅᆞᆷ이샹ᄒᆞᆯ때에혈관을막아죽지안케ᄒᆞᄂᆞ니라

12이런고로사ᄅᆞᆷ이위연히샹ᄒᆞ게되면그샹쳐ᄅᆞᆯ눌너흐르ᄂᆞᆫ피ᄅᆞᆯ막음으로엉킈ᄂᆞᆫ거ᄉᆞᆯ도을수잇ᄂᆞᆫᄃᆡ혹슈건이나노ᄭᅳᆫᄀᆞᆺᄒᆞᆫ거ᄉᆞ로그샹쳐ᄅᆞᆯ싸밀수잇ᄉᆞ나그러나이러케오리ᄆᆡ여둠으로ᄉᆞ지에잇ᄂᆞᆫ다른곳이피의슌환치못ᄒᆞᆷ을인ᄒᆞ야샹ᄒᆞ게될가조심ᄒᆞᆯ거시니라

13사ᄅᆞᆷ이만일피ᄅᆞᆯ만히허실ᄒᆞ면약ᄒᆞ게됨으로ᄂᆞ죵에감으러치게되ᄂᆞᆫᄃᆡ이러케될

ᄯᅢ에념통의뛰노는거시거의긋쳐피가쳔쳔히슌ᄒᆡᆼᄒᆞᄂᆞ니이ᄶᅳᆷ을타셔피가곳엉긔여그샹ᄒᆞᆫ혈관을막을수잇슴으로엇던ᄯᅢ에피만히흐르는사ᄅᆞᆷ이감으러치면그ᄉᆡᆼ명을보젼ᄒᆞᆯ수잇ᄂᆞ니라

14 사ᄅᆞᆷ의몸에잇는피에분량은엿솟바리브터여듧바리ᄭᆞ지되는ᄃᆡ이즁에졀반즘일ᄒᆞ면반ᄃᆞ시죽을거시오이보다좀적게일ᄒᆞᆯ지라도위ᄐᆡᄒᆞᄂᆞ니라

15 엇던ᄯᅢ에이ᄀᆞᆺ치거의죽게된사ᄅᆞᆷ을구원ᄒᆞ는법ᄒᆞᆫ나히잇ᄉᆞ니이는셩ᄒᆞᆫ사ᄅᆞᆷ의몸에잇는피ᄅᆞᆯ긔계로그샹ᄒᆞᆫ사ᄅᆞᆷ의혈관에넛는거시라그러나이ᄀᆞᆺ치ᄒᆞ는거시위태ᄒᆞ니조심ᄒᆞᆯ거ᄉᆞᆫ효험이별노만치못ᄒᆞᆷ이니라

16 피ᄅᆞᆯ부졍케ᄒᆞ는ᄭᆞᄃᆞᆰ이여러가지잇ᄉᆞ니

첫재는됴치못ᄒᆞᆫ공긔에호흡ᄒᆞ는거시오

둘재는운동치아니ᄒᆞ는거시니대개사ᄅᆞᆷ이가만히잇슬ᄯᅢ에는피가더듸슌ᄒᆡᆼᄒᆞ고ᄯᅩᄶᅥ긋게ᄒᆞ는긔계가활동치못ᄒᆞ야내여ᄇᆞ릴거시모혀잇슴이오

셋재는음식을과히먹는거시나너무기ᄅᆞᆷ진음식을먹는거시니대개이러케ᄒᆞ면몸을양육지못ᄒᆞ고ᄯᅩ잘내여ᄇᆞ리지못ᄒᆞᆯ거시피에가득히차게됨이오

넷재는음식을과히적게먹거나됴치못ᄒᆞᆫ음식을먹는거시니이럼으로피가흐루워져셔그몸을능히양육지못ᄒᆞ게됨이오

다ᄉᆞᆺ재ᄂᆞᆫ쥬졍이니이거ᄉᆞᆫ본릐부졍ᄒᆞ고ᄯᅩ피가맛당ᄒᆞᆫ일을못ᄒᆞ게ᄒᆞᄂᆞ니라

17 됴치못ᄒᆞᆫ공긔라ᄒᆞᄂᆞᆫ거ᄉᆞᆫ임의호흡ᄒᆞᆷ으로산소(酸素)ᄅᆞᆯ일ᄒᆞᆫ거시나혹악ᄒᆞᆫ긔운이잇ᄂᆞᆫ거시나모든더러온곳에셔나ᄂᆞᆫ거신ᄃᆡ됴ᄒᆞᆫ공긔ᄂᆞᆫ내암새가업ᄉᆞ나이런공긔ᄂᆞᆫᄒᆞᆫ히됴치못ᄒᆞᆫ내암새ᄅᆞᆯ퓌우ᄂᆞ니코에맛당ᄒᆞᆫ곳으로만든닐거시나그러나됴치못ᄒᆞᆫ공긔도내암새업ᄂᆞᆫ거시잇ᄉᆞ니코밧긔ᄯᅩ분별ᄒᆞᄂᆞᆫ거시잇셔야될지니라

18 임의말ᄒᆞᆫ피ᄅᆞᆯ셰긋지못ᄒᆞ게ᄒᆞᄂᆞᆫ거시ᄒᆞᆫ이서로돕ᄂᆞᆫᄃᆡ가령음식을너무만히먹ᄂᆞᆫ사ᄅᆞᆷ은운동을더만히ᄒᆞ여야될터이나ᄒᆞᆯᄆᆞ옴이업서ᄒᆞ지안키쉬오니라

술을조곰식먹ᄂᆞᆫ사ᄅᆞᆷ은ᄒᆞᆫ이그구미ᄅᆞᆯ격동식혀기름진음식을만히먹게되고술을만히먹ᄂᆞᆫ사ᄅᆞᆷ은ᄒᆞᆫ이그구미ᄅᆞᆯ일허음식을적게먹고ᄯᅩ그쇼화긔계가샹ᄒᆞ야만히먹으나적게먹으나쇼화ᄒᆞ지못ᄒᆞᄂᆞ니라

습 문

뎨일편 1 2 3 웨몸이ᄒᆡ여지ᄂᆞ뇨

4 엇더케곳칠수잇ᄂᆞ뇨△ᄂᆞᆫ종에반ᄃᆞ시죽ᄂᆞᆫ셔ᄃᆞᆰ은무어시뇨

6 잠자ᄂᆞᆫ거시사ᄅᆞᆷ의게웨유익ᄒᆞ뇨

7 조름이엇더케몸을보젼ᄒᆞᆯ수잇ᄂᆞ뇨

8 힘드는일을ᄒᆞᆫ후에라도그몸이ᄒᆡ여지지안는줄을엇더케알수잇ᄂᆞ뇨
9 쟝셩ᄒᆞᆫ사ᄅᆞᆷ은멧시동안이나자야맛당ᄒᆞ뇨
10 자는것밧긔또엇더케몸을쉬게ᄒᆞᆯ수잇ᄂᆞ뇨

이편 1 몸이ᄒᆡ여지는거슬무슴지료로곳칠수잇ᄂᆞ뇨△그즁뎨일요긴ᄒᆞᆫ거손무어시뇨
2 엇더케산소ᄅᆞᆯ밧ᄂᆞ뇨△엇더케물과음식을밧ᄂᆞ뇨△엇더케이세가지ᄅᆞᆯ온몸에젼포ᄒᆞᄂᆞ뇨
3 피가몸을곳칠지료밧긔또무어슬가져가ᄂᆞ뇨

삼편 1 피는무어시뇨△혈구는무어시뇨△그대쇼는엇더ᄒᆞ뇨△온피즁에얼마나되ᄂᆞ뇨
2 무슴동물의피에이젹혈구가잇ᄂᆞ뇨△사ᄅᆞᆷ의피에잇는거ᄉᆡ형샹은엇더ᄒᆞ뇨△새와파ᄒᆡᆼ부의피에잇는거ᄉᆡ형샹은엇더ᄒᆞ뇨△어ᄂᆞ즘싱의혈구가사ᄅᆞᆷ의혈구보다크뇨
3 엇더케모든동물의피ᄅᆞᆯ분별ᄒᆞᆯ수잇ᄂᆞ뇨
4 젹혈구밧긔또잇는거손무어시뇨△얼마나되ᄂᆞ뇨
5 젹혈구의ᄒᆞ는일은무어시뇨
6 피의붉은빗치어ᄃᆡ셔나ᄂᆞ뇨△웨얼골에화식을위싱빗치라ᄒᆞ겟ᄂᆞ뇨△ᄇᆡᆨ혈구는무슴일을ᄒᆞᄂᆞ뇨
8 피에잇는혈쟝은무어시뇨△거긔잇는거손무어시뇨

9 혈의응고ᄂᆞᆫ무어시뇨

10 살ᄯᅢ에피가혈관에엉긔ᄂᆞ뇨

11 피엉긔ᄂᆞᆫ거시웨사ᄅᆞᆷ의게유익ᄒᆞ뇨△샹쳐에흐르ᄂᆞᆫ피ᄅᆞᆯ엇더케긋치게ᄒᆞᆯ수잇ᄂᆞ뇨

13 감으러치ᄂᆞᆫ거시웨샹ᄒᆞᆫ사ᄅᆞᆷ의게유익ᄒᆞ뇨

14 피의분량이얼마나되ᄂᆞ뇨△얼마나일ᄒᆞ면거의죽게되ᄂᆞ뇨

16 피ᄅᆞᆯᄡᅥ긋지못ᄒᆞ게ᄒᆞᄂᆞᆫ석ᄃᆞᆰ을말ᄒᆞ오

17 됴치못ᄒᆞᆫ공긔ᄂᆞᆫ무어시뇨

18 피ᄅᆞᆯᄡᅥ긋지못ᄒᆞ게ᄒᆞᄂᆞᆫ거시서로엇더케돕ᄂᆞ뇨

뎨오쟝은 피의슌환(循環)ᄒᆞ는거시라

션ᄉᆡᆼ이몬져소념통을가지고이여러가지긔
계를학도들의게보이는거시분명ᄒᆞ니라

뎨일편

1 피는온몸각쳐에잇는ᄃᆡ피가몸에잇는거시물이ᄒᆡ웅속에젓저잇는것과는ᄀᆞᆺ지아니ᄒᆞ고다만그잇는통이잇ᄉᆞ니이통은혈관(血管)이라ᄒᆞᄂᆞ니라

2 또피가쉬지안코ᄒᆞᆼ샹류ᄒᆡᆼᄒᆞ야념통에셔ᄯᅥ나각쳐혈관으로먼ᄃᆡᄭᆞ지갓다가다시념통으로도라와셔슌ᄒᆞᄂᆞ니이럼으로념통과혈관들을슌환긔계(循環機械)라ᄒᆞᄂᆞ니라

3 이혈관(血管)을ᄂᆞᆫ호면동ᄆᆡᆨ(動脈)과모셰관(毛細管)과졍ᄆᆡᆨ(靜脈)인ᄃᆡ념통에셔나아오는뎨일큰동ᄆᆡᆨ은대동ᄆᆡᆨ(大動脈)이라ᄒᆞᄂᆞ니이거시버더가는ᄃᆡ로가지를내고가지가또가지를내여ᄂᆞᆫ호이는ᄃᆡ로가늘게되니ᄂᆞ종에이ᄀᆞᆺ치가늘게된거손모셰관(毛細管)이라ᄒᆞᄂᆞ니라

4 이모셰관(毛細管)들은수가심히만하지극히가늘고ᄲᅢᆨᄲᅢᆨᄒᆞᆫ거신ᄃᆡᄲᅧ와근육과가

족과뢰에그믈이되니이그믈이뎨일가는면쥬실보다가늘고ᄲᅢᆨᄲᅢᆨᄒᆞᆫ거슬말ᄒᆞᆫ건ᄃᆡ가는바늘ᄭᅳᆺ스로가죡을ᄶᅵ릴ᄯᅢ에라도이모셰관을샹ᄒᆞ야피를아니흐르게ᄒᆞᆯ수업ᄂᆞ니만일사ᄅᆞᆷ의온몸에잇ᄂᆞᆫ살과ᄲᅧᄂᆞᆫ다ᄡᅥᆨ여ᄇᆞ리고혈관만두어두어도사ᄅᆞᆷ의형샹을죡히일울수잇ᄂᆞ니라

5 동ᄆᆡᆨ(動脈)들이ᄂᆞᆫ호여모셰관(毛細管)이되고이모셰관들이합ᄒᆞ야졍ᄆᆡᆨ(靜脈)을일우고또이러케된가ᄂᆞᆫ졍ᄆᆡᆨ들이합ᄒᆞ야좀큰졍ᄆᆡᆨ이되고또합ᄒᆞ야ᄂᆞᆫ죵에념통에드러가ᄂᆞᆫ큰졍ᄆᆡᆨ들이되니ᄒᆞᆫ나ᄒᆞᆫ샹대졍ᄆᆡᆨ(上大靜脈)이오ᄒᆞᆫ나ᄒᆞᆫ하대졍ᄆᆡᆨ(下大靜脈)이라

6 모셰관(毛細管)의벽이심히얇고구멍이업스나그속에잇ᄂᆞᆫ피즁에더러ᄂᆞᆫ이벽으로서여그밧긔잇ᄂᆞᆫ조직에드러가고또내여ᄇᆞ릴히여진류질이그벽으로서여드러가셔피로ᄯᅡ라가ᄂᆞ니라

념통(心)이라

뎨이편

1 념통은근육(筋肉)으로되여속이뷘거신ᄃᆡ피를슌환ᄒᆞ게ᄒᆞᄂᆞᆫ긔계라

2흉곽속에횡격막(橫隔膜)을의지ᄒᆞ야왼편으로치웃쳐잇ᄂᆞᆫᄃᆡ모양은ᄭᅩᆺ치ᄲᅵ족ᄒᆞᆫ비와비슷ᄒᆞ야ᄲᅡ른ᄭᅩᆺ시아ᄅᆡ로향ᄒᆞ고왼편이좀기우러젓ᄂᆞ니라

3이념통을싸두ᄂᆞᆫ심낭(心囊)이잇ᄉᆞ니이것도ᄭᅩᆺ치ᄲᅵ족ᄒᆞᆫ비와비슷ᄒᆞ나그ᄭᅩᆺ시우ᄒᆞ로향ᄒᆞ고ᄀᆞᆰ은편은횡격막(橫隔膜)을의지ᄒᆞᄂᆞ니라

4이심낭안편은심히밋그러온조직으로되고ᄯᅩ념통을덥ᄂᆞᆫ것도이ᄀᆞᆺ흔조직으로되ᄂᆞᆫᄃᆡ거긔셔나ᄂᆞᆫ진익으로발나츅츅ᄒᆞ고윤틱케ᄒᆞᄂᆞᆫ고로념통이심낭속에셔동ᄒᆞᆯᄯᅢ에이두밋그러온조직이서로뷔비여도히로옴이업ᄂᆞ니라

5념통ᄭᅩᆺ치다ᄉᆞᆺ재갈비ᄃᆡ아ᄅᆡ바로잇고넓은밋흔흉골우편에조곰치웃쳐잇셔셋재갈비ᄃᆡᄭᅡ지밋첫ᄂᆞᆫᄃᆡᄒᆞᆼ샹그ᄌᆞ리에잇셔옴기지못ᄒᆞ게ᄒᆞᄂᆞᆫ거슨횡격막과그속으로브터나아온큰혈관들이며크기ᄂᆞᆫ주머귀와ᄀᆞᆺ고즁수ᄂᆞᆫ반근즘되ᄂᆞ니리

6념통의속을샹고ᄒᆞ야보면뷘곳넷시잇ᄉᆞ니가로건너막은막(膜)도잇고우희셔아ᄅᆡᄭᅡ지ᄂᆞ려막은막(膜)이잇셔이가로건너막은막으로방(房)과실(室)을ᄂᆞᆫ호고우희셔아ᄅᆡᄭᅡ지ᄂᆞ려막은거ᄉᆞ로좌우방실(左右房室)을ᄂᆞᆫ호앗ᄂᆞᆫᄃᆡ이방의대쇼ᄂᆞᆫ네곳이거반다비슷ᄒᆞ고좌우방벽된막은엷고파락파락ᄒᆞ니우편에잇ᄂᆞᆫ실벽막의두터이ᄂᆞᆫ륙분의ᄒᆞᆫ치가되고왼편에잇ᄂᆞᆫ실벽막의두터이ᄂᆞᆫ반치나되ᄂᆞ니라

7온몸각쳐에셔념통에ᄭᅡ지피를가져가셔두큰정ᄆᆡᆨ(靜脈)이우편방(房)과통ᄒᆞᄂᆞᆫ

이십구도

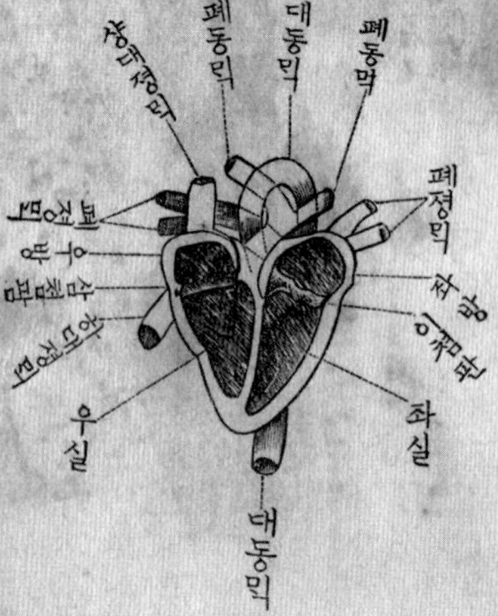

념통의속된모양과그의달닌혈관이라

디이올은편에잇는방(房)과실(室)ᄉᆞ이에경이ᄒᆞᆫ치즘되는구멍이잇고또이구멍을막는삼첨판(三尖瓣)이잇ᄉᆞ니모양은세얇은조각이잇셔판(瓣)이닷칠때에는이세조각가히서로맛붓는디이판이방(房)에셔열고또닷쳐실에드러간피가다시방으로나아오지못ᄒᆞ기에뎍당케되엿ᄉᆞ니실(絲)ᄀᆞᆺ치가는줄여러시잇셔ᄒᆞᆫ긋슨이삼첨판세조각가헤붓고ᄒᆞᆫ긋슨아릭잇는실벽에붓허마치빈돗에아듸줄과ᄀᆞᆺ치당김으로그판들이뒤집히지안케ᄒᆞᄂᆞ니라

8 올은편에잇는우실(右室)에셔나아오는혈관은폐동믹(肺動脉)이라ᄒᆞ는디이믹이우실밧긔나아와곳둘에갈나져셔ᄒᆞ나흔우편허파(肺)로드러가고ᄒᆞ나흔왼편허파

(肺)로드러가셔만히ᄂᆞᆫ호여모세관(毛細管)이되고이모셰관들이다시모혀폐졍믹(肺靜脈)이되ᄂᆞ니이폐졍믹은좌우편허파에둘식잇ᄂᆞ니라

9 폐동믹(肺動脈)의근원된피가다시념통에드러오지못ᄒᆞ게막는판(瓣)이잇스니이판의형샹ᄃᆡ로반월판(半月瓣)이라ᄒᆞᄂᆞᆫᄃᆡ마치동믹벽에붓흔ᄉᆞᆰ이련ᄒᆞᆫ주머니와ᄀᆞᆺᄒᆞ니이주머니념통에셔열녀피가념통에셔나아갈때에는이판들이눌님을밧아폐동믹벽에맛붓ᄒᆞ나피가다시념통에드러가랴홀때면이주머니가가득히ᄎᆡ워굵어져폐동믹을막음으로피가도라오지못ᄒᆞ게ᄒᆞᄂᆞ니라이판이온젼ᄒᆞ야녹질녹질홈으로피가바른ᄃᆡ로갈때에는얇은그믈ᄀᆞᆺ치써열니나힘이만하만일피가다시념통으로드러가랴고밀도록더옥쌩쌩ᄒᆞ게ᄉᆞᆰ을맛초ᄂᆞ니라

삼십도

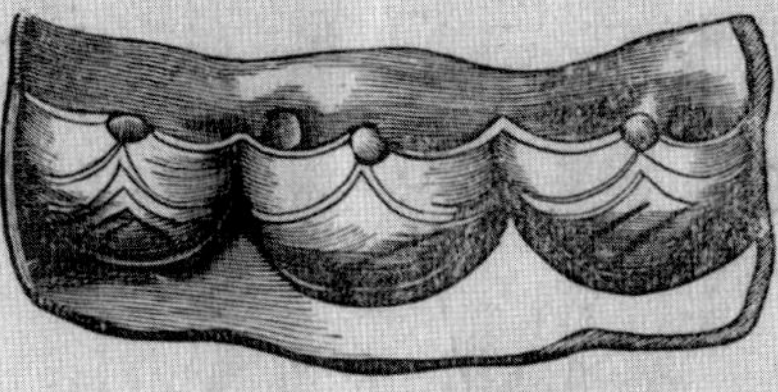

반월판연거시라

10 원편에잇는좌방(左房)도우방(右房)과비슷ᄒᆞᆫᄃᆡ그좌실(左室)에잇는구멍의경은ᄒᆞᆫ치좀되고그막는판은이첨판(二尖瓣)이

삼십일도

반월판반씀닷은거시라

라ᄒᆞᄂᆞᆫᄃᆡ

이이첨판이삼첨판(三尖瓣)과ᄀᆞᆺ지아니ᄒᆞᆫ거ᄉᆞᆫ얇은조각이둘밧긔업ᄂᆞᆫ거시니라

11 좌실(左室)이우실(右室)과다른거ᄉᆞᆫ둡거온벽밧긔업ᄂᆞ니라

12 이좌실에셔뎨일큰동ᄆᆡᆨ(動脈)이나아오니이거ᄉᆞᆯ대동ᄆᆡᆨ(大動脈)이라ᄒᆞᄂᆞᆫᄃᆡ임의말ᄒᆞᆫ폐동ᄆᆡᆨ(肺動脈)밋헤잇ᄂᆞᆫ반월판ᄀᆞᆺᄒᆞᆫ거시이대동ᄆᆡᆨ밋헤도잇ᄂᆞ니라이ᄆᆡᆨ이벗어가ᄂᆞᆫᄃᆡ로허다히ᄂᆞᆫ호여온몸각쳐에니르고ᄂᆞᆫ종에심히가ᄂᆞᆯ게ᄂᆞᆫ호혀모셰관(毛細管)이되ᄂᆞ니이모세관에셔피를졍ᄆᆡᆨ(靜脈)으로념통우방에드려보내ᄂᆞ니라

13 념통(心)된근육(筋肉)이이샹ᄒᆞ야싱긴모양은슈의근육(隨意筋肉)과ᄀᆞᆺ치되엿ᄉᆞ나ᄯᅳᆺ슬ᄯᆞ라동ᄒᆞ지아니ᄒᆞᄂᆞᆫ거서니이거ᄉᆞᆫ본뎨가잘ᄯᆡ에도동ᄒᆞ여야될거신고로본뎨의ᄯᅳᆺ슬밧지아니ᄒᆞᄂᆞ니라

ᄯᅩ념통과혈관안편에ᄂᆞᆫ비단ᄀᆞᆺ치부드럽고밋그러온막이잇ᄂᆞ니라

념통(心)의뛰노ᄂᆞᆫ거시라

뎨삼편

1 념통이몸속에잇ᄂᆞᆫ거시마치시계속에태엽과ᄀᆞᆺᄒᆞᆫᄃᆡ이념통이다른근육처럼주려

지는힘이잇셔흉샹ᄒᆞ고평균히주러젓다ᄂᆞ러남으로피의슌환ᄒᆞ는거슬긋치지안케ᄒᆞ야싱명을보존ᄒᆞᄂᆞ니라

2 념통된근육이견딜셩이이샹ᄒᆞ야제직분을능히다ᄒᆞᆯ근육은이밧긔업ᄂᆞ니혹ᄇᆡᆨ년ᄉᆞᆯ지라도긴긴ᄒᆡ동안에그뛰노는거ᄉᆞᆯᄒᆞᆫ푼도멋추지안ᄂᆞ니라

3 이런고로혹념통이다른쉬는긔계처럼쉬지안는줄노아나그러나이거시ᄒᆞᆫ번주러진후에ᄒᆞᆫ오분의이쵸식이나쉬ᄂᆞ니이쉬는ᄯᅢ가이러케적으나ᄆᆡ쵸마다이러케쉬니ᄒᆞ로스믈네시동안에이쉬인시간을도합ᄒᆞ면ᄆᆡ일여ᄃᆞᆲ시나아홉시가되며또본톄가잘ᄯᅢ에는더듸뛰놀고낫제처럼ᄲᆞᆯ니ᄒᆞ는힘드는운동과ᄆᆞᄋᆞᆷ에슈고의격동을밧아특별ᄒᆞᆫ힘은쓰지아니ᄒᆞᄂᆞ니라

4 이념통도미샹불일을만히ᄒᆞᆫ후에는곤ᄒᆞ야온몸에곤ᄒᆞᆷ을더ᄒᆞᆯ수잇ᄂᆞ니셩ᄒᆞᆫ사ᄅᆞᆷ은여샹히지내나오ᄅᆡᆫ동안크게근심걱졍으로지내는사ᄅᆞᆷ과보ᄒᆡᆼ군과ᄀᆞᆺ치멀니ᄃᆞᆫ녀근육을만히쓴사ᄅᆞᆷ이혹그념통을쇠약게ᄒᆞ야그뛰노는거시평균치못ᄒᆞ고또압흐게도되ᄂᆞ니술을만히먹고허랑방탕히지낸사ᄅᆞᆷ도이런병이나기쉬우니라

5 이념통의뛰노는도수가점점ᄶᅥ가는ᄃᆡ어린ᄯᅢ에는ᄒᆞᆫ푼동안에일ᄇᆡᆨ이십여번식되고또열세네설이하된ᄋᆞᄒᆡ들은팔십여번식되고장셩ᄒᆞᆫ사ᄅᆞᆷ은거의다칠십번즘되나이

보다십여번이더놀고더듸노는거슨샹관이업ᄂᆞ니라

6 얼마동안다르게동ᄒᆞ는연고가만ᄒᆞ니대개잘때에는더듸놀고운동ᄒᆞᆯ때에는쌜니ᄒᆞ는듸사ᄅᆞᆷ이ᄃᆞᄅᆞᆷ박질ᄒᆞᆯ때에쉬곤ᄒᆞ게되는ᄭᆞᄃᆞᆰ중에ᄒᆞᆫ나흔념통이과히쌜니뛰놂이오또음식을먹은후에는좀쌜니뛰놀고또아모격동이던지밧으면쌜니뛰놀아서그소ᄅᆡ를본톄밧긔서ᄭᅡ지듯고써ᄃᆞᄉᆞ를수잇ᄂᆞ니경츙증(驚冲症)이란병이날때에는념통이심히쌜니뛰놀아서혹온몸을흔들기ᄭᅡ지힘을쓰ᄂᆞ니라

7 이념통은인혈통(引血筒)이라ᄒᆞᆯ수잇는듸실샹은쌍인혈통(雙引血筒)이니대개념통이주러질때에는그속에잇는피가두강과ᄀᆞᆺ치ᄒᆞᆯ너나아가고또다시느러날때에는피가드러가는강둘이잇ᄂᆞ니라이념통가온듸벽에좌우편으로통ᄒᆞᆫ구멍이업스니ᄒᆞᆫ이좌념통과우념통이라ᄒᆞᆯ수잇ᄂᆞ니라

삼십이도

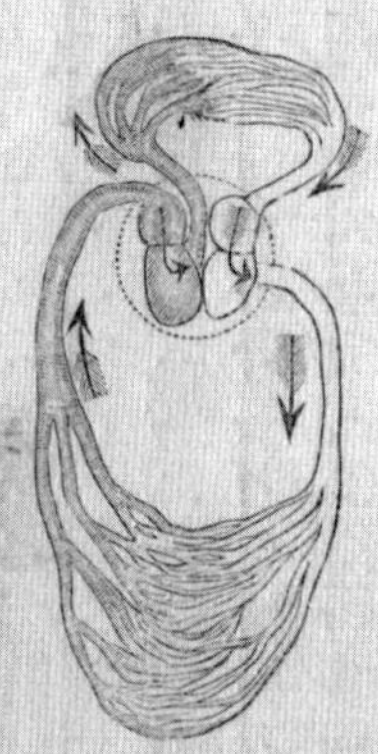

쇼슌환과대슌환을ᄀᆞᄅᆞ치는그림이라

8 그런고로피의슌환ᄒᆞ는거시두가지니ᄒᆞᆫ나흔우실(右室)에서시쟉ᄒᆞ야폐동ᄆᆡᆨ(肺動脈)으로허파(肺)ᄭᅡ지갓다가폐정ᄆᆡᆨ(肺靜脈)으로좌방(左房)에도라오는거시니이거슨폐슌환(肺循環)이라고도ᄒᆞ고쇼슌환

(小循環)이라고도ᄒᆞᄂᆞᆫ거시오

ᄒᆞᆫ나ᄒᆞᆫ좌실(左室)에셔시쟉ᄒᆞ야대동ᄆᆡᆨ(大動脈)으로온몸각쳐에다젼파ᄒᆞ고모셰관(毛細管)과졍ᄆᆡᆨ(靜脈)으로드러가셔샹대졍ᄆᆡᆨ(上大靜脈)과하대졍ᄆᆡᆨ(下大靜脈)으로흘너우방에드러가ᄂᆞᆫ거시니이거슬대슌환(大循環)이라ᄒᆞᄂᆞ니라

9념통의주러지ᄂᆞᆫ것과그결과를ᄉᆡᆼ혀보건ᄃᆡ피가그좌우방에가득히차게되ᄂᆞᆫ거슨샹하대졍ᄆᆡᆨ(上下大靜脈)에셔ᄂᆞᆫ피를우방(右房)으로드려보내고폐졍ᄆᆡᆨ(肺靜脈)에셔ᄂᆞᆫ피를좌방(左房)에드려보냄이니이ᄯᅢ에방들이주러지ᄂᆞᆫᄃᆡ그속에잇던피가졍ᄆᆡᆨ은임의가득히ᄎᆞᆫ고로다시드러가지못ᄒᆞ고오직좌우실(左右室)들이그속에잇ᄂᆞᆫ피를다쏫아내이고피를다셔밧으랴고엷음으로피가갑작이눌님을밧아좌우실노드러가ᄂᆞᆫᄃᆡ좌우실이가득히ᄎᆞᆯᄯᅢ에ᄂᆞᆫᄯᅩ주러지기를시쟉ᄒᆞᄂᆞ니피가그지내여드러간ᄉᆞᆷ첨판(三尖瓣)과이첨판(二尖瓣)을눌너쌩쌩히닷고폐동ᄆᆡᆨ과대동ᄆᆡᆨ에열녀잇ᄂᆞᆫ반월판(半月瓣)으로ᄒᆞ르ᄂᆞᆫᄃᆡ좌우실이그속에잇ᄂᆞᆫ피가다른곳으로다나아가기ᄭᆞ지주러질ᄯᅢ에동ᄆᆡᆨ에잇ᄂᆞᆫ피가반월판을눌너닷고좌우실은느러나셔피를ᄯᅩᄒᆞᆫ번밧으랴고여ᄂᆞ니라

념통의 소ᄅᆡ라

뎨ᄉᆞ편

I 만일누구던지다른사ᄅᆞᆷ의게귀ᄅᆞᆯᄃᆡ여보면그사ᄅᆞᆷ의념통이뛰놀ᄯᆡ에나는소ᄅᆡ를ᄇᆞᆰ히드를수잇는ᄃᆡ첫재소ᄅᆡ가난후에둘재소ᄅᆡ는속히ᄒᆞᄂᆞ니대개그첫재ᄒᆞᆫ조곰ᄂᆞ즌소ᄅᆡ는념통속에잇는좌우실이주러져삼첨판과이첨판이닷침으로나는거시오둘재소ᄅᆡ는피가폐동ᄆᆡᆨ과대동ᄆᆡᆨ으로드러간후에반월판이닷침으로나ᄂᆞ니념통에병이들면이소ᄅᆡ들이변ᄒᆞ는고로의ᄉᆞ들이그변ᄒᆞᆫ소ᄅᆡᄅᆞᆯ듯고병세를알수잇ᄂᆞ니라

동ᄆᆡᆨ(動脈)과정ᄆᆡᆨ(靜脈)과모세관(毛細管)이라

뎨오편

I 대동ᄆᆡᆨ이념통우희셔구브러져셔등심뼈안으로ᄂᆞ려가셔무명골(無名骨)우희니르러셔는두가지에갈나져량다리에ᄒᆞᆫ줄긔식ᄂᆞ려가고ᄯᅩ념통우희구브러진등에셔멧가지를내여머리와좌우팔에갓ᄂᆞ니라

삼십삼도

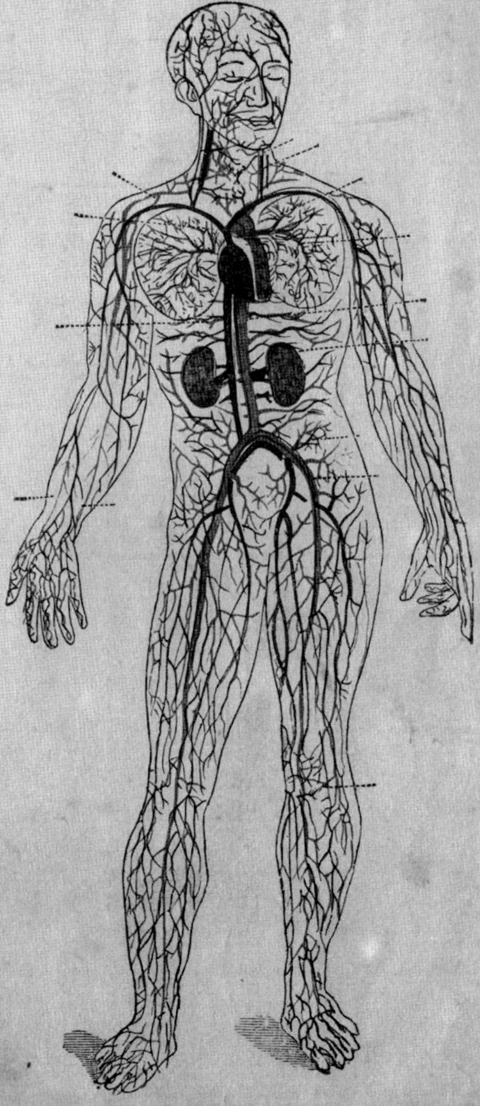

사름의몸에잇는념통과졍믹들과동믹들의뵈이는거시라

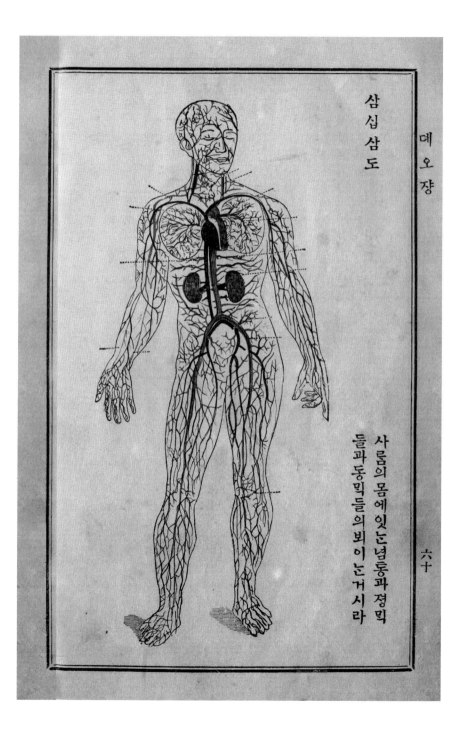

2 넓적ᄃᆡ리에잇는큰ᄆᆡᆨ관(脈管)은대퇴골동ᄆᆡᆨ(大腿骨動脈)이라ᄒᆞ고죵아리에잇는ᄆᆡᆨ관은경골동ᄆᆡᆨ(脛骨動脈)이라ᄒᆞᄂᆞ니라

3 경동ᄆᆡᆨ(頸動脈)은념통우희구브러진곳에셔갈녀머리에ᄭᅡ지피를가져가는ᄃᆡ이ᄆᆡᆨ이목좌우편으로올나간고로그벌덕벌덕ᄒᆞ는거슬볼수잇ᄂᆞ니라

쇄골하동ᄆᆡᆨ(鎖骨下動脈)은쇄골(鎖骨)아ᄅᆡ잇는ᄃᆡ이ᄆᆡᆨ이겨드랑에너르러는익동ᄆᆡᆨ(腋動脈)이라ᄒᆞ고ᄯᅩ겨드랑이에셔팔고빙이ᄭᅡ지니른ᄆᆡᆨ은팔의동ᄆᆡᆨ이라ᄒᆞ며ᄯᅩ여긔셔두ᄆᆡᆨ에논호여ᄒᆞᆫ나ᄒᆞᆫ요골(橈骨)동ᄆᆡᆨ이라ᄒᆞ고ᄒᆞᆫ나ᄒᆞᆫ쳑골(尺骨)동ᄆᆡᆨ이라ᄒᆞ는ᄃᆡ요골동ᄆᆡᆨ은압팔엄지손가락편으로잇ᄂᆞ니거긔를문져보면분명히알니라

4 큰동ᄆᆡᆨ들은다살속에깁히잇는고로몸외면에셔능히문져보는ᄃᆡ가쉽지못ᄒᆞ나졍ᄆᆡᆨ들은큰거시바로가족아ᄅᆡ만히잇셔먼ᄃᆡᄭᅡ지간거슬볼수잇ᄂᆞ니라

ᄯᅩ몸속에깁히잇는졍ᄆᆡᆨ들은동ᄆᆡᆨ과ᄒᆞᆷ셰ᄒᆡᆼᄒᆞᄂᆞ니라

5 이졍ᄆᆡᆨ들은ᄒᆞᆫ이그ᄒᆞᆷ셰ᄒᆡᆼᄒᆞ는동ᄆᆡᆨ과ᄀᆞᆺ치일홈을지으나엇던ᄆᆡᆨ은특별ᄒᆞᆫ일홈이잇스니대개목에잇는큰졍ᄆᆡᆨ들을경졍ᄆᆡᆨ(頸靜脈)이라ᄒᆞ되목좌우편가족안에바로잇는거슨외면경졍ᄆᆡᆨ이라ᄒᆞᄂᆞ니라

6 피ᄃᆞᆫ니는거슬말ᄒᆞ면동ᄆᆡᆨ은큰거시적은것보다ᄆᆡ우쌀니흐르나졍ᄆᆡᆨ은동ᄆᆡᆨ보다더ᄃᆡ고모셰관이뎨일더ᄃᆡ흐르는ᄃᆡ이ᄭᅡ닭은강이넓은ᄃᆡ가좁은곳보다쳔쳔이흐르는것

과ᄀᆞᆺᄒᆞ니모세관들이지극히가느나수가만흔고로온모세관을다합ᄒᆞ면동ᄆᆡᆨ보다넓고대강대동ᄆᆡᆨ의삼ᄇᆡᆨ곱이나넓으리라

7의량이넓은션ᄇᆡ들이사람의신톄를샹고ᄒᆞ야만히공부ᄒᆞ엿스나불과삼ᄇᆡᆨ년젼ᄉᆡ지라도피의슌환ᄒᆞ는리치를알지못ᄒᆞ엿더니잉길란드국의ᄉᆞ웰넴할비가이리치를비로소알고온세샹에젼파ᄒᆞ엿ᄂᆞ니라

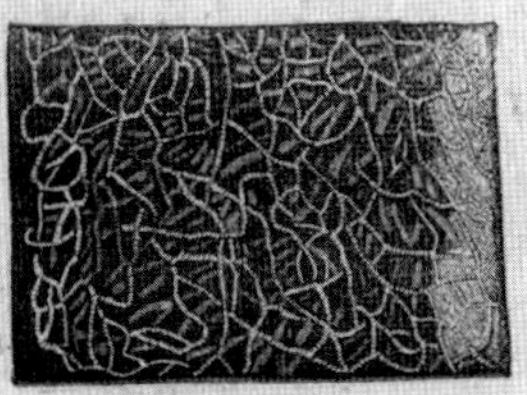

삼십ᄉᆞ도

모세관현미경으로 크게보이는거시라

8모세관(毛細管)의벽은얇은조직ᄒᆞᆫ겹으로되엿ᄂᆞ니양육ᄒᆞ는좁들이이벽으로셔여나아오고또몸에쓰다가내여ᄇᆞ릴낡은좁들은셔여드러갈수도잇ᄂᆞ니라

9동ᄆᆡᆨ(動脈)과정ᄆᆡᆨ(靜脈)이분간되는거시여러가지잇스니

첫재는피의흐르는방향인ᄃᆡ대개동ᄆᆡᆨ의피는ᄒᆞᆼ샹념통에셔흘너나아오고정ᄆᆡᆨ의피는ᄒᆞᆼ샹념통으로흘너드러가는거시오

둘재는그잇는ᄃᆡ위인ᄃᆡ큰동ᄆᆡᆨ들은정ᄆᆡᆨ과ᄀᆞᆺ치바로가족안헤잇지아니ᄒᆞᆷ이오

셋재는빗치인ᄃᆡ대개정ᄆᆡᆨ의피는푸른빗치나타나ᄂᆞ니라

넷재는벽인ᄃᆡ동ᄆᆡᆨ의벽은정ᄆᆡᆨ의벽보다둡겁고든든ᄒᆞᆷ이오

다ᄉᆞᆺ재는정ᄆᆡᆨ은가는ᄃᆡ로판이다잇셔피가압흐로가게는ᄒᆞ되도라오는거슨막는거

시라

10 몸이샹ᄒᆞ게되면그샹쳐에셔나아오ᄂᆞᆫ피가동믹피인지정믹에셔나아오ᄂᆞᆫ피인지아ᄂᆞᆫ법이두가지잇스니

첫재ᄂᆞᆫ피빗친듸정믹에셔나아오ᄂᆞᆫ피ᄂᆞᆫ조곰검고동믹에셔나아오ᄂᆞᆫ피ᄂᆞᆫ그보다붉으니라

둘재ᄂᆞᆫ그흐르ᄂᆞᆫ법인듸정믹에잇ᄂᆞᆫ피ᄂᆞᆫ항샹ᄒᆞᆫ모양으로흐르고동믹에셔나아오ᄂᆞᆫ피ᄂᆞᆫ소사흐르ᄂᆞᆫ거시라

정믹을베여열고그속에판이보이ᄂᆞᆫ거시라

삼십오도

11 정믹에셔나ᄂᆞᆫ피가동믹에셔나ᄂᆞᆫ피보다졀노긋치기가쉬우니흔이슈건으로동여믹ᄂᆞᆫ거시됴ᄒᆞ나동믹에셔나ᄂᆞᆫ피ᄂᆞᆫ힘잇게흐르ᄂᆞ니샹쳐에셔피가소사올으면의ᄉᆞ를쳥ᄒᆞᆯ동안에힘잇게눌너막을지니라

폐동믹과폐정믹이특별이이샹ᄒᆞᆫ것ᄒᆞ나히잇ᄉᆞ니녀느동정믹과밧고아셔폐동믹에푸른피가잇고폐정믹에붉은피가잇ᄂᆞ니라

12 동믹과정믹의벽이힘이만하사람이셩ᄒᆞᆫ엿슬ᄣᆡ에ᄂᆞᆫ쎄여지지아니ᄒᆞ나늙거나혹병이들면이벽들이쎳쎳ᄒᆞ여져셔피의눌님을밧아터질수가혹잇ᄂᆞ니라

ᄆᆡᆨ(脉)이라

뎨륙편

1 팔목에ᄒᆞᆼ샹뛰노는줄기를ᄆᆡᆨ이라ᄒᆞᄂᆞ니이ᄀᆞᆺᄒᆞᆫᄆᆡᆨ을다른곳에잇는것도써ᄃᆞ라ᄎᆞᆺ즐수잇스나팔목에잇는거시그즁나타나기쉬온ᄃᆡᄆᆡᆨ되는연고는손가락아래잇는동ᄆᆡᆨ의벽이갑작이뛰노는것과온동ᄆᆡᆨ이그ᄌᆞ리에셔조곰식ᄒᆞᆼ샹ᄒᆞ늘ᄒᆞ늘ᄒᆞ[illegible]로되ᄂᆞ니라

2 념통이주려질ᄯᆡ마다피롤다숫쇠쥬잔즘식동ᄆᆡᆨ으로보내면동ᄆᆡᆨ들은탄력(彈力)이잇셔그피밧기를위ᄒᆞ야늘어나는ᄃᆡ념통이뛰노는ᄉᆞ이에동ᄆᆡᆨ들이주려져셔그밧은피를모세관ᄭᆞ지드려보내ᄂᆞ니라

이늘어나는거시념통갓가히잇는대동ᄆᆡᆨ(大動脉)에뎨일만코혈관들이ᄎᆞᄎᆞ가느러지는ᄃᆡ로탄력도적어져모세관에는이힘이도모지업고이를인ᄒᆞ야ᄆᆡᆨ(脉)도업ᄉᆞ며ᄯᅩ정ᄆᆡᆨ(靜脉)에는아모동홈도업ᄂᆞ니라

3 ᄆᆡᆨ(脉)을보고알거슨세가지인ᄃᆡ첫재는념통의뛰노는거시얼마나날낸것과
둘재는뛰노는힘이얼마잇는것과
셋재는동ᄆᆡᆨ(動脉)의벽들이얼마나든든ᄒᆞᆫ거시라이세가지를아는거시요긴홈은이

동믹의벽이엇던때에는힘이업시부드러워지고엇던때에는든든ᄒᆞ고ᄲᅢᄲᅢᄒᆞ여지는ᄃᆡ이 믹이엇더케되는형편을ᄉᆞᆲ혀몸이평안ᄒᆞᆫ것과병난거슬아ᄂᆞ니라

피의분량이각각다름이라

데칠편

1 지금ᄭᅡ지말ᄒᆞᆫ피의슌환ᄒᆞ는리치를보고ᄉᆡᆼ각ᄒᆞ는사ᄅᆞᆷ이필경이혈관의대쇼가ᄒᆞᆼ샹다ᄀᆞᆺ고ᄯᅩ각쳐로내여보내는피의수도ᄒᆞᆼ샹ᄀᆞᆺᄒᆞᆫ줄노알기쉬오나실샹은그러치아니ᄒᆞ고하ᄂᆞ님ᄭᅴ셔세우신법이잇셔혈관의대쇼와거긔잇는피수가본톄의쓰는ᄃᆡ로더ᄒᆞ고덜ᄒᆞ게ᄒᆞ셧ᄂᆞ니라

2 이럼으로사ᄅᆞᆷ이자게되면피가뢰에ᄭᅧ지는잘가지안코ᄯᅩ음식을쇼화ᄒᆞᆯ때에는위로만히가고ᄯᅩ힘써운동ᄒᆞᆯ때에는온근육으로만히가고치울때에는가족ᄭᅡ지잘가지안코더울때에는식히라고가족에ᄭᅡ지보내ᄂᆞ니라

3 이런법은다름아니라동믹의벽에가로빗긴불슈의근(不隨意筋)이주러질때에는동믹을작게ᄒᆞ고늘어날때에는더커지되본톄의ᄯᅳᆺᄃᆡ로ᄒᆞ지안코특별ᄒᆞᆫ연고로격동ᄒᆞᆷ을밧아ᄒᆞᄂᆞ니가령위의벽에잇는동믹들이음식을맛날때에커지며ᄯᅩ음식의내암새를

맛ᄒᆞᆯ때에타익션(唾液腺)에잇는동ᄆᆡᆨ들이커져춤될피로가득히ᄎᆡ워셔춤을만히내는것과가족에잇는동ᄆᆡᆨ들이더움을맛날때에는커져셔붉은피로ᄎᆡ우고ᄯᅩ사ᄅᆞᆷ이붓그러워낫치ᄯᅳᆺᄯᅳᆺᄒᆞ여질때에도그얼골에잇는동ᄆᆡᆨ들이늘어나셔붉고더운피로가득히ᄎᆡ우는거시니라

4동ᄆᆡᆨ의커지고작아지는거슬다ᄉᆞ리는긔계는신경계통에속ᄒᆞᄂᆞ니라

쥬졍이피와밋슌환ᄒᆞ는거슬해ᄒᆞᆷ이라

뎨팔편

1쥬졍이피에드러가셔거긔잇는ᄇᆡᆨ혈구(白血球)의힘을약ᄒᆞ게ᄒᆞ야몸속에잇는히로온거슬먹지못ᄒᆞ게ᄒᆞ는고로술먹는사ᄅᆞᆷ이이병나기가쉽고ᄯᅩᄒᆞᆫ번병이나면곳치기도어려오니라

2쟝셩ᄒᆞᆫ사ᄅᆞᆷ의념통ᄯᅱ노는도수는ᄒᆞᆫ푼동안에칠십이번즘인ᄃᆡᄒᆞ로동안에는십만번너무되ᄂᆞ니이ᄀᆞᆺ치ᄯᅱ놀때에힘쓰는거슬다합ᄒᆞ면이십만근되는돌을ᄯᅡ헤셔ᄒᆞᆫ자즘놉히들힘이되ᄂᆞ니라쥬졍이셩ᄒᆞᆫ사ᄅᆞᆷ의념통을식혀더ᄲᆞᆯ니ᄯᅱ놀게ᄒᆞᄂᆞ니유명ᄒᆞᆫ의ᄉᆞ두사ᄅᆞᆷ이ᄌᆞ세ᄒᆞ고조심스러온법으로샹고ᄒᆞ여보니술을웬만치먹는사ᄅᆞᆷ은ᄇᆡᆨ분지ᄉᆞ

곱이나더쌜니ᄒᆞ고팔쳔근더들힘을쓰게ᄒᆞ니념통이이러케힘을더쓰ᄂᆞᆫ거시맛당치아니ᄒᆞ야몸에도무익ᄒᆞ고또ᄌᆞ연치아니ᄒᆞᆫ격동을밧아ᄒᆞᄂᆞᆫ거시니몸을쉬쇠약케ᄒᆞᄂᆞ니라

3혈관즁에조고마ᄒᆞᆫ거시쥬졍의격동을밧아늘어나ᄂᆞ니얼골을붉게ᄒᆞ고또볼수잇스면몸속에잇ᄂᆞᆫ긔계도붉은모양을내ᄂᆞ니처음에ᄂᆞᆫ이붉은빗치속히업셔져그혈관들이본ᄅᆡ형샹ᄃᆡ로되나그러나오ᄅᆡ동안먹으면혈관이늘어난ᄃᆡ로잇스니그붉어진코와얼골이술먹ᄂᆞᆫ증거가되ᄂᆞᆫᄃᆡ이러케되ᄂᆞᆫ거시심샹치안코위ᄉᆡᆼ에히로오니라

4쥬졍이또근육을변ᄒᆞ여ᄎᆞᄎᆞ기름되게ᄒᆞᄂᆞᆫ힘이잇셔념통이더옥이변화ᄒᆞᆷ을밧기쉬온ᄃᆡ그근육이부드러워지ᄂᆞᆫᄃᆡ로힘을일허그본ᄅᆡ긔력처럼거긔잇ᄂᆞᆫ피를모라온몸에슌환케못ᄒᆞᆷ으로그본톄각쳐가다히를밧으며또이러케부드럽고기름이만케된념통은갑쟉이샹ᄒᆞ기쉬우니라

5사ᄅᆞᆷ이ᄎᆞᄎᆞ늙어가ᄂᆞᆫᄃᆡ로그젼셩ᄒᆞ던동ᄆᆡᆨ벽이혹은변ᄒᆞ야드문드문기름이져셔부드럽게도되고혹은점점드문드문썻썻ᄒᆞ게되ᄂᆞᆫᄃᆡ이러케된동ᄆᆡᆨ이혹놀나거나과히음식을만히먹거나다른연고로심샹치안케치우면곳터지기쉬우니라머리에잇ᄂᆞᆫ혈관들이이러케터지기쉬워만일터지면피가쏘다지되두골이든든ᄒᆞ야나올수가업슴으로뢰를힘써눌너ᄒᆞᆷ일을못ᄒᆞ게막ᄂᆞᆫᄃᆡ이런병을맛난사ᄅᆞᆷ은감으러쳐셔다시살아나기어

려오니이병은졸듕병(卒中病)이라ᄒᆞᄂᆞ니라

6 이졸즁병은사롬이늙은후에나ᄂᆞ니졂어슬때에는특별ᄒᆞᆫᄉᆞ닭업시는동ᄆᆡᆨ이이쳐렴변치안는ᄃᆡ술먹는거시이러케되게ᄒᆞ는ᄒᆞᆫᄉᆞ닭이니쇼년에일즉쇠약ᄒᆞ야져그뢰에잇는동ᄆᆡᆨ이터짐으로갑작이ᄉᆞ망에니르기쉬우니라

습문

일편 1 피가몸속에담겨잇는거시엇더ᄒᆞ뇨

2 념통과혈관을웨슌환ᄒᆞ는긔계라고ᄒᆞᄂᆞ뇨

3 혈관세가지가무어시뇨

4 모셰관을말ᄒᆞ오

5 무어시는호여모셰관이되며또모셰관이모혀무어시되ᄂᆞ뇨

6 모셰관의벽이엇더ᄒᆞ뇨

이편 1 념통은무어시뇨

2 어ᄃᆡ잇ᄂᆞ뇨

3 심낭은엇더ᄒᆞ뇨

4 념통과심낭이서로뷔비는ᄃᆡ무어시잇셔셔그거슬샹치안케ᄒᆞᄂᆞ뇨

[illegible]ᄂᆞ뇨△그[illegible]어ᄃᆡ셔지[illegible]나르ᄂᆞ뇨△엇더케념통이그조리를
못ᄯᅥ나ᄂᆞ뇨△얼마나크뇨
6 그속에멧방이나잇ᄂᆞ뇨△각각일홈이무어시뇨△그대쇼가엇더ᄒᆞ뇨△그벽의둣터
이ᄂᆞᆫ엇더ᄒᆞ뇨
7 우방과우실에통ᄒᆞᄂᆞᆫ길과그길을막ᄂᆞᆫ판을말ᄒᆞ오△우방에드러가ᄂᆞᆫ혈관은무어시
뇨
8 우실에셔나아가ᄂᆞᆫ혈관은무어시뇨△그힝ᄒᆞᄂᆞᆫ길은엇더ᄒᆞ뇨△좌방으로드러가ᄂᆞᆫ
혈관은무어시뇨
9 폐동ᄆᆡᆨ에잇ᄂᆞᆫ반월판은엇더ᄒᆞ뇨
10 좌방과좌실에통ᄒᆞᄂᆞᆫ길과그길을막ᄂᆞᆫ판을말ᄒᆞ오
11 우실과좌실에분간은무어시뇨
12 대동ᄆᆡᆨ과거긔잇ᄂᆞᆫ판들은엇더ᄒᆞ뇨
13 념통의근육은엇더ᄒᆞ뇨
삼편 1 념통의ᄒᆞᄂᆞᆫ일이무어시뇨
2 념통이관ᄒᆞ여지ᄂᆞ뇨
3 엇더케쉬ᄂᆞ뇨

뎨오쟝

5ᄒᆞᆫ푼동안에몃번이나뛰노ᄂᆞ뇨
6념통이ᄒᆞᆫ푼동안에덜뛰놀며더뛰노ᄂᆞᆫ연고ᄂᆞᆫ무어시뇨
7피의슌환ᄒᆞᄂᆞᆫ거시몃가지이뇨
8쇼슌환은무어시뇨△대슌환은무어시뇨
9념통이온젼히주러지ᄂᆞᆫ거ᄉᆞᆯ말ᄒᆞ오
ᄉᆞ편 I 념통의ᄒᆞᄂᆞᆫ소ᄅᆡ가몃가지며엇더케ᄒᆞᄂᆞ뇨
오편 I 대동ᄆᆡᆨ이나ᄂᆞᆫ것과가지치ᄂᆞᆫ거ᄉᆞᆯ말ᄒᆞ오
2대퇴골동ᄆᆡᆨ은어ᄃᆡ잇ᄂᆞ뇨△경골동ᄆᆡᆨ은어ᄃᆡ잇ᄂᆞ뇨
3경동ᄆᆡᆨ은어ᄃᆡ잇ᄂᆞ뇨△쇄골하동ᄆᆡᆨ은어ᄃᆡ잇ᄂᆞ뇨△익동ᄆᆡᆨ은어ᄃᆡ잇ᄂᆞ뇨△팔동ᄆᆡᆨ
은어ᄃᆡ잇ᄂᆞ뇨△뇨골동ᄆᆡᆨ은어ᄃᆡ잇ᄂᆞ뇨△쳑골동ᄆᆡᆨ은어ᄃᆡ잇ᄂᆞ뇨
4큰동ᄆᆡᆨ들이큰졍ᄆᆡᆨ들과ᄀᆞᆺ치몸외면갓가히가ᄂᆞ뇨
5졍ᄆᆡᆨ들은엇더케닐곳ᄂᆞ뇨△경졍ᄆᆡᆨ은어ᄃᆡ잇ᄂᆞ뇨
6피ᄒᆞ르ᄂᆞᆫ거시어ᄂᆞ곳에더속히ᄒᆞᄂᆞ뇨△어ᄂᆞ곳이더ᄃᆡᄒᆞᄂᆞ뇨
7피의슌환ᄒᆞᄂᆞᆫ리치를처음으로알아셰샹에젼파ᄒᆞᆫ사ᄅᆞᆷ은누구뇨
8모셰관의벽은엇더ᄒᆞ뇨
9동ᄆᆡᆨ과졍ᄆᆡᆨ의여러가지분간은무어시뇨

10 사ᄅᆞᆷ이샹ᄒᆞᆯ때에거긔셔흐르ᄂᆞᆫ피가동ᄆᆡᆨ에셔나오ᄂᆞᆫ지졍ᄆᆡᆨ에셔나오ᄂᆞᆫ지엇더케알
수잇ᄂᆞ뇨
11 졍ᄆᆡᆨ에셔나ᄂᆞᆫ피를막ᄂᆞᆫ거시동ᄆᆡᆨ에셔나ᄂᆞᆫ피보다쉬우뇨
12 졍ᄆᆡᆨ과동ᄆᆡᆨ들이힘이잇ᄂᆞ뇨
륙편 1 ᄆᆡᆨ이란거슨무어시뇨
2 모세관에ᄆᆡᆨ이잇ᄂᆞ뇨△졍ᄆᆡᆨ에도잇ᄂᆞ뇨
3 ᄆᆡᆨ을보고무어슬아ᄂᆞ뇨
칠편 1 몸각쳐에잇ᄂᆞᆫ피의수가ᄒᆞᆼ샹ᄀᆞᆺᄒᆞ뇨
2 3 4 웨더만코적으뇨
팔편 1 쥬졍이ᄇᆡᆨ혈구를엇더케히ᄒᆞᄂᆞ뇨
2 술먹은후에념통을곳히롭게ᄒᆞᄂᆞᆫ것무어시뇨
3 그즁젹은혈관들이쥬졍의게밧ᄂᆞᆫ히ᄂᆞᆫ무어시뇨
4 엇던때에쥬졍이념통의근육을엇더케변화식히ᄂᆞ뇨
5 졸즁병은엇더ᄒᆞ뇨
6 쥬졍이엇더케이병을나게ᄒᆞᆯ수잇ᄂᆞ뇨

뎨륙쟝은 먹는것과마시는것과즈극(刺戟)과취ᄒᆞ게ᄒᆞᄂᆞᆫ독ᄒᆞᆫ물건이라

뎨일편

1 음식이라ᄒᆞᄂᆞᆫ거슨사ᄅᆞᆷ의주림을면케ᄒᆞ고몸을양육ᄒᆞ기위ᄒᆞ야먹고마시ᄂᆞᆫ모든물건이니라

2 사ᄅᆞᆷ이그지은물건을곳칠때에그물건의본ᄌᆡ료를가지고야ᄒᆞᆯ터이니가령물곱비를곳치랴면가족을가지고ᄒᆞ고화덕을곳치랴면쇠로야ᄒᆞ고샹을곳치랴면나무를가지고곳치ᄂᆞᆫ것ᄀᆞᆺ치몸을곳치ᄂᆞᆫ음식에도몸의본ᄌᆡ료가잇서야ᄒᆞᆯ터이라

3 물리학(物理學)박ᄉᆞ들이사ᄅᆞᆷ의몸에잇ᄂᆞᆫᄌᆡ료를궁구ᄒᆞ여보니몸속에열다ᄉᆞᆺ본질이잇ᄂᆞᆫᄃᆡ이아ᄅᆡ모든질의분수ᄂᆞᆫ다ᄇᆡᆨ분으로긔록ᄒᆞ엿ᄂᆞ니라

산소	Oxygen	72	탄소	Carbon	13、5	포타시암	、026	Potassium
슈소	hydrogen	9、1	인소	Phosphorus	1、15	털	、01	Iron
질소	nitrogen	2、5	칼시엄	Calcium	1、3	막니시암	、0012	magnesium
렴소	Chlorine	085	류황	Sulphur	1476	실니칸	、0002	Silicon
불소	Fluorine	、08	쏘디엄	Sodium	、1	민그니쓰	조곰	manganese

4이우희긔록ᄒᆞᆫ본질들이다우리음식속에잇서야될터이나엇던질은몸에조곰만잇스니음식에도적으나관계치아니ᄒᆞᆫᄃᆡ류황(硫黃)이그러ᄒᆞ고또엇던질은몸속에만히잇스니음식에도만히잇셔야될터인ᄃᆡ탄소(炭素)가그러ᄒᆞ니라이본질즁에엇던질이던지먹는음식에도모지업스면몸이ᄒᆡ를밧고그즁뎨일유익ᄒᆞᆫ질이업스면사ᄅᆞᆷ의몸이죽는ᄒᆡ를밧을수잇는ᄃᆡ가령린소(燐素)가도모지업는음식만먹으면병이나셔죽을수밧긔업ᄂᆞ니우리먹는음식에거반다이질이잇ᄂᆞ니라

5이우희긔록ᄒᆞᆫ열다ᄉᆞᆺ질밧긔다른질은음식에업셔도관계치아니ᄒᆞ니가령우리몸에은(銀)질은ᄒᆞᆫ분도업스니음식에업슬거시니라

6이열다ᄉᆞᆺ본질들이공긔와ᄒᆞᆰ과물속에잇스되동물들이이것만먹고살지못ᄒᆞ나식물들(植物)은먹고사ᄂᆞ니식물과동물의여러가지분간즁에이거시특별ᄒᆞᆫ거시라공긔오분지ᄉᆞ는다질소(質素)가되여사ᄅᆞᆷ과다른동물들이숨드리쉴ᄯᆡ마다이질소를만히밧으나만일음식에이질이드러가지아니ᄒᆞ면견ᄃᆡ지못ᄒᆞ고반ᄃᆞ시죽을지니라

7식물(植物)의ᄒᆞ는일은이본질을가지고동물의먹을거슬ᄆᆞᆫ드ᄂᆞ니초목이ᄒᆞᆰ과믈과공긔를먹고쇼화ᄒᆞ야제살이되게ᄒᆞ면동물들은이초목을먹던지혹이초목을먹고사는다른동물을먹고사ᄂᆞ니라

8모든초목이다무ᄉᆞᆷ동물의먹을거시될듯ᄒᆞ되오직사ᄅᆞᆷ이먹지못ᄒᆞᆯ거시만하혹은

독ᄒᆞ고혹은사ᄅᆞᆷ의쓰ᄂᆞᆫ본질이잇스나사ᄅᆞᆷ의위가능히쇼화치못ᄒᆞᄂᆞ니가령소ᄒᆞᆫ무리가무셩ᄒᆞᆫ잔듸밧헤잇스면소들이잘살질수잇스나사ᄅᆞᆷ이거긔만잇스면곳주려죽을터이니이ᄂᆞᆫ그잔듸가독ᄒᆞ지도안코역ᄒᆞ지도아니ᄒᆞ되다만그위가잔듸를쇼화치못ᄒᆞᄂᆞᆫ연고니라

9 엇던동물은다른동물만먹고살매그니(齒)가식물먹기에뎍당치안케되고엇던동물은식물만먹고살매그니가고기를ᄯᅳᆺ기에합당치안코갈아먹ᄂᆞᆫᄃᆡ뎍당케되엿ᄂᆞ니가령소ᄂᆞᆫ웃턱아리에버히ᄂᆞᆫ니가업고다만갈기를잘ᄒᆞᄂᆞᆫ넙은니만잇고사ᄅᆞᆷ은동물과식물다먹ᄂᆞᆫ고로그니가두가지를먹ᄂᆞᆫᄃᆡ뎍당케되엿ᄂᆞ니라

10 어린ᄋᆞᄒᆡ와즘ᄉᆡᆼ의ᄉᆡᆨ기ᄂᆞᆫ젓슬먹고사ᄂᆞ니대뎌동물의쓸본질이이젓에셔더만히드러간음식이업고쇼화ᄒᆞ기도쉬우니쟝셩ᄒᆞᆫ후에라도소젓슬먹ᄂᆞᆫ거시유익ᄒᆞ고혹은병든ᄯᅢ에소젓만먹고도사ᄂᆞ니라

풀(糊) 잇ᄂᆞᆫ음식이라

11 사ᄅᆞᆷ이ᄒᆞᆫ이먹ᄂᆞᆫ거시풀(糊)과고기(肉)와사탕(沙糖)과기름(油)잇ᄂᆞᆫ거시니라

12 풀잇ᄂᆞᆫ음식은쌀과밀과강냥이와피와귀이리ᄀᆞᆺᄒᆞᆫ모든곡식과모든ᄎᆡ소ᄀᆞᆺᄒᆞᆫ거시니라

ᄆᆞ른밀(麥)에는풀(糊)이ᄇᆡᆨ분지륙십륙분이되고
ᄆᆞ른귀이리에는풀이ᄇᆡᆨ분지륙십분이되고
ᄆᆞ른리닙쌀에는ᄇᆡᆨ분자팔십팔이되는ᄃᆡ텬하만민즁에억만사ᄅᆞᆷ이이풀만흔리닙쌀만먹고사는거슬ᄉᆡᆼ각ᄒᆞᆯᄯᅢ에풀잇는음식이사ᄅᆞᆷ의게유익ᄒᆞᆫ증거라

13곡식에풀밧긔도뎡물(定物)과기름(油)과사탕(沙糖)과고기본질ᄀᆞᆺᄒᆞᆫ글누텐이란거시잇ᄂᆞ니라

사ᄅᆞᆷ의먹는곡식즁에밀이뎨일유익ᄒᆞ니이거슬됴화ᄒᆞ는사ᄅᆞᆷ이만ᄒᆞ나오직곡식마다사ᄅᆞᆷ의게특별히유익ᄒᆞᆫ질이잇ᄂᆞ니가령강ᄆᆡᆼ이에는기름이만코귀이리에는뎡물(定物)과ᄯᅩᄀᆞᆺ은살이만하위가약ᄒᆞᆫ사ᄅᆞᆷ은잘먹지못ᄒᆞᆯ지라도강건ᄒᆞᆫ사ᄅᆞᆷ은먹으면위ᄉᆡᆼ에유익ᄒᆞ니라

14온텬하사ᄅᆞᆷ즁에거반다됴화ᄒᆞ는ᄎᆡ소는감ᄌᆞ(藷)니사ᄅᆞᆷ이먹는지가수ᄇᆡᆨ년이더되엿는ᄃᆡ짐쟉컨ᄃᆡ아엘란드사ᄅᆞᆷ이먹는음식즁에오분지삼이더되ᄂᆞ니이감ᄌᆞ는거반풀이되고다른ᄎᆡ소보다물과ᄀᆞᆺ은살이적으니라

15콩(太)과팟(豆)은물이적고건지기가만하양육을잘ᄒᆞ는고로군ᄉᆞ들과ᄯᅩ만흔무리가먹기됴ᄒᆞ니이는적은속에양육ᄒᆞ는힘이만흠이라그러나이처럼든든ᄒᆞ고ᄉᆡᆨᄉᆡᆨᄒᆞ야톄즁잇는사ᄅᆞᆷ은잘못먹을지니라

16 무우(菁)와ᄇᆡᆨᄎᆡ(白菜)와다른채소들은임의본것보다물이만코양육ᄒᆞᄂᆞᆫ힘이적으나양육을더잘ᄒᆞᄂᆞᆫ음식과석거먹으면입에맛고위싱을돕ᄂᆞ니라

고기(肉)라

17 고기ᄂᆞᆫ여러가지가잇스니ᄒᆞᆫ가지만먹ᄂᆞᆫ것보다늘여러가지를먹ᄂᆞᆫ거시몸을더옥양육ᄒᆞᄂᆞᆫᄃᆡ그즁에소고기가됴ᄒᆞ며허다ᄒᆞᆫ사ᄅᆞᆷ이도야지고기를잘먹으나소고기만치평안치못ᄒᆞᆫ것두가지가잇스니

첫재ᄂᆞᆫ흔이가름이너무만하사ᄅᆞᆷ이늘먹기에됴치못ᄒᆞ고

둘재ᄂᆞᆫ소고기보다존츙(寸蟲)과다른거이(蛔)석기가잇기쉬우니라

송아지고기ᄂᆞᆫ만문ᄒᆞ야맛시됴ᄒᆞ나큰소고기보다쇼화ᄒᆞ기가어렵고몸을덜보호ᄒᆞ며산에잇ᄂᆞᆫ모든즘싱의고기도맛슨각각다르나사ᄅᆞᆷ의몸을양육ᄒᆞᄂᆞᆫ거슨ᄀᆞᆺᄒᆞ니아모즘싱이던지죽인후에좀두엇다가먹으면그고기가만문ᄒᆞ고맛도됴ᄒᆞ니라

18 그러나물고기ᄂᆞᆫ이와ᄀᆞᆺ지아니ᄒᆞ야잡은후에곳먹으야됴ᄒᆞ니이ᄂᆞᆫ그살의셩질이륙디즘싱과ᄀᆞᆺ지아니ᄒᆞ야물은만코기름은적으며ᄯᅩ가ᄇᆡ야와사ᄅᆞᆷ을양육ᄒᆞᄂᆞᆫ힘이적으니라

19 연톄동물(軟體動物)가온ᄃᆡᄂᆞᆫ굴(蠔)이뎨일유익ᄒᆞᆫᄃᆡ맛시고소ᄒᆞ고가ᄇᆡ야와사

ᄅᆞᆷ을잘양육ᄒᆞᆷ으로병든사ᄅᆞᆷ이이거슬먹고도ᄇᆡ를평안케ᄒᆞ[illegible]
월초싱ᄉᆡ지는먹지안는거시됴흐니라

20 가ᄌᆡ(蝦)와게(蟹)와싱우(鰕)들은굴보다쇼화ᄒᆞ기어려오니뎨중난사ᄅᆞᆷ은잘먹지못ᄒᆞ리라

21 계란(雞卵)은병아리되여나아오기젼에먹일거시만흠으로사ᄅᆞᆷ을잘양육ᄒᆞᄂᆞ니맛시고소ᄒᆞ고쇼화ᄒᆞ기도쉬우니라

사탕(沙糖)이라

22 사탕은여러가지가다단맛시잇스나다만그맛과ᄉᆡᆨ는거시각각다르니이사탕이채소가온ᄃᆡ거반다잇고엿가온ᄃᆡ도거반다사탕이되여입에특별히맛는ᄃᆡ ᄋᆞ희들이심히됴화ᄒᆞᄂᆞᆫ거슬보면이사탕이사ᄅᆞᆷ의ᄌᆞ라는ᄃᆡ미우유익ᄒᆞᆫ증거니라그러나과히만히먹으면구미와쇼화ᄒᆞᄂᆞᆫ긔계를샹케ᄒᆞ여위싱에히로오니라

기름(油)이라

23 기름은고기에만잇슬ᄲᅮᆫ더러채소에도얼마식잇는ᄃᆡ음식을문들ᄯᅢ에도흔이무슴기름을치ᄂᆞ니이기름은홀노사ᄅᆞᆷ을양육케도ᄒᆞ고다른음식과석겨쇼화를잘ᄒᆞ게도ᄒᆞ

ᄂᆞ니라

음식을닉히ᄂᆞᆫ거시라

24즘ᄉᆡᆼ들은식물(食物)을ᄉᆡᆼ으로먹으나사ᄅᆞᆷ은야만이라도음식을닉혀먹ᄂᆞᆫ듸이닉히ᄂᆞᆫ듸세가지유익이잇ᄉᆞ니

첫재ᄂᆞᆫ쇼화ᄒᆞᄂᆞᆫ거ᄉᆞᆯ돕고

둘재ᄂᆞᆫ고기에잇ᄂᆞᆫ벌네ᄅᆞᆯ죽이고변치안케ᄒᆞᆷ이오

셋재ᄂᆞᆫ고수ᄒᆞ고향긔로온내암ᄉᆡᄅᆞᆯ내여쇼화ᄒᆞᄂᆞᆫ진ᄋᆡᆨ을더나게ᄒᆞᄂᆞᆫ거시니라

25ᄉᆡᆼ고기에도고수ᄒᆞᆫ맛시잇셔ᄒᆡᆼ습ᄒᆞᆫ사ᄅᆞᆷ들이ᄒᆡᆼ샹됴화ᄒᆞ나도야지고기에ᄂᆞᆫ모츙(毛蟲)과다른긔ᄉᆡᆼ츙(寄生蟲)이란조고마ᄒᆞᆫ벌네가만히잇셔사ᄅᆞᆷ이ᄉᆡᆼ으로먹으면이벌네가사ᄅᆞᆷ의몸속에드러가셔병이되게ᄒᆞᄂᆞ니이벌네ᄂᆞᆫ현미경으로야보ᄂᆞᆫ듸ᄉᆡᆼ도야지고기먹ᄂᆞᆫ사ᄅᆞᆷ밧긔ᄂᆞᆫ이병이들지아니ᄒᆞ니아모도록잘닉혀먹을거시오촌츙(寸蟲)이사ᄅᆞᆷ의속에ᄉᆡᆼ기ᄂᆞᆫ것도소고기와도야지고기ᄅᆞᆯ먹음으로나ᄂᆞ니라

26또곡식과ᄎᆡ소ᄀᆞᆺ치풀만히잇ᄂᆞᆫ음식도잘닉히지아니ᄒᆞ면잘쇼화ᄒᆞᆯ수업ᄂᆞ니이닉히ᄂᆞᆫ거ᄉᆞ로문문ᄒᆞ게ᄒᆞ여잘부스러져셔쇼화ᄋᆡᆨ을고로롭게밧아녹을거시니라

27음식을졍미롭게ᄒᆞᄂᆞᆫ거시위ᄉᆡᆼ에요긴ᄒᆞ니사ᄅᆞᆷ이ᄒᆞᄂᆞᆫ듸로ᄇᆡ홀수밧긔업ᄉᆞ나그

러나ᄉᆡᆼ리화학의리치를써ᄯᆞ라아ᄂᆞᆫ사ᄅᆞᆷ이더잘ᄒᆞᆯ수잇ᄂᆞ니라

뎡물(定物)이라

28여러가지뎡물이모든음식가온ᄃᆡ셕겨잇ᄂᆞᆫᄃᆡ소곰밧긔ᄂᆞᆫ그ᄃᆡ로먹ᄂᆞᆫ거시업ᄂᆞ니
이소곰이온몸각부에드러가셔ᄉᆡᆼ명의힘을보젼ᄒᆞ게ᄒᆞᄂᆞ니라
뎡물은ᄒᆞᆫ이쇼화ᄒᆞᆷ으로변화ᄒᆞ지안ᄂᆞ니라

물(水)이라

29물은사ᄅᆞᆷ의온몸의ᄇᆡᆨ분지칠십분이되ᄂᆞᆫᄃᆡ몸의쓰다가낡아지ᄂᆞᆫᄃᆡ로ᄒᆞᆼ샹더잇스야될거시니대개쇼화ᄒᆞᄂᆞᆫ것과ᄲᅡ라드리ᄂᆞᆫ것과슌환ᄒᆞᄂᆞᆫ거시물업시ᄂᆞᆫ못ᄒᆞᄂᆞᆫ고로사ᄅᆞᆷ이물ᄉᆞ모ᄒᆞ기를음식보다더ᄒᆞᄂᆞ니라

30사ᄅᆞᆷ이마시ᄂᆞᆫ물에뎡물과긔질(氣質)과식물이조곰식잇스니적으면관계치아니ᄒᆞ나만일만히잇스면ᄂᆡ쟝과콩팟(腎)슬히ᄒᆞᄂᆞ니라

31엇던ᄯᆡᄂᆞᆫᄒᆡ롭고독ᄒᆞᆫ거시사ᄅᆞᆷ의마시ᄂᆞᆫ물속에드러가셔녹아잇ᄂᆞᆫ증거가업ᄂᆞ니이럼으로조심ᄒᆞ야우물과다른물가져오ᄂᆞᆫ곳슬ᄉᆞᆲ혀부졍ᄒᆞᆫ거시물에못드러가게ᄒᆞᆯ거시니라혹엇던ᄯᆡ에우물을마방과도야지우리와여러더러온곳에갓가히파기쉬워이런

더러온거시ᄯᅳᆺ밧긔깁히셔여물에드러갈수잇스니아모리ᄆᆰ고빗나셔내암ᄉᆡ가업는물이라도더러온곳에셔삼십자안헤잇스면마시기위태ᄒᆞ고ᄯᅩ이러케멀지라도그ᄯᅡ히숭굴숭굴ᄒᆞ고우물보다놉흐면가히마시지못ᄒᆞᆯ지니라

먹고마시는힘습이라

32 텬하만민이먹고마시는힘습이각각그거ᄒᆞ는슈토와형편을ᄯᅡ라ᄀᆞᆺ지아니ᄒᆞᆫᄃᆡ북빙양에사는사ᄅᆞᆷ들은물고기기름과육초를잘먹고아시아사ᄅᆞᆷ들은리ᄡᆞᆯ과좁ᄡᆞᆯ을만히먹고아라비아사ᄅᆞᆷ들은ᄒᆞ로에곡식ᄒᆞᆫ줌식만먹고도힘을만히ᄡᅳᆯ수잇고유롭과아메리가사ᄅᆞᆷ들은ᄒᆞ로고기ᄒᆞᆫ번식먹는거시됴흔줄아는ᄃᆡ사ᄅᆞᆷ의몸이그잇는형편에뎍당ᄒᆞᆫ거시오묘ᄒᆞ니모든사ᄅᆞᆷ들즁에그잇는ᄃᆡ되가됴코나라가부요ᄒᆞᆷ으로여러가지됴흔음식을엇고사는나라사ᄅᆞᆷ들은그몸이더옥강건ᄒᆞᆯ거시니라

33 인죵(人種)과린근풍쇽과됴화ᄒᆞ고슬혀ᄒᆞ는셩질이각각다르니혹은음식즁에ᄒᆞᆫ가지만됴화ᄒᆞ고혹은다른거슬됴화ᄒᆞ며혹은ᄒᆞ로두번만먹는ᄃᆡ혹은ᄆᆡ일세번식먹으니이는사ᄅᆞᆷ의셩픔과힘습과풍쇽이각각다름이라엇던사ᄅᆞᆷ은이음식만먹고살수잇스나다른사ᄅᆞᆷ은그음식을먹으면몸이샹ᄒᆞ며ᄯᅩ뢰로힘ᄡᅳ는일ᄒᆞ는사ᄅᆞᆷ은오시ᄭᆞ지만히먹지못ᄒᆞ여도몸이평안ᄒᆞ여심샹히그일을ᄒᆞᆯ수잇스나만일일군이그러케ᄒᆞ면불구에

그몸에고히어여ᄒᆞ여질거시오또엇던사ᄅᆞᆷ은고기만히먹으면히를밧으나엇던사ᄅᆞᆷ은고기밧긔ᄂᆞᆫ쇼화잘ᄒᆞ지못ᄒᆞᄂᆞ니라

만일하ᄂᆞ님ᄭᅴ셔셔이러케여러가지힝습이업게ᄒᆞ셧스면이셰계우희ᄒᆞᆯ일다ᄒᆞ지못ᄒᆞ게되엿슬지니라

34 셩ᄒᆞᆫ구미(口味)가그먹ᄂᆞᆫ것과마시ᄂᆞᆫᄃᆡ올흔법을쎠ᄃᆞᆺᄂᆞᆫ거시되엿거니와이구미ᄂᆞᆫ본ᄃᆡ의맛당ᄒᆞᆫ뜻슬가지고쟈뎡ᄒᆞᄂᆞᆫᄃᆡ로다스릴터이니사ᄅᆞᆷ마다그몸에유익ᄒᆞᆫ거슬알고그ᄃᆡ로힝ᄒᆞᆯ거시니라

ᄌᆞ극(刺戟)과취(醉)ᄒᆞᄂᆞᆫ거시라

뎨이편

1 ᄌᆞ극은그온몸과ᄆᆞᄋᆞᆷ을격동식히ᄂᆞᆫ거시오취ᄒᆞᄂᆞᆫ거ᄉᆞᆫ몸을져리고둔ᄒᆞ게ᄒᆞᄂᆞᆫ거신ᄃᆡ엇던물건은이두가지셩질이다잇ᄂᆞ니가령술(酒)은조곰만먹으면ᄌᆞ극이되고만히먹으면취ᄒᆞ게ᄒᆞᄂᆞ니라

2 이ᄌᆞ극중에사ᄅᆞᆷ의게유익ᄒᆞᆫ거시더러잇ᄂᆞᆫᄃᆡ이거시사ᄅᆞᆷ의몸을양육ᄒᆞᄂᆞᆫ힘은업스나위와쇼화ᄒᆞᄂᆞᆫ긔계를격동식혀힘을더쓰게ᄒᆞᆷ이니가령호쵸(胡椒)와당쵸(唐椒)

와계ᄌᆞ가다그러ᄒᆞ야조곰먹으면관계치아니ᄒᆞ나너무만히먹으면위를샹케ᄒᆞ야여러가지병을내기쉬우니라

틔와갑피차라

3세계샹사름들이거반다틔차와갑피차를만히먹ᄂᆞᆫᄃᆡ이거슬먹은후에곳나ᄂᆞᆫ효험은싀원ᄒᆞ고ᄯᅩ혹쇼화ᄒᆞᆷ을돕고ᄇᆡ곱ᄒᆞᆫ줄을모르게ᄒᆞ야사름의고싱견ᄃᆡᄂᆞᆫ힘을도으나허다ᄒᆞᆫ사름이그ᄒᆡ를밧ᄂᆞ니혹은과히만히먹음으로ᄒᆡ를밧고혹은조곰만먹어도ᄒᆡ를밧ᄂᆞ니아츰에갑피차ᄒᆞᆫ잔식먹ᄂᆞᆫ사름이간혹ᄆᆡ일두통날수잇스며ᄯᅩ틔차도과히먹ᄂᆞᆫ사름이만ᄒᆞ니틔ᄎᆞ를ᄆᆞᆫ들ᄯᅢ에차가음은ᄭᅳ리지아니ᄒᆞ고더온물을차가음에두어먹으면덜ᄒᆡ로오나만히먹으면그셩픔이사오납게되고경츙증도나ᄂᆞ니라

4미셩ᄒᆞᆫ사름은틔차와갑피차를도모지아니먹ᄂᆞᆫ거시유익ᄒᆞ니대개션묘ᄒᆞ고강건ᄒᆞᆫ몸이ᄆᆞᆰ은공긔와맛당ᄒᆞᆫ운동과됴ᄒᆞᆫ음식밧긔먹지안ᄂᆞᆫ거시됴ᄒᆞᆫᄃᆡ쟝셩ᄒᆞᆫ사름보다이두가지차의ᄒᆡ가더옥심ᄒᆞ니라

담비(烟草)라

5담비ᄂᆞᆫ극히독ᄒᆞᆫ거시니만일담비에잇ᄂᆞᆫ기름ᄒᆞᆫ방울을개(犬)혀에바르면개가즉

시쥭을지니라이기름을흑약으로쓰기는ᄒᆞ나이러케독ᄒᆞ니조심ᄒᆞ야쓸거시니라

또그내암새와맛시쓰고역ᄒᆞ니처음먹을때에는역ᄒᆞ야구역이나나다만ᄒᆞᆼ샹먹으면그ᄌᆞ연ᄒᆞᆫ지시를이긔여ᄂᆞ죵에는묘화ᄒᆞᄂᆞ니라사ᄅᆞᆷ이ᄒᆞᆫ번그인이박혀힝습이된후에는먹는사ᄅᆞᆷ이싀원ᄒᆞ고평안ᄒᆞᆫ줄노아는ᄃᆡ병뎡과ᄇᆡ사ᄅᆞᆷ들과이밧긔도육신의여러가지괴로옴을밧는사ᄅᆞᆷ들이이거슬먹음으로견ᄃᆡᆯ힘과위로ᄒᆞᆷ을밧는줄노알고또션ᄇᆡ들도이거슬먹음으로그ᄆᆞᄋᆞᆷ에ᄉᆡᆼ각이더옥활발ᄒᆞ게되는줄노알고또한가히노는사ᄅᆞᆷ은그동모ᄉᆞ괴게ᄒᆞ는힘이나게ᄒᆞ는줄노아는ᄃᆡ엇던사ᄅᆞᆷ은먹으나심샹ᄒᆞᆫ것ᄀᆞᆺ고엇던사ᄅᆞᆷ은그희가곳현뎌ᄒᆞ니라

6 담ᄇᆡ가사ᄅᆞᆷ의구미를업게ᄒᆞ야엇던때는구챵과인후병을내고또위(胃)를약ᄒᆞ게ᄒᆞᄂᆞ니ᄒᆞᆼ샹이힝습을닥는ᄃᆡ로업스면못살것과ᄀᆞᆺ치넉여릐와위가담ᄇᆡ를달나는것과ᄀᆞᆺ흔ᄃᆡ처음에는조곰먹어도관계치아니ᄒᆞ나ᄂᆞ죵에는먹을때만평안ᄒᆞ고처음에는몸에신경을순ᄒᆞ게ᄒᆞ야셩픔을안위ᄒᆞ게ᄒᆞ나ᄂᆞ죵에는신경을과히격동식혀셩픔이사오납게되고또이리뎌리동ᄒᆞ게ᄒᆞᄂᆞ니라

7 담ᄇᆡ먹는거시념동을더옥희ᄒᆞ는거시잘나타나니의ᄉᆞ들이엇던사ᄅᆞᆷ의념동이ᄒᆞᆫ길ᄀᆞᆺ지안코약ᄒᆞ게동ᄒᆞ는거슬보면담ᄇᆡ구력이념동이라ᄒᆞᄂᆞ니라또션ᄇᆡ들도담ᄇᆡ를먹음으로그릐가더옥활동ᄒᆞ는줄아는사ᄅᆞᆷ이ᄂᆞ죵에는두동병과신경의힘이쇠진ᄒᆞᆷ을

밧아그리한젼예못ᄒᆞ게되기쉽고또쟝ᄉᆞ들도담비를의지ᄒᆞ야그본힘밧긔더옥쓰ᄂᆞᆫ사ᄅᆞᆷ에ᄂᆞᆫ종에ᄂᆞᆫ갑쟉이그힘을다일허ᄇᆞ리기쉬우니라

8 청츈에담비를먹ᄂᆞᆫ거시더옥ᄒᆡ로온ᄃᆡ ᄋᆞᄒᆡ들이이런힝습으로그ᄆᆞᄋᆞᆷ과몸을다미셩케ᄒᆞ고또그몸에잇ᄂᆞᆫᄌᆞ연ᄒᆞᆫ위ᄉᆡᆼ을ᄒᆡ롭게ᄒᆞ야여러가지병나ᄂᆞᆫ길을예비ᄒᆞ고방탕ᄒᆞ고쓸ᄃᆡ업ᄂᆞᆫ사ᄅᆞᆷ이되게ᄒᆞᄂᆞ니유익ᄒᆞᆷ은조곰도업ᄂᆞ니라

9 담ᄇᆡ먹ᄂᆞᆫ사ᄅᆞᆷ이ᄌᆞ미잇ᄂᆞᆫ줄아나그갑슨죵되게ᄒᆞᄂᆞᆫ것과담ᄇᆡ먹지안ᄂᆞᆫ사ᄅᆞᆷ압헤죄송을밧게ᄒᆞᄂᆞᆫ거시니세샹에놈보다압셔가고져ᄒᆞᄂᆞᆫ사ᄅᆞᆷ은반ᄃᆞ시먹지못ᄒᆞᆯ거시니라

아편(鴉片)이라

10 아편은아름다온양구비ᄭᅩᆺ의마른진익인ᄃᆡ이ᄭᅩᆺ슨동편에만히잇ᄂᆞ니대한에잇ᄂᆞᆫ거시거반청국셔온거시니라

11 아편에크게유익ᄒᆞᆫ힘ᄒᆞᆫ가지가잇스니이ᄂᆞᆫ병든사ᄅᆞᆷ을압흔줄을모로게ᄒᆞᄂᆞᆫ거신ᄃᆡ이거슬올케쓰면크게유익ᄒᆞᆯ지라도다만크게위ᄐᆡᄒᆞᆫ거시니만일만히먹으면곳죽을거시오또ᄌᆞ미잇ᄂᆞᆫ것만알냐고먹ᄂᆞᆫ거시말ᄒᆞᆯ수업ᄂᆞᆫ큰ᄒᆡ가되ᄂᆞ니라

이거슬조곰만먹으면조ᄅᆞᆷ이오고또혹토ᄒᆞᆯᄆᆞᄋᆞᆷ도나셔슌ᄒᆞᆫᄌᆞ극이되고조곰더먹으

면츄ᄒᆞ야가만히누어숨만쉬고또만히먹으면감으러쳐셔호흡ᄒᆞᄂᆞᆫ거시ᄎᆞᄎᆞ더옥더디ᄒᆞ야혹ᄒᆞᆫ푼동안에두세번밧긔못ᄒᆞ며ᄆᆡᆨ도천천이놀아이러케될ᄢᅢ에아조죽기쉬우니ᄉᆞ망을면케ᄒᆞᄂᆞᆫ법은이먹은사ᄅᆞᆷ을아모도록자지못ᄒᆞ게ᄒᆞ야혹ᄯᆞ리기도ᄒᆞ고ᄭᅦ집기도ᄒᆞ며또곳게세워거러ᄃᆞᆫ니게도ᄒᆞ고그우희링슈도ᄲᅳ치ᄂᆞ니라

12 아편먹ᄂᆞᆫ힝습ᄒᆞᄂᆞᆫ사ᄅᆞᆷ이담ᄇᆡ먹ᄂᆞᆫ사ᄅᆞᆷ보다더옥심ᄒᆞᆫ종이되ᄂᆞ니먹다가혹아니먹을것ᄀᆞᆺᄒᆞ면그밧ᄂᆞᆫ고ᄉᆡᆼ을형언ᄒᆞᆯ수업ᄂᆞᆫᄃᆡ대개그몸이아편업시ᄂᆞᆫ죽을줄노알고또죽을ᄢᅢ가된줄노알아녀ᄂᆞᄢᅢ에ᄂᆞᆫᄆᆞᄋᆞᆷ이비록착ᄒᆞ고진실ᄒᆞᆫ사ᄅᆞᆷ이라도아편을엇고져ᄒᆞᆯᄢᅢ에ᄂᆞᆫ아모케거ᄌᆞᆺ말을ᄒᆞᄂᆞ니이거슬ᄉᆡᆼ각ᄒᆞ여보면아편먹ᄂᆞᆫ거시그몸만샹케ᄒᆞᆯᄲᅮᆫ아니라그령혼ᄭᆞ지ᄒᆡᄒᆞᄂᆞᆫ거시라

13 아편이또쇼화긔계통(消化器械統)을약ᄒᆞ게ᄒᆞ야쇼화익(消化液)을잘흐르지못ᄒᆞ게ᄒᆞ고또ᄂᆡ쟝에근육을동치못ᄒᆞ게ᄒᆞ여대변불통(大便不通)이되게ᄒᆞ고구미를샹케ᄒᆞ야가지먹ᄂᆞᆫ사ᄅᆞᆷ은토ᄒᆞ기도ᄒᆞ며먹다가못먹을ᄢᅢ에ᄂᆞᆫ두통이나고답답ᄒᆞ며신경들이풀어져약ᄒᆞ게되고ᄆᆞᄋᆞᆷ이둔ᄒᆞ야제ᄒᆞᆯ일을ᄒᆞᆯᄉᆡᆼ각이업셔져ᄉᆡᆼ명의직분을감당치못ᄒᆞ고이것먹ᄂᆞᆫ것밧긔ᄂᆞᆫ다른거슨원ᄒᆞᄂᆞᆫᄆᆞᄋᆞᆷ이업셔지ᄂᆞ니라

14 착ᄒᆞᆫ의ᄉᆞ가명ᄒᆞᆯᄢᅢ밧긔ᄂᆞᆫ아편을조곰도먹지안ᄂᆞᆫ거시유익ᄒᆞᆫᄃᆡ비록몸에고통을당ᄒᆞᄂᆞᆫ사ᄅᆞᆷ이라도이힝습은더옥아니ᄒᆞᆯ지니이힝습을닥아령혼을일ᄂᆞᆫ것보다압흠을

당ᄒᆞᄂᆞᆫ거시나ᄒᆞ리라

쥬졍(酒精)이라

15사탕이잇ᄂᆞᆫ물건에셔쥬졍이날수잇ᄉᆞ니무슴사탕잇ᄂᆞᆫ물건에누룩만ᄒᆞᆷᄭᅴ셕거더운곳에두어두면곳쥬독이발ᄒᆞᄂᆞ니라

16술이여러가지가잇ᄂᆞᆫᄃᆡ포도로ᄆᆞᆫ든술에ᄂᆞᆫ쥬졍이그술ᄇᆡᆨ분지오분브터이십오분ᄭᆞ지잇고고레(酒壚)로디운쇼쥬(燒酒)에ᄂᆞᆫ쥬독이ᄇᆡᆨ분지오십분즘되며능금(檎)즙으로ᄆᆞᆫ든술에ᄂᆞᆫ쥬졍이ᄇᆡᆨ분지삼분보터십분ᄭᆞ지잇ᄂᆞ니라

17외국술들은갑시만흔고로흔이갑젹은물건을만히셕ᄂᆞᆫᄃᆡ이셕ᄂᆞᆫ물건즁에사ᄅᆞᆷ의위ᄉᆡᆼ을크게ᄒᆡ롭게ᄒᆞᄂᆞᆫ거시만ᄒᆞ니라

18사ᄅᆞᆷ이술을먹을ᄯᆡ에그가족이붉어져온몸이덥게되ᄂᆞᆫ줄노아나실상은그몸에열긔를돕ᄂᆞᆫ거시아니오도로혀감ᄒᆞ게ᄒᆞᄂᆞ니이거슨여러박학ᄉᆞ들이셰셰히샹고ᄒᆞᆷ과ᄯᅩ북빙양에ᄃᆞᆫ니ᄂᆞᆫ사ᄅᆞᆷ의경력ᄒᆞ여봄으로증거가분명ᄒᆞ니라

19몸의긔력을시험ᄒᆞ야여러가지계교로힘내기ᄒᆞᄂᆞᆫ사ᄅᆞᆷ이술과담비를먹지안ᄂᆞᆫ거슨그후환은병과긔력을쇠잔케ᄒᆞ야일즉죽게ᄒᆞᄂᆞᆫ줄을앎이오ᄯᅩ의ᄉᆞ들과모든일을혜아려보고아ᄂᆞᆫ사ᄅᆞᆷ들이이런거슬증거ᄒᆞᄂᆞ니라

20 혹싱각ᄒᆞᆫ건ᄃᆡ독ᄒᆞᆫ술을먹ᄂᆞᆫ거ᄉᆞᆫᄒᆡ로오나그즁에슌ᄒᆞᆫ술은과히ᄒᆡ롭지아니ᄒᆞᆫ줄노알기쉬우나실상은그러치아니ᄒᆞ야슌ᄒᆞᆫ거시독ᄒᆞᆫ것보다더옥ᄒᆡ로온거시니대개독ᄒᆞᆫ술은먹지안ᄂᆞᆫ사ᄅᆞᆷ이라도이거ᄉᆞᆫ관계치아니ᄒᆞᆫ줄노알고먹ᄂᆞᆫ사ᄅᆞᆷ이만흐니만일쥬욕이ᄒᆞᆫ번니러나면슌ᄒᆞᆫ술이라도ᄒᆞᆫ번먹기시쟉ᄒᆞ야그쥬력이독ᄒᆞᆫ술먹은것만치니른후에야말지라그런고로술이독ᄒᆞ나아니ᄒᆞ나해됨은일반이니라

21 ᄒᆞᆫ가지심히셥셥ᄒᆞᆫ고원통ᄒᆞᆫ거ᄉᆞᆫ사ᄅᆞᆷ이죽어이셰샹에ᄯᅥ난후에라도그의힝ᄒᆞ던악ᄒᆞᆫ일은오ᄅᆡ잇슬수잇ᄂᆞᆫ거시니대개십계명가온ᄃᆡ아부지된사ᄅᆞᆷ의죄를그ᄌᆞ손의게삼ᄉᆞᄃᆡᄭᆞ지니르겟다ᄒᆞ산말ᄉᆞᆷ을싱각ᄒᆞ여보면술먹ᄂᆞᆫ사ᄅᆞᆷ이제몸에만그ᄒᆡ를밧을ᄲᅮᆫ아니라그ᄌᆞ손의게도술을먹을ᄆᆞ옴과병나기쉬온것과몸과ᄆᆞ옴과령ᄒᆞᆫᄭᆞ지악ᄒᆞᆫ거슬ᄭᅵ치ᄂᆞ니라

이젼영국에ᄒᆞᆫ유명ᄒᆞᆫ박학ᄉᆞ가ᄋᆞᄒᆡ들의특별히드ᄂᆞᆫ병을샹고ᄒᆞ야볼ᄯᅢ에열두ᄒᆡ동안에술아니먹ᄂᆞᆫ열두집안과술먹ᄂᆞᆫ열두집안을ᄌᆞ세히비교ᄒᆞ여보니그동안술먹ᄂᆞᆫ집안에ᄌᆞ식오십칠명을나흐되이즁가지날ᄯᅢ에죽은ᄋᆞᄒᆡ가이십오명이오ᄯᅩ두명은어림쟝이가되고다ᄉᆞᆺ명은난쟝이가되고다ᄉᆞᆺ명은간질병이들고ᄒᆞᆫ명은ᄯᅥᄂᆞᆫ병이들고두명은못나게되고두명은술구력이가되고그즁에열명밧긔ᄂᆞᆫ셩픔이온젼ᄒᆞ고몸과ᄆᆞ옴이활발ᄒᆞᆫ쟈가업셧고ᄯᅩ술아니먹ᄂᆞᆫ집안에셔ᄂᆞᆫᄌᆞ식오십일명을나핫ᄂᆞᆫᄃᆡ그즁에난지칠

일안에죽은쟈가륙명이오네명은곳치기쉬운병이들고두명은그부모의게셔쳔부족ᄒᆞᆷ이잇ᄂᆞᆫᄃᆡ이열두명밧긔ᄂᆞᆫ다온젼ᄒᆞ고몸과ᄆᆞ음이셩ᄒᆞ엿ᄂᆞ니라

습문

일편 1 음식은무어시뇨

2 무ᄉᆞᆷᄌᆡ료가잇셔야몸을곳칠수잇ᄂᆞ뇨

3 몸에잇는본질이몃가지나되ᄂᆞ뇨△무어시라고ᄒᆞᄂᆞ뇨△그즁뎨일만흔네가지질은무어시뇨

4 먹는물건에마다거반다잇는두질은무어시뇨

5 몸에잇는십오본질밧긔다른질이음식에잇는거시유익ᄒᆞ뇨

6 열다ᄉᆞᆺ본질은어ᄃᆡ셔나ᄂᆞ뇨△식물과동물의크게분간되는것ᄒᆞᆫ가지를말ᄒᆞ오

7 식물의큰직분은무어시뇨

8 사ᄅᆞᆷ이모든식물을다먹을수잇ᄂᆞ뇨△웨다못먹ᄂᆞ뇨

9 사ᄅᆞᆷ의니된모양을보고그먹는음식이엇더ᄒᆞᆫ가알수잇ᄂᆞ뇨

10 음식즁에요긴ᄒᆞᆫ본질이뎨일만히셕겨잇는거슨무어시뇨

11 사ᄅᆞᆷ이ᄒᆞᆫ이먹는거슨무엇잇는거시뇨

12 풀만ᄒᆞᆫ음식은무어시뇨△밀에ᄂᆞᆫ풀이몃분이나잇ᄂᆞ뇨△귀이리에ᄂᆞᆫ풀이몃분이나
잇ᄂᆞ뇨△립쌀에ᄂᆞᆫ풀이몃분이나잇ᄂᆞ뇨
13 곡식속에풀밧긔또무ᄉᆞᆷ질이잇ᄂᆞ뇨△여러곡식에잇ᄂᆞᆫ각유익ᄒᆞᆫ질이무어시뇨
14 텬하만민즁에뎨일만히먹ᄂᆞᆫᄎᆡ소ᄂᆞᆫ무어시뇨
15 콩과팟슨엇더케유익ᄒᆞ뇨
16 무우와ᄇᆡ추와다른ᄎᆡ소ᄂᆞᆫ엇더ᄒᆞ뇨
17 고기즁에어ᄂᆞ거시됴ᄒᆞ뇨△도야지고기가됴치못ᄒᆞᆫ셔ᄃᆞᆰ은무어시뇨△숑아지고기
ᄂᆞᆫ엇더ᄒᆞ뇨
18 물고기와륙디고기의분간은무어시뇨
19 모든연톄동물즁에어ᄂᆞ거시뎨일유익ᄒᆞ뇨
21 계란은엇더ᄒᆞ뇨
22 음식ᄌᆡ료즁에사탕은엇더ᄒᆞ뇨
24 음식을닉히ᄂᆞᆫᄃᆡ유익이멧가지뇨
25 ᄉᆡᆼ고기를먹ᄂᆞᆫ거시웨위ᄐᆡᄒᆞ뇨
26 풀만ᄒᆞᆫ음식을닉히ᄂᆞᆫᄃᆡ유익은무어시뇨
28 뎡물즁에사ᄅᆞᆷ이그ᄃᆡ로먹ᄂᆞᆫ거시무어시뇨△뎡물은먹은후에쇼와ᄒᆞ야변ᄒᆞᄂᆞ뇨

뎨륙쟝

29 온몸에물이멧분이나되ᄂᆞ뇨
30 사ᄅᆞᆷ의마시ᄂᆞᆫ물에무어시잇ᄂᆞ뇨
31 우물이더러온곳에셔샹거가얼마나되야됴흐뇨△샹거가이처럼멀지라도ᄯᅡ히엇더
ᄒᆞ면물이됴치못ᄒᆞ뇨
32 사ᄅᆞᆷ의몸이그먹고마시ᄂᆞᆫ힘습에능히뎍당ᄒᆞᆯ수잇ᄂᆞ뇨
33 모든사ᄅᆞᆷ들이ᄀᆞᆺ치먹고ᄀᆞᆺ치마시ᄂᆞᆫ거시됴흐뇨
34 먹고마시ᄂᆞᆫ맛당ᄒᆞᆫ일에올케지시ᄒᆞᄂᆞᆫ거슨무어시뇨
이편 I ᄌᆞ극은무어시뇨△취ᄒᆞᄂᆞᆫ것무어시뇨△ᄒᆞᆫ물건에이두가지셩질이잇슬수잇ᄂᆞ
뇨
2 ᄌᆞ극이엇더케쇼화ᄒᆞᄂᆞᆫ거슬도을수잇ᄂᆞ뇨
3 티차와갑피차를먹으면곳나ᄂᆞᆫ효험은무어시뇨△히로옴은무어시뇨
4 미셩ᄒᆞᆫ사ᄅᆞᆷ이차먹ᄂᆞᆫ거시유익ᄒᆞ뇨
5 담비를처음먹을때에해ᄂᆞᆫ무어시며그후환은엇더ᄒᆞ뇨
6 구미를엇더케해ᄒᆞᄂᆞ뇨△위를엇더케해ᄒᆞᄂᆞ뇨△신경을엇더케해ᄒᆞᄂᆞ뇨
7 념통을엇더케해ᄒᆞᄂᆞ뇨
8 ᄋᆞ희들이담비먹으면유익ᄒᆞ뇨

9 담ᄇᆡ먹ᄂᆞᆫᄃᆡ갑슨무어시뇨
10 아편은무어시뇨
11 조곰먹으면엇더ᄒᆞ며만히먹으면엇더ᄒᆞ겟ᄂᆞ뇨
12 아편을먹ᄂᆞᆫᄃᆡ량심을엇더케해ᄒᆞᄂᆞ뇨
13 쇼화긔계통을엇더케샹케ᄒᆞᄂᆞ뇨
14 엇더케ᄒᆞ면아편을올케쓸수잇ᄂᆞ뇨
15 쥬졍은어ᄃᆡ셔나ᄂᆞ뇨
16 포도로만든술에는쥬졍이몃분이나되ᄂᆞ뇨△쇼쥬에는몃분이나잇ᄂᆞ뇨△능금술에
는몃분이나잇ᄂᆞ뇨
17 외국술은엇더케사ᄅᆞᆷ을속이며그해는엇더ᄒᆞ뇨
18 술이몸에열긔를더ᄒᆞᄂᆞ뇨
19 힘을시험ᄒᆞ랴고몸을닥ᄂᆞᆫ사ᄅᆞᆷ이술과담ᄇᆡ를아니먹ᄂᆞᆫᄭᆞ닭은무어시뇨
20 독ᄒᆞᆫ술만해롭고슌ᄒᆞᆫ술은관계치아니ᄒᆞ뇨△술먹ᄂᆞᆫ사ᄅᆞᆷ이그ᄌᆞ식의게ᄭᅵ치ᄂᆞᆫ후환
이엇더ᄒᆞ뇨

뎨칠쟝은 쇼화ᄒᆞᄂᆞᆫ것과새라드리ᄂᆞᆫ것과 비셜(排泄)과림프계통이라

션싱이계란흰ᄌᆞ우와기름을홈씌석거파유(菓乳)를ᄆᆞᆫ들수잇ᄂᆞ니이거슬물에기름석근것과비교ᄒᆞ면분간이현뎌ᄒᆞ니라

뎨일편

1 대뎌음식은몸의힘여지ᄂᆞᆫ거슬곳치고싱명을보젼케ᄒᆞᄂᆞᆫ거시니혹이무르듸음식이엇더케이곳치ᄒᆞᄂᆞ뇨ᄒᆞ면듸답ᄒᆞ기쉬온거슨먹으야그러케되ᄂᆞ니대개먹ᄂᆞᆫ다ᄂᆞᆫᄯᅳᆺ슨음식을취ᄒᆞ야입에넛코집씹고삼키ᄂᆞᆫ거신듸만일누구던지다시뭇기를음식을먹은후에엇더케되며ᄯᅩ엇더케우리ᄲᅧ와살과릐에드러가셔온몸을살게ᄒᆞ며자라게도ᄒᆞᄂᆞ뇨ᄒᆞ면공부ᄒᆞ야궁구ᄒᆞᆫ것업시ᄂᆞᆫ곳듸답ᄒᆞ기어려오며ᄯᅩ셩ᄒᆞᆫ사름이음식을싱킨후에ᄂᆞᆫ편치못ᄒᆞᆫ거시업스니엇더케된ᄭᆞᄃᆞᆰ인지아지못ᄒᆞᄂᆞ니라

2 그러나이일을경험ᄒᆞ야보니음식이싱킨후에ᄂᆞᆫ홍통에드러가ᄂᆞᆫ듸이통은입수에셔시쟉ᄒᆞ야홍문(紅門)ᄭᆞ지니르럿ᄂᆞ니이거슬양육관이라ᄒᆞᄂᆞ니라

3 쟝셩ᄒᆞᆫ사름의양육ᄒᆞᄂᆞᆫ관은쟝은이십칠쳑즘되ᄂᆞᆫ듸이거슬두자되ᄂᆞᆫ몸ᄯᅮᆼ이속에

녓키위ᄒᆞ야그즁에얼마는살여두엇ᄂᆞ니이거슬ᄂᆡ쟝(內臟)이라ᄒᆞᄂᆞ니라

4이관에넓이는거반다ᄒᆞᆫ치반즘되나그즁에두곳이넓어진거시마치시ᄂᆡ가즁치에넓어져셔못ᄉ(池)됨과ᄀᆞᆺᄒᆞ니그즁ᄒᆞᆫ나ᄒᆞᆫ위(胃)라ᄒᆞ고ᄒᆞᆫ나ᄒᆞᆫ대쟝(大腸)이라ᄒᆞᄂᆞ니라

삼십륙도

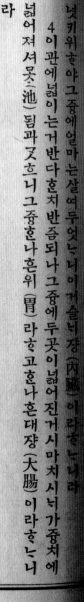

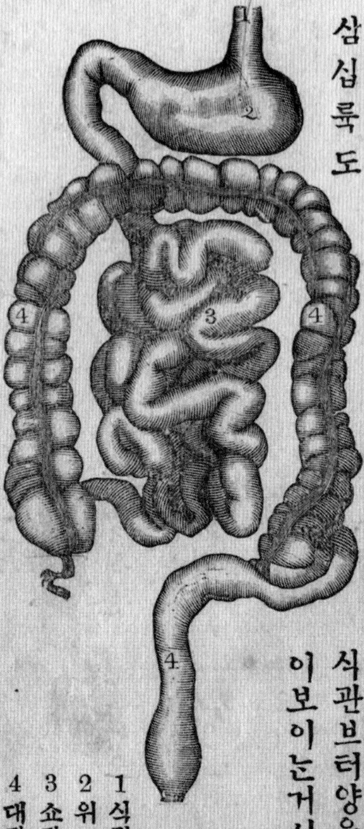

식관브터양육관이보이는거시요

1 식관
2 위
3 쇼쟝
4 대쟝

5이관벽의ᄒᆞᆫ겹은불슈의근(不隨意筋)으로되여셤유(纖維)들이더러는길이로가고더러는가로가셔이관을둘너ᄊᆞᆺᄂᆞ니라

6이관의안겹은뎜익막(粘液膜)으로되엿ᄂᆞ니이막은사ᄅᆞᆷ의ᄲᆞᆷ안편에셔ᄇᆞᆯ터인ᄃᆡ모양은가죡과비ᄉᆞᆺᄒᆞ나분간되ᄂᆞᆫ거ᄉᆞᆫ가죡보다부드럽고츅츅ᄒᆞ며빗치븕은거시니라이막이양육관안편과몸속에잇ᄂᆞᆫ다른뷘ᄃᆡ를덥ᄂᆞᆫ거시마치가죡이몸외면을돌나덥ᄒᆞᆫ것과ᄀᆞᆺᄒᆞ니라

7이양육ᄒᆞᄂᆞᆫ관을ᄂᆞᆫ화각각일홈지은거시잇스니첫재ᄂᆞᆫ입(口)이오둘재ᄂᆞᆫ목(喉)이오셋재ᄂᆞᆫ식관(食管)이오넷재ᄂᆞᆫ위(胃)인ᄃᆡ이위ᄂᆞᆫ갈비ᄃᆡ아ᄅᆡ잇고다ᄉᆞᆺ재ᄂᆞᆫ쇼쟝(小腸)이니길이가이십자즘되ᄂᆞᆫᄃᆡ비(腹)아ᄅᆡ잇고여ᄉᆞᆺ재ᄂᆞᆫ대쟝(大腸)이니길이ᄂᆞᆫ다ᄉᆞᆺ자즘되ᄂᆞᆫᄃᆡ양육통을맛초ᄂᆞᆫᄯᅳᆺ시라

양육관을ᄂᆞᆫ혼거시라

1입(口)이오 2목(喉)이오 3식관(食管)이오 4위(胃)오 5쇼쟝(小腸)이오 6대쟝(大腸)이니라

8양육관을각각ᄂᆞᆫ혼것마다뎌희특별ᄒᆞᆫ셩질도잇고직분도다다르나그ᄒᆞᄂᆞᆫ일을다합ᄒᆞ야말ᄒᆞ면쇼화ᄒᆞᄂᆞᆫ거시니라

9쇼화라ᄒᆞᄂᆞᆫ거슨음식이그양육관에드러가ᄂᆞᆫᄃᆡ로변화가되여피에드러가게되기ᄭᆞ지ᄒᆞᄂᆞᆫ거시니라

10이러케변화ᄒᆞ여야쓸거시분명ᄒᆞ니대개그음식을먹은ᄃᆡ로피에곳드러가지못ᄒᆞᄂᆞᆫᄃᆡ이관에셔혈관으로통ᄒᆞᆫ구멍도업스매먹은음식이그벽으로서ᄂᆞᆫ것밧긔ᄂᆞᆫ다른곳으로나아갈수업ᄂᆞᆫ고로음식이쇼화ᄒᆞ여녹아진익이되여야ᄒᆞᆯ지니라

11사탕과소곰은물에두어녹일수잇스나오직고기나닉은계란이나리ᄡᆞᆯ이나여러가지음식은물에녹지안ᄂᆞᆫᄃᆡ이런모든거시양육관에드러가셔그물에녹기ᄭᆞ지변화되

게ᄒᆞᄂᆞ니라

12 그런고로이관벽에셔와밧긔셔바로이관과통ᄒᆞᆫ션(線)긔계에셔즙이나ᄂᆞ니이즙은쇼화익(消化液)이라음식과셕겨셔이쓸ᄃᆡ잇ᄂᆞᆫ여러가지변화가되게ᄒᆞᄂᆞᆫᄃᆡ이익들이각각양육관에잇ᄂᆞᆫ다른곳에셔나셔셔로ᄀᆞᆺ지아니ᄒᆞ야ᄒᆞᆫ즙은이음식을쇼화ᄒᆞ고ᄒᆞᆫ즙은더음식을쇼화ᄒᆞ게ᄒᆞᄂᆞ니라

13 사ᄅᆞᆷ이먹ᄂᆞᆫ여러가지기름은특별히쇼화ᄒᆞᄂᆞᆫ법이잇ᄂᆞᆫᄃᆡ이ᄂᆞᆫ물에ᄂᆞᆫ녹지안ᄂᆞᆫ고로즙즁에췌익(膵液)이잇셔기름과잘셕김으로능히그양육관벽에셔실힘을엇ᄂᆞ니라

14 이췌익밧긔도기름과셕길거시두어가지잇스니이거시기름과셕긴거슬과유(菓乳)라ᄒᆞᄂᆞᆫᄃᆡ사ᄅᆞᆷ이기름을먹으면기름의셩질이곳변치안코이췌익이나ᄂᆞᆫ곳ᄶᅥ지ᄂᆞ려가셔그때에이익과ᄒᆞᆷᄭᅴ셕겨유미(乳糜)란거시되여모양은졋과비슷ᄒᆞ니이거시양육관에셔시여나아가면이즙을밧아다른곳으로가져가ᄂᆞᆫ머리털ᄀᆞᆺ치가ᄂᆞᆫ관들이잇ᄂᆞᆫᄃᆡ이관은유미관(乳糜管)이라ᄒᆞᄂᆞ니라

15 쇼화ᄒᆞᄂᆞᆫ거시양육관담벽에셔나ᄂᆞᆫ진익만샹관될ᄲᅮᆫ더러그벽에잇ᄂᆞᆫ근육들도크게샹관이되ᄂᆞᆫᄃᆡ이근육의ᄒᆞᄂᆞᆫ일이두가지니이ᄂᆞᆫ음식을눌너ᄂᆞ려가게ᄒᆞᄂᆞᆫ것과ᄯᅩ반쥭ᄒᆞ야진익이ᄒᆞᆷᄭᅴ셕기게ᄒᆞᄂᆞᆫ거시라사ᄅᆞᆷ이무어슬삼킬때에그입과목에잇ᄂᆞᆫ근육이아무러지ᄂᆞᆫ줄은다아ᄂᆞ니이근육은다슈의근인고로더희ᄒᆞᄂᆞᆫ거슬다ᄭᅵᄃᆞᆺ라알수잇스

나목을지나ᄂᆞ려가ᄂᆞᆫᄃᆡ로거긔잇ᄂᆞᆫ근육들도오히려음식뒤에암으려져ᄂᆞ려가게ᄒᆞ기
를마치사ᄅᆞᆷ이젼ᄃᆡ에돈을녓코손으로젼ᄃᆡ를흘터셔돈이ᄂᆞ려가ᄂᆞᆫ것ᄀᆞᆺ치ᄒᆞ되이거슨
다불슈의근인고로본톄가아지못ᄒᆞ며ᄯᅩ음식이위(胃)에드러가셔잇슬동안은위의근
육들이조곰도쉬지안코ᄒᆞᆼ샹반죡ᄒᆞ고ᄯᅩ대쇼쟝에드러가셔잇슬동안도ᄒᆞᆼ샹이ᄀᆞᆺ치되
ᄂᆞ니라

만일이즙들이부족ᄒᆞ거나힘이업스면쇼화잘되지안코ᄯᅩ양육관에잇ᄂᆞᆫ벽도약ᄒᆞ거
나더ᄃᆡᄒᆞ면쇼화가잘안되ᄂᆞ니이런병을쳬증이라ᄒᆞᄂᆞ니라
16 음식을변화ᄒᆞ야쇼화ᄒᆞᄂᆞᆫ거슬일언이폐지ᄒᆞ면여러가지기름은과유(菓乳)가되
고모든다른음식은변화ᄒᆞ야양육관에잇ᄂᆞᆫ즙에녹기쉽게되ᄂᆞ니라

치아(齒牙)라

17 모든쇼화긔계를셰셰히궁구ᄒᆞ여보건ᄃᆡ입슐(脣)은양육관의밧문이되고ᄯᅩ니(齒)
ᄂᆞᆫ그안문이되엿ᄂᆞᆫᄃᆡ여ᄉᆞᆺ설즘난ᄋᆞᄒᆡ가그니가빠지지아니ᄒᆞ엿스면아릐웃턱아리에
니열ᄀᆡ식잇셔도합이십ᄀᆡ가되며그ᄣᅢ에샹하두악골(顎骨)을깁히볼수잇ᄉᆞ면그잇ᄂᆞᆫ
니이십ᄀᆡ밋헤도ᄯᅩ니이십팔ᄀᆡ를볼수잇스니이거시둘재번날미셩ᄒᆞᆫ니라이런고로이
ᄣᅢ에그ᄋᆞᄒᆡ니가실샹은ᄉᆞ십팔ᄀᆡ가잇ᄂᆞᆫᄃᆡ이후브터ᄂᆞᆫ니가이ᄀᆞᆺ치만ᄒᆞᆫᄣᅢ가업ᄂᆞ니라
18 처음나아오ᄂᆞᆫ문치(門齒)라ᄒᆞᄂᆞᆫ니여ᄃᆞᆲᄀᆡ가나셔네ᄀᆡᄂᆞᆫ우희잇고네ᄀᆡᄂᆞᆫ아ᄅᆡ잇

ᄂᆞ니라
ᄯᅩ견치(犬齒)는네ᄀᆡ니문치바로뒤에나셔샹하좌우편에ᄒᆞᆫᄀᆡ식잇ᄂᆞ니라
구치(臼齒)는여ᄃᆞᆲᄀᆡ니좌우편턱아리ᄶᅡᆷ에잇ᄂᆞ니라
문치는모양이ᄭᅳᆯ(논쥬)(斨)과ᄀᆞᆺ치되여집씹는일은아니ᄒᆞ고음식을버히는ᄃᆡ뎍당ᄒᆞᆫ거시니라
견치는ᄀᆡ의송곳(錐)니와비슷ᄒᆞ야무엇슬ᄯᅮ루고잡는ᄃᆡ뎍당ᄒᆞ니라
구치는넓고둔ᄒᆞ야음식을갈기에뎍당ᄒᆞᆫ거시니라

19 두번재나는니도문치(門齒)는여ᄃᆞᆲᄀᆡ가나셔네ᄀᆡ식샹하에잇ᄉᆞ며
견치(犬齒)도네ᄀᆡ가나셔샹하문치뒤에ᄒᆞᆫᄀᆡ식잇스며
ᄯᅩ견치뒤에두ᄉᆡᆼ죡ᄒᆞᆫ부리잇는니여ᄃᆞᆲᄀᆡ가잇셔샹하견치뒤에두ᄀᆡ식잇ᄉᆞ니이두치(二頭齒)라고ᄒᆞ고
이두치뒤에는구치(臼齒)열두ᄀᆡ가샹하좌우에잇ᄂᆞ니이는어금니오
첫재번나는니는여ᄉᆞᆺ셜즘브터열다ᄉᆞᆺ셜즘ᄭᆞ지ᄒᆞᆫᄀᆡ식니어ᄲᅡ지는ᄃᆡ둘재번니가그ᄲᅡ지는ᄃᆡ로각금곳나며왼ᄆᆞ즈막에나는지치(智齒)는열여ᄃᆞᆲ셜즘된후에나ᄂᆞ니이는아금니니라

20 호랑이(虎)ᄀᆞᆺ치고기만먹고사는즘ᄉᆡᆼ들은가는(磨)니는업고버히는니만잇스며

또턱아리도좌우로는동치못ᄒᆞ고오직가위ᄀᆞᆺ치샹하로만동ᄒᆞ며또츄쇼만먹고사는즘싱들은가는(磨)넓은니만만코버히는니가혹잇스나과히만치아니ᄒᆞ며그턱아리도샹하좌우로다동ᄒᆞ는ᄃᆡ사ᄅᆞᆷ은이두가지니가다잇는거슬보니츄소와고기를다먹고살증거니라

21 니의된저료는ᄲᅧ와ᄀᆞᆺ고샹아질(象牙質)이라ᄒᆞ며또그부리ᄭᅳᆺ헤극히작은구멍ᄒᆞᆫ나흘볼지니이구멍은니길이로동ᄒᆞ는문이라이구멍으로니를먹이는세미ᄒᆞᆫ신경과혈관이잇고그ᄲᅮ리는악골구멍에든든히박혀붓고또니틀밧긔나아온거슨니몸인ᄃᆡ이니몸을덥흔흰거슨온몸중에뎨일굿은거시니이는법랑질(琺瑯質)이라ᄒᆞᄂᆞ니라

22 니의ᄒᆞᆯ일은음식을알맛추ᄢᅦ여먹고세세히부스러칠거시니이는쇼화ᄒᆞ는일중에첫재ᄒᆞᆯ일이라음식을잘집씹어갈면위(胃)에잇는즙이잘석겨변화ᄒᆞ기가쉬운ᄃᆡ만일니가ᄲᅡ지거나음식을집씹지안코그ᄃᆡ로삼키면덩어리로위에드러

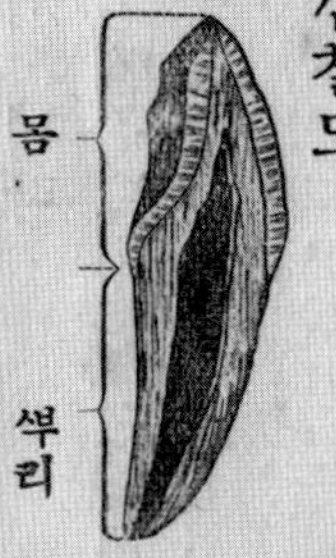

삼십칠도

가셔쇼화즙이잘못석길거시오또이즙이드러가지못ᄒᆞᆫ음식은쉬여셔ᄂᆞ림도나고위를븁게ᄒᆞ야압흐니라

23 니는ᄒᆞᆫ번나온후에는ᄌᆞ라지안코그ᄃᆡ로잇스며또ᄲᅥ여지면절노곳칠수업는ᄃᆡ니

삼십팔도

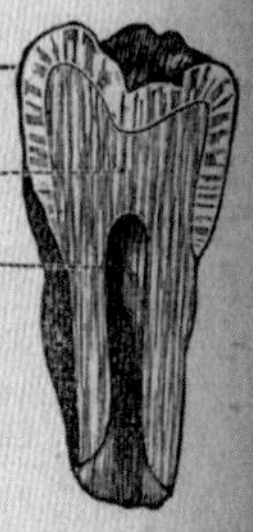

구치를길이로베여보이는거시오

샹ᄒᆞ는서둙을말ᄒᆞ면 첫재는심히더온거시나지극히찬거슬맛나면샹ᄒᆞ고 둘재는독ᄒᆞᆫ약을먹으면샹ᄒᆞ고 셋재는음식이그쯤에씨여썩게ᄒᆞ는거시니날마다양치를잘ᄒᆞ고니가싹게되면곳치의(齒醫)를청ᄒᆞ야곳칠거시니대개온젼ᄒᆞᆫ위싱과아름다온모양이니가셩ᄒᆞᆫᄃᆡ관계가잇ᄂᆞ니라

타익션(唾液腺)이라

24사름이셩ᄒᆞᆯ때에는그입이ᄒᆞᆼ샹츅츅ᄒᆞᆫᄃᆡ맛잇는음식을맛하볼때나혹싱각이라도ᄒᆞᆯ때에면입에물ㅅ흔거시곳흐르ᄂᆞ니이거슬침이라ᄒᆞ고또침나는통을타익션이라ᄒᆞ는ᄃᆡ

25이타익션은세겨리가잇스니둘은이하션(耳下腺)이오둘은악하션(顎下腺)이오둘은셜하션(舌下腺)이니라

이하션(耳下腺)은뎨일큰거시니두바로귀아릭잇고악하션(顎下腺)은다음큰ᄃᆡ이

는하악골(下顎骨)에셔입아릐바닥에잇고
셜하션(舌下腺)은악하션압헤입바닥에잇ᄂᆞ니라
26 현미경으로이타익션(唾液腺)을검ᄉᆞᄒᆞ면그모양이여러가지대쇼통줄이잇고그 ᄭᅳᆺ마다조고마ᄒᆞᆫ구슬ᄀᆞᆺᄒᆞᆫ거시만하맛치포도송아리여러시ᄲᅵᆨᄲᅵᆨᄒᆞ게된것과ᄀᆞᆺᄒᆞ며ᄯᅩ가는혈관들이이폭이에드러가셔이통들을에워ᄊᆞᆺᄂᆞᆫᄃᆡ물과다른류질이피를ᄲᅧ나그혈관담벽으로브터이구슬ᄭᆞ지셔여드러가셔침이되ᄂᆞ니라이거시구슬과통에가득히차ᄂᆞᆫᄃᆡ로ᄯᅩ그보다큰통으로흐르고ᄯᅩ차ᄂᆞᆫᄃᆡ로더큰통으로흘너셔션관(腺管)이라ᄒᆞᄂᆞᆫ큰통에모혀잇ᄂᆞ니이하션의통은좌우ᄲᅣᆷ아릐잇고악하션과셜하션의통은혀아릐잇ᄂᆞ니라

삼십구도

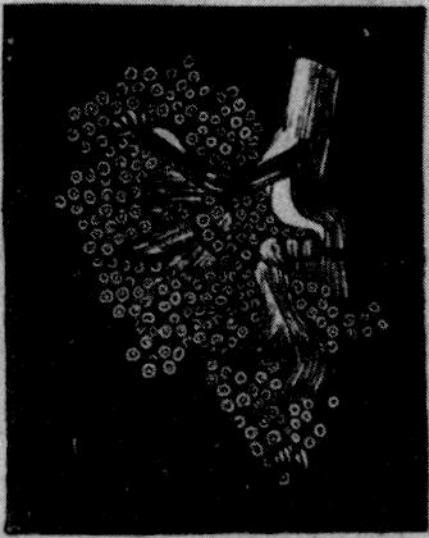

이하션이현미경으로크게보이ᄂᆞᆫ거시라

27 이타익션들이거긔츌입ᄒᆞᄂᆞᆫ피에셔침을ᄆᆞᆫ드ᄂᆞᆫᄃᆡ침의ᄒᆞᆯ일은입에잇ᄂᆞᆫ음식을츅츅ᄒᆞ게츅여부드럽게ᄒᆞ야목구멍에ᄂᆞ려가기쉬이리만치밋그럽게ᄒᆞ고대강녹히ᄂᆞ니만일입에조곰도츅츅ᄒᆞᆫ거시업시마르면집씹ᄂᆞᆫ것과삼키ᄂᆞᆫ일을능히ᄒᆞ지못ᄒᆞᆯ지니라

위(胃)라

28위(胃)는양육길중간에ᄒᆞᆫ자즘길게느러진주머니라몸안갈비아ᄅᆡ좌편으로조곰치웃쳐잇는ᄃᆡ주릴때에는느러진젼ᄃᆡ와ᄀᆞᆺ치맛붓고비부를때에는갈비아ᄅᆡ셔지느러지ᄂᆞ니이거시념통아ᄅᆡ곳잇는고로엇던때에는념통을써밧칠수도잇ᄂᆞ니라

29이주머니가안겹은다른양육길과ᄀᆞᆺ치뎜ᄋᆡᆨ막(粘液膜)으로되엿는ᄃᆡ현미경으로이막을검ᄉᆞᄒᆞ야보면지극히작은구멍이심히쎅쎅ᄒᆞ게되엿ᄂᆞ니박ᄉᆞ들이이구멍의수가오ᄇᆡᆨ만즘된다ᄒᆞᄂᆞ니라대개이구멍은뎜ᄋᆡᆨ막에드러가는우물의입인ᄃᆡ이우물즁에더러는쟝갑(掌匣)의가락과ᄀᆞᆺ고더러는이가락에셔ᄯᅩ삭기친가락과ᄀᆞᆺᄒᆞ니이거시위ᄋᆡᆨ(胃液)을내는위션(胃腺)이라만일음식이위에드러갈때면위ᄋᆡᆨ이이우물에셔솟사그우물입에가득히차고점점넘어셔그위에드러간음식을잘석그리만치나고ᄯᅩ이러케ᄒᆞ는ᄃᆡ로위(胃)의벽에잇는근육이음식을반죽ᄒᆞ기를입에잇는혀와니가ᄒᆞ는것과비ᄉᆞᆺᄒᆞ게ᄒᆞᄂᆞ니라

30위에나아가는문은우편에잇셔그열고닷는거슬유문(幽門)이라ᄒᆞ는ᄃᆡ이문은근육으로된환이라그구멍을둘너싸셔주러칠때마다닷치는거시니이문의ᄒᆞᆯ직분은위가ᄒᆞᆯ일을다ᄒᆞ기젼에는음식이나아가지못ᄒᆞ게ᄒᆞᆷ인ᄃᆡ엇던때에는음식이굿고쇼화ᄒᆞ지못ᄒᆞᆯ거시잇스면위가수고ᄒᆞ고답답ᄒᆞ야쇠진ᄒᆞ면그속의ㅣㅅ음식을ᄇᆞ릴ᄉᆡᆼ각이잇스나그러나유문이힘써막아그거슬토ᄒᆞ기셔지ᄂᆞ려가지못ᄒᆞ게ᄒᆞ며엇던때에는그먹은히

로온거시이유문의막는거슬이긔고늬쟝에드러가셔편치못ᄒᆞ게ᄒᆞᄂᆞ니라

31쇼쟝(小腸)첫㝵헤조고마ᄒᆞᆫ통이잇셔ᄒᆞᆫ구멍으로쇼쟝에드러가는ᄃᆡ이두통이뒤로조곰드러가면ᄒᆞᆫ나흔간(肝)ᄭᆞ지통ᄒᆞ고ᄒᆞᆫ나흔췌에ᄭᆞ지통ᄒᆞ엿ᄂᆞ니라

간(肝)이라

32이간은큰긔계인ᄃᆡ우편갈비ᄃᆡ아릐잇셔션(腺)이되여ᄒᆞ는일은

첫재는피에잇는엇던질은ᄲᆡ여냄으로피를ᄭᆡ긋ᄒᆞ게ᄒᆞ고

둘재는ᄊᆞᆯ이코진을문드는거시니이는우리먹은음식에셔나셔얼마후에간(肝)에거두어두ᄂᆞ니맛치감ᄌᆞ나무가ᄎᆞᄎᆞ크면셔쓰게ᄒᆞ라고풀을(糊)거두어둠과비슷ᄒᆞ니라

ᄉᆞ십도

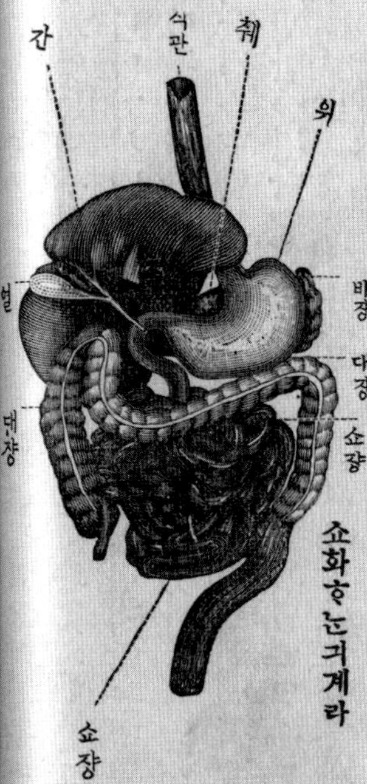

쇼화ᄒᆞ는긔계라

셋재는담즙(膽汁)을문드는거시라

33간(肝)ᄀᆞᆺ치큰긔계는불가불즁대ᄒᆞᆫ일을ᄒᆞᆯ거시니만일이담즙이못나게되면본톄의근육이속히말나죽을거시오또엇던때에는간에잇는통이막혀거긔셔흐르던열

이못ᄒᆞ르고혈관에드러가셔온몸에슌힝ᄒᆞ면가죡과눈빗치누르게되ᄂᆞ니이병을황달증(黃瘟症)이라ᄒᆞᄂᆞ니라

이담즙이ᄂᆡ장에잇는다른쇼화익(消化液)과석기고음식에도석겨셔여러가지모양으로쇼화ᄒᆞᄂᆞᆫ일을돕ᄂᆞ니라

34 췌(膵)라ᄒᆞᄂᆞᆫ거슨바로위(胃)뒤에잇셔등심뼈를가로졉ᄒᆞᄂᆞ니그크기는간의이십분지일이되여쏘싱긴거슨허다ᄒᆞᆫ쟈은동들이쎅쎅히모혀음식을쇼화ᄒᆞᆯ동안에췌익(膵液)을내ᄂᆞᆫ딕이쟈은동들이ᄎᆞᄎᆞ모혀ᄒᆞᆫ큰통이되고이큰통이췌의몸을길이로가셔ᄂᆞᆫ죵에는ᄂᆡ장에셔지통ᄒᆞ엿ᄂᆞ니라

35 이췌익(膵液)이음식에잇ᄂᆞᆫ기름과ᄒᆞᆷᄭᅴ셕겨과유(菓油)를문드ᄂᆞ니이과유가된후에는양육관벽으로셔기쉽고쏘췌익이다른음식도쇼화ᄒᆞ기쉽게ᄒᆞᄂᆞ니라

36 대쇼장(大小腸)안편에도위에잇는우물ᄀᆞᆺᄒᆞᆫ거시잇셔여긔셔쇼화ᄒᆞᄂᆞᆫ거슬돕ᄂᆞᆫ장익(腸液)을내ᄂᆞ니이거시위익과ᄀᆞᆺ치요긴치아니ᄒᆞ니라

쇼화긔계통된양육관(養育管)과밋그와련합ᄒᆞᆫ쇼화션(消化腺)을다시의론ᄒᆞᆷ이라

뎨칠쟝

양육관을논ᄒᆞᆫ것
- 입과밋거긔잇는니(齒)와혀(舌)라
- 목(喉摟座)과
- 식관(食管)과
- 위(胃)와
- 쇼쟝(小腸)과
- 대쟝(大腸)이라

쇼화션
- 양육관안헤잇는것
  - 위션(胃腺)이니위익을내는곳이오
  - 쟝션(腸腺)이니쟝익을내는곳이라
- 양육관밧긔잇는것
  - 타익션
    - 이하션(耳下腺)
    - 악하션(顎下腺)
    - 설하션(舌下腺)
    - (침내는션이라)
  - 간(肝)인디쓸니코진과열을내는곳이오
  - 췌니췌익을내는곳시라

ᄲᅢ라(吮)드리는거시라

뎨이편

1 비유컨디양육관은음식을예비ᄒᆞ는부억과ᄀᆞᆺ고피는ᄉᆞ환(使喚)과ᄀᆞᆺᄒᆞ야쌀니길방을지나싱명이잇는방에마다슈종ᄒᆞᄂᆞ니라

2 이양육관이긴디로그벽에머리털ᄀᆞᆺ치심히가는구믈노된혈관들이잇다가그음식

이다되여그얇은벽으로ᄉᆡ여나아가는ᄃᆡ로ᄲᅡ라먹ᄂᆞ니피가이쟉은혈관으로셔지안코ᄒᆞᆼ샹압셔가고ᄯᅩ재피가니어와셔임의밧을거슬밧아가지고나아간피ᄃᆡ신잇ᄂᆞ니라

3밥과고기흔슈갈이입술에드러갈ᄯᅢ브터혜아려보면처음에는입에잇는니들이벼히고갈며ᄯᅩ혀와ᄲᅣᆷ이닉숙히두며반쥭ᄒᆞ여침이져시고조곰식녹는ᄃᆡ다녁녁히부스러져부드럽게되면혀가입하ᄂᆞᆯᄭᆞ지ᄂᆞᆯ너목구멍으로너머가게ᄒᆞ고ᄯᅩ식관에가로감긴근육들이주러져그음식을위(胃)에니르게ᄒᆞ고ᄯᅩ거긔얼마잇셔엇던음식은즉시쇼화가되여위벽으로셔기를시쟉ᄒᆞ고엇던거슨쇼화는다되지아니ᄒᆞ나쇼화익에셔겨흘은쥭과ᄀᆞᆺ치되여유문(幽門)으로쇼쟝(小腸)ᄭᆞ지ᄂᆞ려가ᄂᆞ니이거슬유미쥭(乳糜粥)이라ᄒᆞᄂᆞ니라이ᄯᅢ에유미쥭에잇는기름이열과췌익을맛나이두가지와석겨셔유미라ᄒᆞᄂᆞᆫ과유(菓油)를일우고남은것도변화ᄒᆞ야쇼화ᄒᆞ지못ᄒᆞᄂᆞᆫ찍기들과ᄯᅩ로나ᄂᆞ니라

ᄉᆞ십일도

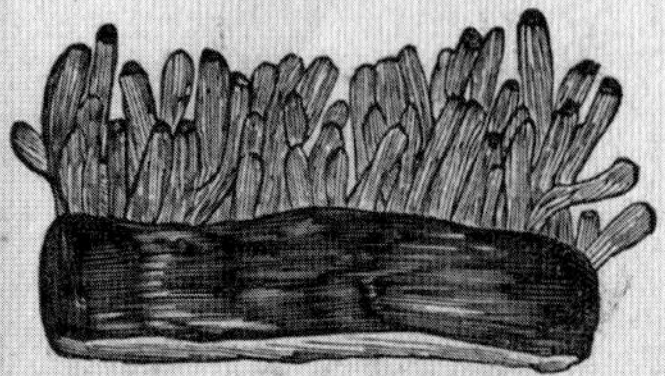

쇼쟝에잇는융모가현미경으로크게보이는거시라

4쇼쟝(小腸)의안겹이ᄲᅡ라드리기에더옥뎍당ᄒᆞᆫ거시잇셔양육관즁에뎨일잘ᄒᆞᄂᆞ니이안겹은우단과ᄀᆞᆺ치되여현미경으로보면실샹ᄀᆞᆺ흔ᄃᆡ거긔셔허다ᄒᆞᆫ실ᄭᅳᆺ과ᄀᆞᆺ치내여민융모라(絨毛)ᄒᆞᄂᆞᆫᄭᅳᆺ치잇ᄂᆞ니라

5이융모마다구믈ᄀᆞᆺ치가는혈관이잇고ᄯᅩ이밧긔

유미관(乳糜管)이란관이잇셔ᄒᆞᄂᆞᆫ일은기름을ᄲᅡ라드리ᄂᆞᆫᄃᆡ이거슨ᄎᆞᄎᆞ셜명ᄒᆞ리라

6ᄂᆡ장에근육으로된벽들이주러졋다가느러날ᄯᅢ에이수다ᄒᆞᆫ적은융모가음식덩이에드러가셔그즁쇼화ᄒᆞᄂᆞᆫ거슬ᄲᅡ라드리ᄂᆞᆫ거시맛치초목의가ᄂᆞᆫᄲᅮ리가흙속에잇ᄂᆞᆫ습긔를ᄲᅡ라먹ᄂᆞᆫ것과ᄀᆞᆺᄒᆞ니라

7유미(乳糜)와유미쥭(乳糜粥)이쇼쟝에ᄂᆞ려갈ᄯᅢ에거긔잇ᄂᆞᆫ쇼화ᄒᆞᆯ만ᄒᆞᆫ거시ᄒᆞᆼ샹적어져ᄂᆞᆫ종에ᄂᆞᆫ다ᄲᅡ라드리게되ᄂᆞᆫᄃᆡ대개유미관은유미를먹고ᄯᅩ혈관들은그남은거슬먹고ᄂᆞᆫ종에남ᄂᆞᆫ찌기ᄂᆞᆫ쇼화ᄒᆞ지못ᄒᆞ고쓸ᄃᆡ업ᄉᆞ매대변으로내여ᄇᆞ리ᄂᆞ니라

8음식이이처럼피가온ᄃᆡ드러가셔온몸에슌환ᄒᆞ게되고ᄯᅩ모세관으로셔여온몸을다양육ᄒᆞᄂᆞ니라

9물이나소곰과ᄀᆞᆺ치물에잘녹ᄂᆞᆫ뎡물(定物)들은다시쇼화ᄒᆞᆯ것업ᄉᆞ니양육관에셔어ᄃᆡ로던지다ᄲᅡ라드림이되ᄂᆞ니라

ᄉᆞ십이도

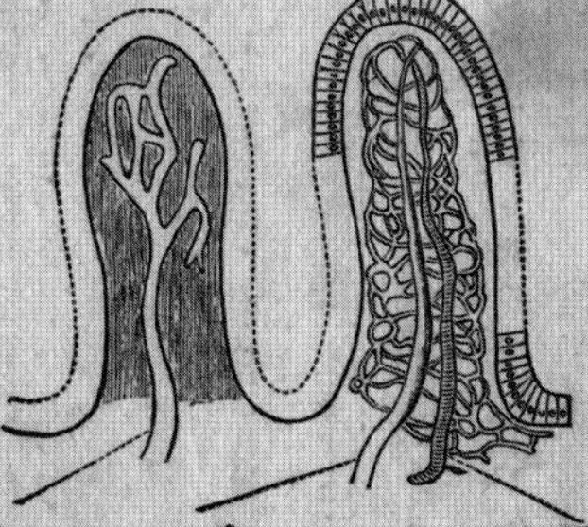

융모에잇ᄂᆞᆫ유미관과혈관들이현미경으로크게보이ᄂᆞᆫ거시오

림프계통이라

뎨삼편

1 림프계통은허다ᄒᆞᆫ통들과션(腺)들이련합ᄒᆞ야되엿ᄂᆞᆫᄃᆡ시쟉ᄒᆞᆯ때에는혈ᄀᆞᆺᄒᆞᆫ통이되여모셰관즁에잇셔모양도모셰관과ᄀᆞᆺᄒᆞᆫᄃᆡ이통이모혀이보다큰통이되고ᄯᅩ여러번이ᄀᆞᆺ치모혀셔ᄂᆞᆫ죵에는셕필만치큰통들이되엿ᄂᆞ니라이두통이념통갓가히대졍ᄆᆡᆨ과합ᄒᆞ엿ᄂᆞᆫᄃᆡᄒᆞ나ᄒᆞᆫ흉관(胷關)이라ᄒᆞ고ᄒᆞ나ᄒᆞᆫ우림프관이라ᄒᆞᄂᆞ니라

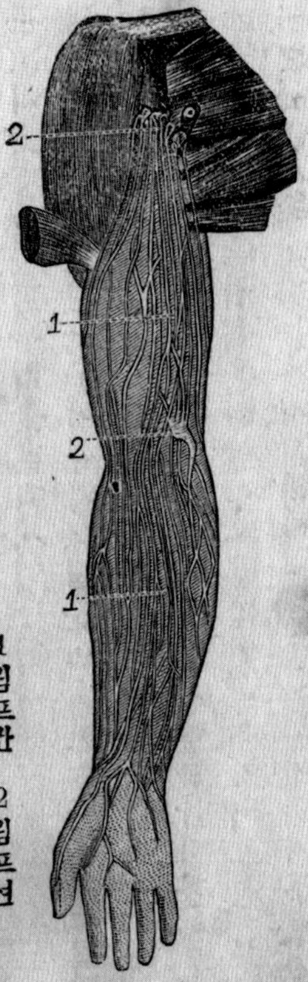

ᄉᆞ십삼도 림프긔계

1 림프관 2 림프션

2 오직림프계통이혈관들과ᄀᆞᆺ지아니ᄒᆞᆫ거ᄉᆞᆫ거긔잇ᄂᆞᆫ림프이라고ᄒᆞᄂᆞᆫ류질이그통에셔슌환치아니ᄒᆞᆷ이니대개피ᄂᆞᆫ그관에셔슌환ᄒᆞ야념통에셔ᄯᅥ낫다가다시념통으로

도라오나림프는온몸에셔모혀념통으로드러가ᄂᆞ니라이런고로림프관이모셰관과경ᄆᆡᆨ과는비슷ᄒᆞ나동ᄆᆡᆨ과비슷ᄒᆞᆫ거시업ᄂᆞ니라

림프모셰관으로된구믈이혈ᄋᆡᆨ모셰관으로된구믈과홈셰얽켜잇셔혈ᄋᆡᆨ모셰관이만ᄒᆞᆫᄃᆡ는림프모셰관도만코혈ᄋᆡᆨ모셰관이적은ᄃᆡ는림프모셰관도적은ᄃᆡ가족외면에는혈ᄋᆡᆨ모셰관이오그다음에는림프모셰관이니이두가지관들이ᄒᆞᆼ샹홈셰잇스니그ᄒᆞ는일도홈셰ᄒᆞᆯ줄노알기쉬온ᄃᆡ실샹그ᄒᆞ는일을혜아려보면춤홈셰ᄒᆞ나그러나ᄒᆞᆫ가지분간되는거슨대개혈관들은져희게잇는거슬온몸에내여주고또몸에잇는낡아진거슬거두어가되오직림프관은무어슬몸에내여주지는안코몸에잇는거슬가져가기만ᄒᆞ는거시라

또림프관은혈관보다ᄆᆡ우가늘고정미롭게된거시니라

3 가령농ᄉᆞᄒᆞ는사ᄅᆞᆷ이그밧치습ᄒᆞᆫ싸에잇셔물이나면그속으로슈도(水途)ᄅᆞᆯ노와물을나아가게ᄒᆞ야밧출조강ᄒᆞ게ᄒᆞ는ᄃᆡ이림프관들이몸속에슈도가되여혈관을도아셔몸속에잇는류질을쌜아가지고맛당ᄒᆞᆫ곳에가셔다시피의게내여주ᄂᆞ니라

ᄉᆞ십ᄉᆞ도
ᄂᆡ장에잇는
림프계통

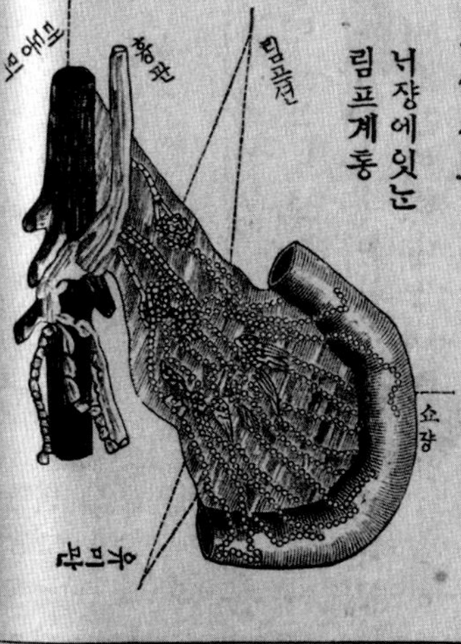

4유미관(乳糜管)은림프관중에쇼장(小腸)담벽에서시작[illegible]업슬때에는다른림프관과ᄀᆞᆺ치슈도노릇ᄒᆞ고ᄯᅩ쇼화ᄒᆞᆫ기름을시작ᄒᆞᆯ때에는거긔잇는좁이희고젓과ᄀᆞᆺ치되ᄂᆞ니이때에이유미관들이더희특별ᄒᆞᆫ일을ᄒᆞ야ᄂᆡ장에잇는기름을ᄲᅡ라드리는ᄃᆡ이거시모든융모에다잇ᄂᆞ니라

뎨ᄉᆞ편

1 쇼화ᄒᆞ는거시그본톄의ᄯᅳᆺ슬ᄯᅡ라ᄒᆞ지안ᄂᆞ니몸이셩ᄒᆞᆯ때에는쇼화긔계가스ᄉᆞ로제ᄒᆞᆯ일을ᄒᆞ야본톄가념려치아니ᄒᆞ나그러나그긔계가약ᄒᆞ게되거나혹본톄가불편ᄒᆞ게되면몸에ᄒᆞᆼ샹압ᄒᆞ고편치못ᄒᆞᆷ이싱겨구미도일코힘이쇠진ᄒᆞ며신경이샹ᄒᆞ야셩픔이조급ᄒᆞ고뢰도ᄒᆞ미ᄒᆞ여지ᄂᆞ니쇼화ᄒᆞ는거슬돕고ᄒᆡᄒᆞ는거시무어신지알어야ᄒᆞᆯ터이니라

쇼화ᄒᆞ는ᄃᆡᄒᆡ로온거시라

첫재는너무ᄲᆞᆯ니먹는거시니이러케ᄒᆞᆷ으로음식이집씹는일을밧아예비치안코삼킴으로해가되고

둘재는너무ᄋᆡ쓰는거시니대개갑작이놀내거나셩내거나슯흠이나는거시구미를ᄒᆡ

ᄒᆞ야쇼화ᄋᆡᆨ의흐르는거슬막ᄂᆞ니라

셋재는심히뢰곤ᄒᆞᆫ거시니가령마부(馬夫)가조심ᄒᆞ면그ᄆᆞᆯ의몸이뢰곤ᄒᆞ고더울때에는곳음식을먹이지아닐거시니이ᄀᆞᆺᄒᆞᆫ형편이잇슬때에는사ᄅᆞᆷ이나즘ᄉᆡᆼ이다음식을쇼화ᄒᆞ기어려오니라

넷재는ᄆᆞ음을쓰는거신ᄃᆡ대개음식을먹을때에칙을보거나심공ᄒᆞ는거시니이는먹을때에ᄆᆞ음을노코그먹는거슬ᄉᆡᆼ각ᄒᆞ여야여러가지쇼화ᄋᆡᆨ이넉넉히흐르ᄂᆞ니라

다ᄉᆞᆺ재는음식을너무만히먹는거신ᄃᆡ대개음식을쇼화ᄒᆞ는힘은한뎡이잇셔만일위가가득히ᄎᆡ오면능히동ᄒᆞ야그음식을잘반쥭ᄒᆞ지못ᄒᆞ고쇼화ᄋᆡᆨ들도그속에잘드러갈수업셔그즁쇼화ᄒᆞᆷ을더ᄃᆡ밧는거슨쏙히썩어져신물이나고또누루는긔운이나ᄂᆞ니라

여ᄉᆞᆺ재는밥먹을때에물을과히먹는거시니물만ᄒᆞᆫ음식은곳위에싸라드리게되나그러나물을너무과히먹으면그즁엇던거슨위에잇셔그위ᄋᆡᆨ을물게ᄒᆞ야힘이업게되ᄂᆞ니라

닐곱재는음식을먹을때에어름ᄀᆞᆺ치찬거슬먹으면혹쇼화ᄒᆞ는일을거리ᄭᅵ게ᄒᆞᆯ수잇ᄂᆞ니위에잇는열긔만치더운음식을먹으면위ᄋᆡᆨ이제ᄒᆞᆯ일을잘ᄒᆞᄂᆞ니라그러나사ᄅᆞᆷ의위가각각달나엇던사ᄅᆞᆷ은찬음식을먹어도관계치안ᄂᆞ니라

여ᄃᆞᆲ재는아모때나먹는거시니대개쇼화긔계가몸에잇는다른긔계와ᄀᆞᆺ치힝습을닥아음식을먹을때가되면음식은먹지아니ᄒᆞ나침과다른쇼화ᄋᆡᆨ들이흐르는ᄃᆡ이때를지

내면잘흐르지안ᄂᆞ니라

아홉재는운동을아니ᄒᆞᆷ인ᄃᆡ사ᄅᆞᆷ이가만히잇셔운동을잘ᄒᆞ지아니ᄒᆞ면쇼화의들이쳔쳔히흐르고양육관도먹은거슬위ᄒᆞ야잘주러지지못ᄒᆞᄂᆞ니라

열재는이아홉가지해되는거슬면ᄒᆞ는사ᄅᆞᆷ이긔역ᄒᆞᆯ것ᄒᆞᆫ나히잇ᄉᆞ니이는엇던사ᄅᆞᆷ은희로옴이업시무ᄉᆞᆷ힝습을닥을수잇고엇던사ᄅᆞᆷ은희로옴이업시는능히못ᄒᆞ는ᄃᆡ뎐ᄃᆡ만물의ᄒᆞ는힝습이각각다르니사ᄅᆞᆷ마다이싱리학리치를알고저희경력ᄒᆞ여본ᄃᆡ로ᄯᅡ라힝ᄒᆞᆯ거시니라

몸의쓰다가낡은거슬내여ᄇᆞ리는긔계라

뎨오편

1 몸의쓰다가낡은거슬내여ᄇᆞ리는일은ᄇᆡ셜(排泄)이라ᄒᆞ는ᄃᆡ허파(肺)와가족(皮)과ᄂᆡ쟝(內臟)과두태(腎)가다이일을ᄒᆞ는고로ᄇᆡ셜긔계라ᄒᆞᄂᆞ니라두태(腎)는다른ᄇᆡ셜긔계와ᄀᆞᆺ지아니ᄒᆞᆫ거슨내여ᄇᆞ리는일만ᄒᆞ야힘써피에잇는ᄇᆞ릴거슬는호는거시니이ᄇᆞ릴거슬그ᄃᆡ로몸에두어두면오ᄅᆡ지못ᄒᆞ야경풍으로ᄉᆞ망에니르리라

2 두태(腎)는둘이잇셔ᄇᆡ뒤편허리쳑쥬(脊柱)좌우편에붓혓ᄂᆞ니길이는ᄒᆞᆫᄉᆞ치즘

ᄉᆞ십오도

오좀통과두태가뒤로보이는거시라

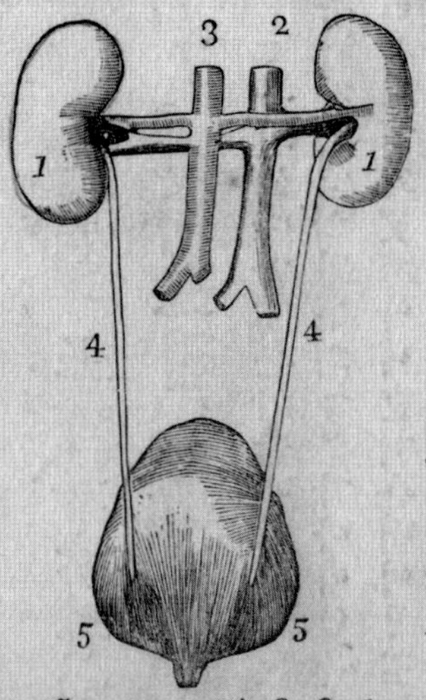

1 두태
2 대동ᄆᆡᆨ
3 하대정ᄆᆡᆨ
4 두태셔브러오좀통ᄭᅥ지오좀흐르는수뇨관이라
5 오좀통

되는ᄃᆡ두태마다대동ᄆᆡᆨ과련ᄒᆞᆫ가지가ᄒᆞᆫ나식잇고ᄯᅩ여긔셔하정ᄆᆡᆨᄭᅡ지동ᄒᆞᆫ가지가잇스며ᄯᅩ두태마다오좀동과동ᄒᆞᆫ관(管)ᄒᆞᆫ나식잇ᄂᆞ니오좀동은비아리압흐로잇ᄂᆞ니라

3 두태는션이되여동ᄆᆡᆨ의피가두태에드러간후에는그믈과ᄀᆞᆺ치는호여허다ᄒᆞᆫ모셰관에드러가고거긔피에잇는쓸ᄃᆡ업는물은ᄉᆡ여셔가는모셰관그믈노에워싼적은동에드러가는ᄃᆡ이적은동의담벽이모셰관에피의낡아진거슬ᄲᆞᆯ아먹어그믈이모히는ᄃᆡ로흘너나종에오좀통에ᄭᅡ지ᄂᆞ려가셔오좀통에셔ᄣᅢᄣᅢ로내여브리ᄂᆞ니라

주졍이쇼화긔계와비셜긔계를해ᄒᆞ는거시라

뎨륙편

1 쥬졍이뎜익막(粘液膜)을해ᄒᆞᄂᆞ니물과셕거ᄆᆞ든술은독이적어입과위에과히해롭지아니ᄒᆞ나만일쥬졍을그ᄃᆡ로먹으면입에도견ᄃᆡ지못ᄒᆞ고ᄯᅩ삼키면위를불노ᄐᆡ우는것ᄀᆞᆺᄒᆞᄂᆞ니라

2 이러ᄒᆞᆫ독이위를망케ᄒᆞᄂᆞ니이젼에ᄒᆞᆫ사ᄅᆞᆷ은몸이샹ᄒᆞ야그구멍으로위안면과그동ᄒᆞ는일을보앗는ᄃᆡ유명ᄒᆞᆫ의ᄉᆞ들이그사ᄅᆞᆷ이아모술이던지두어날을먹은후에그위를보매뎜익막이당연치못ᄒᆞᆫ열긔를발ᄒᆞ고붉어지고위익(胃液)도셩픔이변ᄒᆞ야약ᄒᆞ게되더라이때에그사ᄅᆞᆷ이몸에샹ᄒᆞᆷ을밧으면셔도압ᄒᆞᆫ것과다른지시ᄒᆞ는증셰가업더라.
이러케술먹던사ᄅᆞᆷ은죽은후에라도그위를숣혀보면이병증이나타나ᄂᆞ니라

3 우리몸에오묘ᄒᆞᆫ것즁에ᄒᆞᆫ가지뎨일오묘ᄒᆞᆫ거슨그형편ᄃᆡ로뎍당ᄒᆞ야변ᄒᆞ는거신ᄃᆡ사ᄅᆞᆷ이만일그팔노만일을만히ᄒᆞ면팔이크고강건ᄒᆞ여지고가족도ᄒᆡ빗과바람을맛나거나무ᄉᆞᆷ비비는거슬당ᄒᆞ면그부드러온모양이변ᄒᆞ야단단케되ᄂᆞ니이와ᄀᆞᆺ치위도쎠ᄀᆞᆺᄒᆞᆫ음식을쇼화ᄒᆞ기위ᄒᆞ야ᄆᆞ드럿스나사ᄅᆞᆷ이술담는주머니를삼으면위가곳그일

에뎍당케되랴고위연히스ᄉᆞ로변ᄒᆞ야그안면에잇ᄂᆞᆫ부드러온뎜익막이질기여지고그츅츅ᄒᆞ게ᄒᆞᄂᆞᆫ익도뎜익막을보젼ᄒᆞ랴고되여져서실이나ᄂᆞᆫᄃᆡ위익을내ᄂᆞᆫ허다ᄒᆞᆫ작은션종에더러ᄂᆞᆫ망ᄒᆞ게되고더러ᄂᆞᆫ편치못ᄒᆞ게되여나종에ᄂᆞᆫ위가술을반가히밧ᄂᆞᆫ주머니ᄂᆞᆫ되나셩ᄒᆞᆫ위의ᄒᆞᆯ일은못ᄒᆞ게되ᄂᆞ니라

4 엇던즘ᄉᆡᆼ의위에셔나ᄂᆞᆫ위익을쥬졍에석거류리잔에담아두면흰가루ᄀᆞᆺᄒᆞᆫ거시ᄉᆡᆼ겨잔밋헤가라안ᄂᆞ니이거시위익의게쇼화ᄒᆞᄂᆞᆫ긔력을내여주ᄂᆞᆫ위익소(胃液素)라쥬졍이위익소를그즁에셔갈나노흐니사ᄅᆞᆷ이술먹을때에그위에잇ᄂᆞᆫ쇼화익을얼마동안망케ᄒᆞ나쥬졍이위에셔나아간후에ᄂᆞᆫ위익소가다시녹아힘이나ᄂᆞ니라

5 쥬졍이ᄂᆡ쟝도위와ᄀᆞᆺ치샹케ᄒᆞᆯ듯ᄒᆞ나과히해치안ᄂᆞᆫ거슨이독이ᄂᆡ쟝에니르기젼에거반다ᄲᅡ라드림이니라

6 쥬졍이피흐르ᄂᆞᆫ거슬ᄯᆞ라간(肝)에ᄭᆞ지니르러그혈관을너무가득히채우고엇던ᄯᅢ에ᄂᆞᆫ간에병을내여나죵에간이주러져든든ᄒᆞ고굿은덩어리만ᄒᆞᆫ거슬일우ᄂᆞ니의학셔(醫學書)에술구럭이의간이라고ᄒᆞᄂᆞ니라

7 이우희긔록ᄒᆞᆫ거슬보니위ᄉᆡᆼ과강건ᄒᆞᆷ의근원된쇼화ᄒᆞᄂᆞᆫ긔력이잇ᄂᆞᆫ즁대ᄒᆞᆫ긔계위와간이쥬졍으로망케되ᄂᆞᆫ거시라

8 쥬졍이ᄯᅩ간쳐럼두태(腎)를망케ᄒᆞᄂᆞ니대개두태ᄂᆞᆫ졍결케ᄒᆞᄂᆞᆫ긔계라피가ᄒᆞᆼ샹

거긔드러가셔그잇ᄂᆞᆫ더러온거ᄉᆞᆯ두고나아가ᄂᆞᆫ데두려가주경엇ᄂᆞᆫ되ᄂᆞᆫ일ᄒᆞ지못ᄒᆞᄂᆞᆫ 고로혹은ᄎᆞᄎᆞ써어져셔곳치지못ᄒᆞ게되ᄂᆞ니라

9술먹ᄂᆞᆫ사ᄅᆞᆷ마다다이런병이나지아니ᄒᆞ나그러나나ᄂᆞᆫ사ᄅᆞᆷ이만ᄒᆞ니라

습문

일편 1 음식이사ᄅᆞᆷ의게유익ᄒᆞᆷ이무어시뇨

2 양육관은무어시뇨

3 길이ᄂᆞᆫ멧자이나되ᄂᆞ뇨

4 그경은얼마나되ᄂᆞ뇨

5 그벽의요긴ᄒᆞᆫ조직ᄒᆞᆫ가지가무어시뇨

6 뎜익막은무어시뇨

7 양육관의논ᄒᆞᆫ거슬말ᄒᆞ오

9 쇼화ᄂᆞᆫ엇더ᄒᆞᆫ거시뇨

10 쇼화가업지못ᄒᆞᆯ셔ᄃᆞᆰ은무어시뇨

11 모든먹ᄂᆞᆫ물건이다녹기쉬우뇨

13 14 기름을쇼화ᄒᆞᄂᆞᆫ법은엇더ᄒᆞ뇨△과유ᄂᆞᆫ무어시뇨△유미관은무어시뇨△유미ᄂᆞᆫ

뎨칠쟝

엇더ᄒᆞ뇨

15 양육관계에잇는근육이쇼화ᄒᆞ는ᄃᆡ샹관됨은엇더ᄒᆞ뇨△슈의근이뇨불슈의근이뇨

16 쇼화되게ᄒᆞ는변화가무어시뇨

17 ᄂᆡ는멧번이나나ᄂᆞ뇨△ᄂᆡ가뎨일만흔때는언제뇨

18 첫재로나는ᄂᆡ는멧ᄀᆡ며일홈은무어시뇨

19 둘재로나는ᄂᆡ는멧치며일ᄒᆞ ᄀ무어시뇨

20 엇더케동물의ᄂᆡ를보고그의ᄒᆡᆼ습을짐쟉ᄒᆞᆯ수잇ᄂᆞ뇨

21 ᄂᆡ의ᄉᆡᆼ긴모양이엇더ᄒᆞ뇨

22 ᄂᆡ의ᄒᆞ는일은엇더ᄒᆞ뇨

23 엇더케ᄂᆡ를샹ᄒᆞᄂᆞ뇨

24 엇더케입속이ᄒᆞᆼ샹츅츅ᄒᆞᆯ수잇ᄂᆞ뇨

25 타익션은무어시며어ᄃᆡ잇ᄂᆞ뇨

26 거긔셔나아가는길은엇더ᄒᆞ뇨

27 침이사람의게유익ᄒᆞᆫ것무어시뇨

28 위는어ᄃᆡ잇ᄂᆞ뇨

29 위익션을말ᄒᆞ오△위익이음식과셕기는거시엇더ᄒᆞ뇨

[illegible]은무어시뇨

31쇼쟝웃뭇헤통ᄒᆞ는큰두션이무어시뇨

32간은어ᄃᆡ잇ᄂᆞ뇨△그의ᄒᆞ는세가지일은무어시뇨

33황달병은무어시뇨△열의ᄒᆞ는일은무어시뇨

34.쳬는어ᄃᆡ잇ᄂᆞ뇨△또그ᄉᆡᆼ긴모양이엇더ᄒᆞ뇨

35쳬의의ᄒᆞ는일은무어시뇨

36대쇼쟝벽에잇는션들은무어시뇨△거긔셔나는익은무어시라고ᄒᆞ며쇼용은엇더ᄒᆞ뇨

37양육관의논ᄒᆞᆫ거슬다시말ᄒᆞ오△양육관에잇는쇼화션을말ᄒᆞ오△거긔셔나는거슨무어시뇨△양육관밧긔잇는쇼화션을말ᄒᆞ오△거긔셔나는거슨무어시뇨

이편 1、2、쇼화ᄒᆞ는음식을엇더케온몸에내여줄수잇ᄂᆞ뇨

3음식ᄒᆞᆫ입을ᄯᅡ라양육관에ᄃᆞᆫ니는거슬말ᄒᆞ오

4쇼쟝안면에ᄲᅡ라드리는ᄃᆡ특별ᄒᆞᆫ긔계롤말ᄒᆞ오

5 6 7그ᄒᆡᆼᄒᆞ는일을말ᄒᆞ오

9물을쇼화ᄒᆞᄂᆞ뇨

삼편 1림프계통은무어시뇨△온젹은거시모혀두통이된거슬무어시라ᄒᆞᄂᆞ뇨

뎨칠쟝

2 림프긔계통과슌환긔계통의분간되는거슬말ᄒᆞ오
3 림프관은쇼용이무어시뇨
4 유미관은무어시뇨
ᄉᆞ편 I 쇼화ᄒᆞ는일을해ᄒᆞ는여러가지를말ᄒᆞ오
오편 I 비셜은엇더ᄒᆞᆫ거시뇨△그일ᄒᆞ는긔계는무어시뇨△두태가다른비셜긔계와분
간되는거슨무어시뇨
2 두태는멧치며어ᄃᆡ잇ᄂᆞ뇨△무엇과통ᄒᆞ엿ᄂᆞ뇨
3 엇더케피에잇는낡은거슬ᄂᆞᆫ화오좀통에ᄭᅥ지보내ᄂᆞ뇨
륙편 I 쥬졍이뎜ᄋᆡᆨ막을엇더케해ᄒᆞᄂᆞ뇨
2 무ᄉᆞᆷ별일이잇서이해ᄒᆞ는거슬분명히아ᄂᆞ뇨
3 위가엇더케변ᄒᆞ야쥬졍이잇기에뎍당케되ᄂᆞ뇨
4 쥬졍이위ᄋᆡᆨ을엇더케샹ᄒᆞᄂᆞ뇨
5 ᄂᆡ쟝을엇더케샹ᄒᆞᄂᆞ뇨
6 쥬졍이엇더케간에ᄭᅥ지니르고혹엇더케간을샹케ᄒᆞᄂᆞ뇨
8 쥬졍이두ᄐᆡ를엇더케해ᄒᆞᄂᆞ뇨

뎨팔쟝은호흡ᄒᆞ는것과목소리라

션싱이시험ᄒᆞ여볼것두어가지가잇스니만일쵸불을켜노코그우희류리병을씌워공긔를못드러가게ᄒᆞ면불이곳죽ᄂᆞ니이는산소가다먹고업슴이오ᄯᅩ회ᄒᆞᆫ줌을두어잔되는물에타셔두엇다가그회가다가라안즌후에물만류리병에두고입김을부러드려보내면그병속에젓파ᄀᆞᆺ치흰가루가가라안ᄂᆞ니이는호흡ᄒᆞ는즁에탄산셕쓰가잇는줄노알거시니라

이편에말을시험ᄒᆞ랴면물고기귀살미를뵈일거시오ᄯᅩᄃᆞᆰ이나도야지허파와긔관을가져보는거시됴ᄒᆞ며ᄯᅩ멀구송이로허파와비슷ᄒᆞᆫ거슬ᄀᆞᄅᆞ칠수잇스며

삼편에말을시험ᄒᆞ랴면도야지나다른즘싱의두골을가지고그비관을조셰히ᄀᆞᄅᆞ칠수잇스며

륙편에말을시험ᄒᆞ랴면류리에입김을불면입에축축ᄒᆞᆫ긔운잇는거슬ᄀᆞᄅᆞ칠수잇스며

칠편에말을시험ᄒᆞ랴면빅뎡의집에가셔소이나도야지의후두와후두구와셩대를엇기쉬우니라

공긔(空氣)라

뎨일편

1 쇼화ᄒᆞ고ᄲᅡ라드리는거스로음식과물이피에드러가셔온몸각쳐에내여주는ᄃᆡ이두가지일은임의다보앗고지금ᄯᅩ공부ᄒᆞᆯ거슨공긔를취ᄒᆞ야몸에쓰는거신ᄃᆡ이는호흡

ᄒᆞ는거시라

2우리가공긔속에잇셔공긔밧긔나면죽는거시마치고기가물밧긔나셔는살지못ᄒᆞᆷ과ᄀᆞᆺ흔ᄃᆡ이공긔를볼수는업스나그힘은ᄭᅦᄃᆞᆺ를수잇스니대개공긔가ᄲᆞᆯ니동ᄒᆞᆯᄯᆡ에는힘이대단ᄒᆞ야나무를능히업드러치며집을문허치ᄂᆞ니만일그모양을볼수잇스면물결과ᄀᆞᆺᄒᆞ야바람불ᄯᆡ마다흐르는강물과넓은바다물이ᄒᆡ일홈과ᄀᆞᆺᄒᆞ리라

3공긔는비록볼수업스나실노톄가잇스니이톄는세가지원질이합ᄒᆞ야긔질톄가되ᄂᆞ니라

공긔가싱김이라

질소 79

산소 21

탄산ᄭᅦ쓰、04

이우희멧가지질의분수는다ᄇᆡᆨ분으로긔록ᄒᆞ엿ᄂᆞ니라

이세가지원질밧긔도습긔와다른두어가지원질이조곰식잇ᄂᆞ니라

4질소(質素)는공긔에오분지ᄉᆞ가거반되나동물과식물이다쓰지안는ᄃᆡ다만질소의ᄒᆞ는직분은산소와셕겨믉게ᄒᆞ는거시니만일촉불을켜셔산소만잇는동에두어두면

속히살와업서질터이니공긔가산소(酸素)로만되엿스면모든[illegible]
히어려올터이니산소가빅분지이십일분이잇스야불이넉넉히타질만치되고호흡에도
편리ᄒᆞ니라

5탄산씨쓰(炭酸)ᄂᆞᆫ동물들은쓰지못ᄒᆞ고도로혀그몸에셔나ᄂᆞᆫ탄산씨쓰를내여ᄇᆞ리나식물들의먹ᄂᆞᆫ거슨태반이나이탄산씨쓰이오또이탄산씨쓰를먹ᄂᆞᆫ듸로산소를내ᄂᆞ니라

동물은산소를먹어탄산씨쓰를내고
식물은탄산씨쓰를먹어산소를내ᄂᆞ니라

불과동물과식물썩어지ᄂᆞᆫ거시ᄒᆞᆼ샹이탄산씨쓰를더나게ᄒᆞ고오직ᄒᆞᆫ가지만산소를더내ᄂᆞ니이거슨초목의닙사귀라통일ᄒᆞ여말ᄒᆞ면그더ᄒᆞ고감ᄒᆞᄂᆞᆫ분수가ᄀᆞᆺᄒᆞᆫ듸연긔가만흔셩닉에ᄂᆞᆫ탄산씨쓰가촌에보다만ᄒᆞ나온공긔즁에잇ᄂᆞᆫ탄산씨쓰ᄂᆞᆫᄒᆞᆼ샹평균ᄒᆞ니라

탄산씨쓰를더내ᄂᆞᆫ거슨 { 불과 / 모든썩ᄂᆞᆫ물건과 / 모든동물이니라

산소를더내ᄂᆞᆫ거슨ᅳ식물이니라

6 여러원질(元質)가온ᄃᆡ산소가뎨일이샹ᄒᆞ니우리몸에되ᄂᆞᆫ지료즁에산소가ᄉᆞ분지삼이되고물가온ᄃᆡ도구분지팔이되고여러가지다른물건즁에도산소가태반이나되ᄂᆞ니라사ᄅᆞᆷ이산소업시ᄂᆞᆫ다ᄉᆞᆺ푼동안이라도살수업스니이거시금은보다쳔만ᄇᆡ나더옥귀즁ᄒᆞ나모든사ᄅᆞᆷ의게갑업시넉넉히젼파ᄒᆞᄂᆞᆫᄃᆡ의식을엇으랴ᄂᆞᆫ것ᄀᆞᆺ치힘쓰지안코다만호흡ᄒᆞᄂᆞᆫᄃᆡ로밧ᄂᆞ니라

허파(肺)라

뎨이편

1 우리호흡ᄒᆞᄂᆞᆫ공긔가다파에드러가ᄂᆞᆫ거시아니오다만우리먹ᄂᆞᆫ음식가온ᄃᆡ쇼화ᄒᆞᆯ만ᄒᆞᆫ것만ᄲᅡ라드리고그남은거슨내여ᄇᆞ리ᄂᆞᆫ것과ᄀᆞᆺ치공긔즁에도사ᄅᆞᆷ의게쓸만ᄒᆞᆫ산소만허파에셔ᄲᅡ라드리고그밧긔남은공긔ᄂᆞᆫ다시내여보내ᄂᆞ니라

2 허파ᄂᆞᆫ허다ᄒᆞᆫ작은뷘구슬ᄀᆞᆺᄒᆞᆫ폐긔포(肺氣胞)가ᄲᅦᆨᄲᅦᆨᄒᆞ게만히모혀일운덩어리인ᄃᆡ흉곽안헤잇ᄂᆞ니라이긔포의벽이지극히얇은막으로되고그밧긔억만모셰관이잇셔이긔포를둘너싼거시구력속에밥바리를너흔것과비ᄉᆞᆺᄒᆞ나그보다더옥ᄲᅦᆨᄲᅦᆨᄒᆞ게되엿ᄂᆞᆫᄃᆡ폐동ᄆᆡᆨ(肺動脈)에잇ᄂᆞᆫ피가이모셰관에드러가ᄂᆞ니이럼으로허다ᄒᆞᆫ긔포를덥

는딕그때에산소가이긔포의얇은벽으로피에드러가ᄂᆞ니라

3며ᄌᆞ구는그가족으로산소를얼마식먹는딕대개그가족이연ᄒᆞ고츅츅ᄒᆞ고또바로그안헤모셰관이버려잇는고로물에셕겨잇는공긔가드러가기쉬옴이니며ᄌᆞ구가겨울동안에는그가족으로드러가는산소만먹고사나사름의가족은둡거워셔산소가못드러가ᄂᆞ니라

ᄉᆞ십륙도

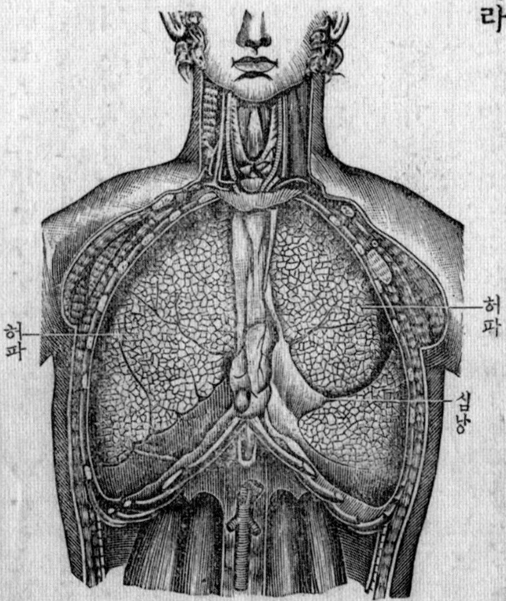

흉판압흘버혀ᄇᆞ리고허파와그잇는ᄌᆞ리를보임이라

4물고기의공긔를먹는법이이샹ᄒᆞ니대뎌물고기는물에셕겨잇는공긔밧긔먹을수업는딕그머리좌우편에귀살미구멍이잇셔그속에혈관구믈이잇는납작ᄒᆞᆫ갈피가잇ᄉᆞ니이는물을삼켯다가그갈피로내여보낼때에거긔잇는산소가얇

은혈관벽으로드러가ᄂᆞ니라

5동물들이산소를먹ᄂᆞᆫ법이각각다르나리치ᄂᆞᆫᄀᆞᆺᄒᆞ니모세관들이ᄒᆞᆼ샹얇은막우희잇고공긔ᄂᆞᆫ이막다른편에잇ᄂᆞ니라

6 ᄂᆞ 즌동물즁에엇던거ᄉᆞᆫ그허파가오좀통처럼ᄒᆞᆫ구ᄉᆞᆯ노만되여모세관들이그밧긔잇스나사ᄅᆞᆷ의허파ᄂᆞᆫ지극히작은구ᄉᆞᆯ들이만히모혀덩어리가되엿ᄂᆞᆫᄃᆡ가ᄂᆞᆫ혈관과긔관들이에워싸셔서로통케ᄒᆞᄂᆞ니라

비유ᄒᆞᆫ건ᄃᆡ만일멀구ᄒᆞᆫ송이를가지고그각알마다속에잇ᄂᆞᆫ거ᄉᆞᆯ다ᄲᆡᆨ고겁ᄃᆡ기만ᄂᆞᆷ게ᄒᆞ면폐긔포(肺氣胞)와ᄀᆞᆺ고ᄯᅩ그줄기가뷘것ᄀᆞᆺᄒᆞ면긔관과비ᄉᆞᆺᄒᆞ리니이러케된송이여러시합ᄒᆞ되원줄기가다모혀ᄒᆞᆫ큰줄기가되면허파의긔관과긔포와ᄀᆞᆺᄒᆞ리라ᄯᅩ만일멀구알을다거믜줄ᄀᆞᆺ치가ᄂᆞᆫ실노ᄆᆡ면탄력이만흔셤유조직과ᄀᆞᆺ겟고ᄯᅩ푸른통ᄒᆞᆫ나히원줄기를ᄯᅡ라원줄기가ᄂᆞᆫ호일ᄯᆡ마다이통도ᄂᆞᆫ호여나죵에그가ᄂᆞᆫ거시멀구알에마다니르러그믈ᄀᆞᆺ치되고ᄯᅩ그그믈에셔붉은관들이푸른관을ᄯᅡ라도라가ᄂᆞᆫᄃᆡ로ᄒᆞᆼ샹다른관과모혀셔두큰통이되고이통이그원줄기를ᄯᅡ라잇슬것ᄀᆞᆺᄒᆞ면그푸른관들은폐동ᄆᆡᆨ(肺動脈)과그가지오ᄯᅩ그붉은관들은폐정ᄆᆡᆨ(肺靜脈)이될거시오그멀구알에잇ᄂᆞᆫ그믈은모세관(毛細管)이되ᄂᆞ니라

이런비유로긔관과긔포와ᄆᆡᆨ관과셤유조직을임의다ᄀᆞᄅᆞ쳣거니와만일림프관과신

ᄉᆞ십칠도

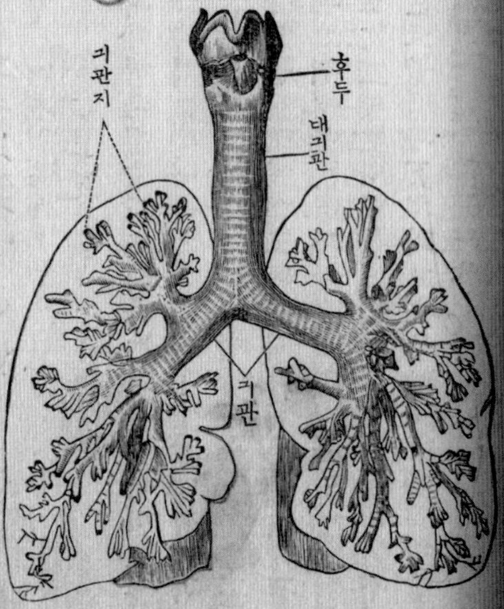

허파를가로버혀그잇는긔관들을보임이라

면허파에잇는모든거시될지니라

7 이허파(肺)는나무비유로ᄀᆞᄅᆞᆺ칠수잇ᄂᆞ니가령나무의원줄기는허파에드러가는큰긔관이되고가지들은작은긔관이되고ᄯᅩ닙사귀들은긔포가되는ᄃᆡ만일여러관들이본톄와가지를ᄯᅡ라가논ᄃᆡ로논호여나종에는각닙사귀에덥는그믈이되고이그믈에셔다른관들이나셔본톄로도라가고ᄯᅩ가는ᄃᆡ로합ᄒᆞᆯ것ᄀᆞᆺᄒᆞ면허파와비슷ᄒᆞ나다만섬유조직과신경과림프관과션들은ᄀᆞᄅᆞᆺ칠거시업ᄂᆞ니라

8 허파를검사ᄒᆞ야보면이관과긔포를다볼수업고다만회식과분홍빗만잇고ᄯᅩ검은

뎜이알낙알낙ᄒᆞᆫ것만보리니이거시외면은심히밋그럽고또속을버혀보면모양이기름과좀비슷ᄒᆞᆫᄃᆡ이긔포와관들중에지극히작고또만흔거슬현미경으로ᄌᆞ셰히공부ᄒᆞᄂᆞᆫ것밧긔ᄂᆞᆫ알아볼수업ᄂᆞ니라

긔관(氣管)이라

뎨삼편

1 공긔가허파에ᄭᆞ지드러가ᄂᆞᆫ길을여ᄉᆞᆺ세ᄂᆞᆫᄒᆞᆯ수잇스니코(鼻)와입(口)과목(頸)과후두(喉頭)와대긔관(大氣管)과쇼긔관(氣管)이니라

2 코(鼻)ᄂᆞᆫ츰호흡ᄒᆞᄂᆞᆫ길인ᄃᆡ이거슬둘에ᄂᆞᆫᄒᆞᆯ수잇스니

첫재ᄂᆞᆫ얼골에내여민코등인ᄃᆡ이거슨녹질녹질ᄒᆞᆫ연골과뼈로된거시오

둘재ᄂᆞᆫ그뒤에잇ᄂᆞᆫ비와(鼻窩)란뷘곳이니이거슨코구멍과곳치둘이잇서그ᄉᆞ이에잇ᄂᆞᆫ뼈로ᄂᆞᆫ호엿ᄂᆞᆫᄃᆡ형샹이좀으나틈이만하목구멍우편에통ᄒᆞᆫ두구멍이잇서마치얼골에잇ᄂᆞᆫ코구멍과곳치되고또우편에니마뒤에잇ᄂᆞᆫ뷘곳과좌우편에잇ᄂᆞᆫ샹악골(上顎骨)의뷘곳과눈(目)과통ᄒᆞᆫ길이잇서이뷘곳들과길안편은다뎜익막으로다덥흔고로사ᄅᆞᆷ이코풀냐면이뎜익막이더워짐을인ᄒᆞ야본톄가코에만편치못ᄒᆞᆯ뿐더러니마

와눈에셔지불평홈이되ᄂᆞ니라
3맛하보는신경들은코뷘곳우편에잇ᄂᆞ니심샹히호흡홀때에는공긔가목구멍에셔지바로드러가나무숨내암새를분명히맛흐랴고홀때에는갑작이숨을드리쉬면공긔와그물건의내암새가이뷘곳에잇는우편에셔지드러가ᄂᆞ니라
4이내암새퓌우는가루가만코힘이잇스면숨을갑작이드리쉬지안코가만히잇슬지라도그가루가ᄌᆞ연코구멍뷘곳에드러가셔맛하보는신경에셔지니르나그러나숨을갑작이드리쉬면맛하보는거시더옥속ᄒᆞ고힘이잇ᄂᆞ니라

ᄉᆞ십팔도

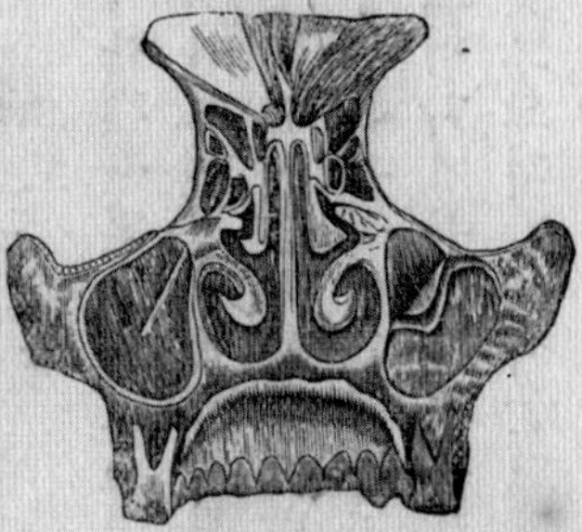

비와를뒤로보입이라

5물파곳흔즘싱들은입으로호흡홀수업스나사ᄅᆞᆷ들은능히홀수잇ᄂᆞ니만일감긔가드러코가막힐때에나운동ᄒᆞ야숨이찰때에는입으로호흡ᄒᆞ고혹잘때에도입으로호흡ᄒᆞ는사ᄅᆞᆷ이잇는ᄃᆡ
대개코로호흡ᄒᆞ는ᄃᆡ유익이두어가지잇스니
첫재는코속에잇는비와란뷘곳들이좁은고로드러가는공긔가얇게퍼져비와의ᄯᅳᆺᄯᅳᆺ

ᄒᆞᆫ벽을맛나덥게되나입으로드러가는거슨ᄒᆞᆫ쳡에드러가셔치운때에는공긔가맛당ᄒᆞᆫ데움을밧지안코허파로곳드러감이오

둘재는코으로마른공긔가비와(鼻窩)에드러갈때에더워질뿐더러츅츅ᄒᆞ게될터인ᄃᆡ만일입으로드러가게ᄒᆞ면목구멍이마르ᄂᆞ니누가잠간시험ᄒᆞ야보면알기쉬온ᄃᆡ이러케ᄒᆞ는거시목병을나게ᄒᆞᄂᆞ니라

셋재는코구루는거시니이는사름이입을버리고잘때에목젓시휘쟝과ᄀᆞᆺ치코으로통ᄒᆞ는길과입으로통ᄒᆞ는길가온ᄃᆡ느러지고그좌우편에공긔드러가는구멍이ᄒᆞᆫ나식잇서공긔가목젓슬흔듦으로소ᄅᆡ가나ᄂᆞ니라

6 이거슬보면잘때에도코로호흡ᄒᆞ는거시됴코또더운방에서찬곳으로나아갈때에도입을닷는거시감긔를막는방칙이니라

7 목구멍은음식이드러가는길도되고공긔의드러가는길도되매혹엇던때에는공긔가위에드러가고음식은긔관으로드러갈수잇ᄂᆞ니만일이러케되면크게야단이나셔기침으로곳그드러간음식을토ᄒᆞ는ᄃᆡ흔이이두가지가다제길노ᄒᆡᆼᄒᆞᆷ으로본톄가념려업시음식은식관으로드러가고공긔는긔관으로드러가ᄂᆞ니이긔계는스ᄉᆞ로다ᄉᆞ려음식을삼킬때에는긔관이졀노닷쳐회염연골(會厭軟骨)이덥히는고로사름이호흡과삼키는거슬ᄒᆞᆷ쎄못ᄒᆞᄂᆞ니라

살며쌔가되엿ᄂᆞ니이거시목소리ᄒᆞᄂᆞᆫ긔계라그속에소리를내ᄂᆞᆫ셩ᄃᆡ(聲帶)라ᄒᆞᄂᆞᆫ줄이잇스니이아래더옥ᄌᆞ셰히셜명ᄒᆞ리라

9 대긔관은네다ᄉᆞᆺ치즘긴동인ᄃᆡ경은반치브터ᄒᆞᆫ치즘되며후두에셔흉곽속으로ᄂᆞ려가니그모양은납작ᄒᆞᆫ연골환들이련ᄒᆞ야통이되나뒤ᄂᆞᆫ물빈지와ᄀᆞᆺ치맛붓지아니ᄒᆞ엿ᄂᆞᆫᄃᆡ이연골환의수효ᄂᆞᆫ열여ᄉᆞᆺ브터수믈ᄭᆞ지잇고서로붓허얇은막과근육셤유로다련ᄒᆞ고덥혓ᄂᆞ니그공용은긔관으로ᄒᆞ여곰서로맛붓지못ᄒᆞ게ᄒᆞᄂᆞᆫ거시니라

10 대긔관이둘에ᄂᆞᆫ호여쇼긔관이되야ᄒᆞᆫ나ᄒᆞᆫ좌허파와통ᄒᆞ고ᄒᆞᆫ나ᄒᆞᆫ우허파와통ᄒᆞ엿ᄂᆞᆫᄃᆡ모양이대긔관과ᄊᆞᆨᄀᆞᆺ고길이ᄂᆞᆫᄒᆞᆫ두치즘되ᄂᆞ니라

11 쇼긔관마다허파에드러갈적에ᄂᆞᆫ그보다적은관으로ᄂᆞᆫ호여긔관지(氣管枝)가되니그경은빅분지일치ᄭᆞ지작고ᄂᆞᆫ호여나죵에ᄂᆞᆫ긔포(氣胞)가되ᄂᆞ니라

호흡(呼吸)ᄒᆞᄂᆞᆫ거시라

뎨ᄉᆞ편

1 허파와그드러가ᄂᆞᆫ관을임의다검사ᄒᆞ야보앗스니지금알아볼거ᄉᆞᆫ공긔가허파에

드러갓다가나아오는거시라그긔관이열니기만ᄒᆞ여도공긔가츌입ᄒᆞᆯ것아니라대개허파가문만흔집과ᄀᆞᆺ치긔운이ᄆᆞ음ᄃᆡ로왕ᄅᆡᄒᆞ지못ᄒᆞ고깁흔우물과ᄀᆞᆺ치된고로무숨계교업시는ᄆᆞᆰ은공긔가드러가지못ᄒᆞᄂᆞ니이계교는호흡ᄒᆞᄂᆞᆫ거시니라

2 호흡ᄒᆞᄂᆞᆫ거슬슬펴보면두가지평균히동홈이잇스니처음에는가슴과비가커젓다가또잠간동안그젼모양이되기ᄭᆞ지주려자되호흡ᄒᆞᆯᄯᆡ마다ᄒᆞᆼ샹이ᄀᆞᆺ치되ᄂᆞᆫᄃᆡ가슴이커질ᄯᆡ마다공긔가그뷘곳슬ᄎᆡ우랴고드러가고다시주러질ᄯᆡ에는눌님을밧아임의드러갓던수만치도로나아오ᄂᆞ니라

도구십ᄉᆞ

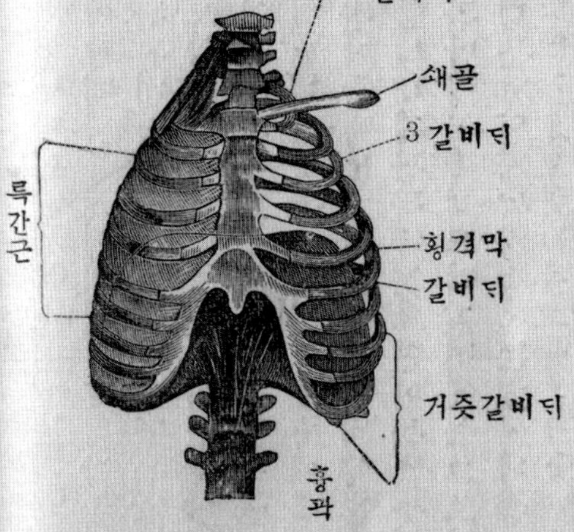

혹이무르ᄃᆡ가슴이커질ᄯᆡ마다공긔가엇더케드러가ᄂᆞ뇨ᄒᆞ면이공긔는물과ᄀᆞᆺ치ᄉᆞ면이다눌니ᄂᆞ니가령물을ᄯᅮᆯ여진그릇시두면그물이스ᄉᆞ로눌녀그ᄯᅮᆯ여진구멍으로ᄲᅧ여나아올거시오ᄯᅩ뷘병을가지고입우흐로물에너흐면물이눌녀그속에

차ᄂᆞᆫᄃᆡ우리가공긔속에잇ᄂᆞᆫ거시병이물속에잇ᄂᆞᆫ것과ᄀᆞᆺᄒᆞ니만일이병이[illegible]소ᄀᆞᆺ치느러낫다주러졋다ᄒᆞ야물을드러게ᄒᆞ고나아가게ᄒᆞᆯ거시면사ᄅᆞᆷ의가슴과ᄀᆞᆺ다고ᄒᆞᆯ수잇ᄂᆞ니라

또가슴은풍궤와비ᄉᆞᆺᄒᆞ나ᄒᆞᆫ가지분간되ᄂᆞᆫ거ᄉᆞᆫ대개풍궤ᄂᆞᆫ공긔가이구멍으로드러왓다가다른구멍으로나아가나이가슴은ᄒᆞᆫ구멍으로드러갓다나아왓다ᄒᆞᄂᆞ니라

3 가슴을능히커지게ᄒᆞᄂᆞᆫ거시두가지니

첫재ᄂᆞᆫ횡격막(橫隔膜)이ᄂᆞ려가ᄂᆞᆫ거시오

둘재ᄂᆞᆫ가슴ᄲᅧ와갈비가올나가ᄂᆞᆫ거시니라

횡격막은가슴벽아래편에붓허가로퍼짐으로가슴과ᄇᆡ를갈나ᄂᆞᆫ호고가슴의바닥이되고또ᄇᆡ에ᄂᆞᆫ뎐쟝이되나오직평평ᄒᆞᆫ바닥이되지안코챠일과ᄀᆞᆺ치흉곽으로놉하지고그ᄇᆡ에잇ᄂᆞᆫ여러긔계가막을눌너ᄌᆞ리를옴기지못ᄒᆞ게ᄒᆞᄂᆞᆫᄃᆡ혹숨이드러갈ᄯᆡ에ᄂᆞᆫ횡격막이주러져그챠일이평평ᄒᆞ게되고가슴을넓게ᄒᆞ면셔도ᄇᆡ에잇ᄂᆞᆫ여러긔계를눌너ᄂᆞ져지고그벽도힘을밧아넓어지ᄂᆞ니숨이드러갈ᄯᆡ에ᄇᆡ가커지ᄂᆞᆫ거시아니오그우희잇ᄂᆞᆫ뎐쟝이ᄂᆞ려가져작아진것만치만그압히커지ᄂᆞ니라

4 그러나가슴이커지ᄂᆞᆫ거시그바닥이ᄂᆞ자지ᄂᆞᆫ거스로만될ᄲᅮᆫ아니오그갈비ᄃᆡ와가슴ᄲᅧ가올나감으로도커지ᄂᆞᆫᄃᆡ이갈비ᄃᆡ들이뒤로등심ᄲᅧ와통ᄒᆞ고또압흐로가슴ᄲᅧ와련ᄒᆞ여륵연골ᄭᆞ지통ᄒᆞ엿ᄂᆞ니라이륵연골은능히구브러칠수잇ᄂᆞ니갈비ᄃᆡ에붓흔근

육즁에더러는갈비ᄃᆡ를당겨올니고더러는갈비ᄃᆡ를당겨ᄂᆞ리지게ᄒᆞᄂᆞᆫᄃᆡ이첫재는흡근육(吸筋肉)이라ᄒᆞ고둘재는호근육(呼筋肉)이라ᄒᆞᄂᆞ니라가령사ᄅᆞᆷ이두손을읍ᄒᆞ고좌우팔을몸압흐로조곰ᄂᆞ려향ᄒᆞ면손은흉골과ᄀᆞᆺ고팔은좌우편갈비ᄃᆡ와비슷ᄒᆞ고ᄯᅩ손을읍ᄒᆞ면셔두팔고빙이를올니면호흡근육들이갈비ᄲᅧ와흉골을붓쳐동ᄒᆞᄂᆞᆫ모양을다ᄆᆞᄅᆞ치리니보고알거슨그가온ᄃᆡ잇는곳은좌우편과압흐로커지는거시라

5임의말ᄒᆞᆫ거슨가슴에뷘곳이니공긔가허파에드러가는ᄃᆡ념통잇는곳밧긔는허파가온가슴을다ᄎᆡ우되그벽이가슴벽과바닥과맛붓흐며ᄯᅩ탄력이만하가슴이커질ᄯᅢ에는허파도커지고긔포도크게되엿다가가슴이젼과ᄀᆞᆺ치ᄂᆞ져질ᄯᅢ에는허파도주려져셔그속에드러갓던공긔를내여보내ᄂᆞ니라

6허파가가슴벽에셔ᄯᅥ나지못ᄒᆞ게ᄒᆞ는거슨륵막(肋膜)이라ᄒᆞᄂᆞ니이거시두뷘젼ᄃᆡᄀᆞᆺ치되여좌우편허파에ᄒᆞ나식잇셔ᄒᆞᆫ겹은허파와덥고ᄒᆞᆫ겹은가슴벽에붓헛는ᄃᆡ이속에는츅츅ᄒᆞᆫ진익이잇서허파가가슴벽에비비지못ᄒᆞ게ᄒᆞ고ᄯᅩ그속에는공긔가조곰도업슴으로그두겹이서로ᄯᅥ러지지못ᄒᆞ야가슴벽이동ᄒᆞ는ᄃᆡ로허파를당겨동ᄒᆞ는ᄃᆡ이륵막의ᄉᆡᆼ긴모양이심낭속과ᄀᆞᆺ흐니라

7일언이폐지ᄒᆞ면허파의된긔포(氣胞)와거긔통ᄒᆞ는긔관(氣管)들이탄력이만코가슴에뷘곳슬거반ᄎᆡ우ᄂᆞᆫᄃᆡ그가슴벽과바닥에든든히붓흠으로바닥이ᄂᆞ려가고벽이

을나올때에흉곽이커지면허파도커지고긔포들이열녀그밧긔잇는공긔가드러가서쳐우기를마치풍궤문이그벽에서쪄나열닐때에바람이드러가는것과굿ᄒᆞ니라흡근육이당기는거슬굿칠때에가슴이느ᄌᆞ져젼과굿치되는ᄃᆡ호근육들이이거슬엇던때에는조곰도돕고혹만히도돕ᄂᆞ니라

8 본톄가자나쪄나념려업시호흡은항샹ᄒᆞ야멧쵸동안이라도긋치지안는ᄃᆡ이는ᄉᆡᆼ명의업지못ᄒᆞᆯ일이니불가불ᄌᆞ쥬ᄒᆞ야사ᄅᆞᆷ의뜻슨좃지안ᄂᆞ니라

뎨오편

피(血)가변화홈이라

1 숨쉴때마다드러간산소(酸素)가온ᄃᆡ더러는폐긔포(肺氣胞)에니른후에그벽과그밧긔잇는모세관(毛細管)의벽으로서여피에드러가서젹혈구와홉셰접ᄒᆞ야동으로흐르고또념동에서는대동ᄆᆡᆨ(大動脈)으로흘너나죵에는각쳐에잇는모셰관으로드러가셔산소가젹혈구(赤血球)를쪄나모셰관벽으로새여그에워싸는조직을양육ᄒᆞ고강건케ᄒᆞᄂᆞ니라

2 피가제밧은산소를모셰관으로내여줄때에그주는곳에셔또다른거슬밧ᄂᆞ니이는

탄산셰쓰라산소는몸에잇는조직에마다다먹임이되기를마치불살오는쟝작과ᄀᆞᆺ고탄산셰쓰는그지와ᄀᆞᆺᄒᆞ니불을죽지안케ᄒᆞ랴면미상불그지를그려내여야될지니라대개피가이처럼제게잇는거슬밧골때에그빗치변ᄒᆞ는거시분명ᄒᆞ니피가허파에셔나아오는때브터념통과동믹으로드러가셔모셰관ᄭᆞ지니르는피는붉은빗치나모셰관에드러간후에는푸른빗치되여정믹과념통과폐동믹(肺動脉)으로드러가셔허파에ᄭᆞ지니르는피빗츤푸르니라

대슌환(大循環)은모셰관에잇는피가변ᄒᆞ야푸른빗치되고

쇼슌환(小循環)은모셰관에잇는피가변ᄒᆞ야붉은빗치되ᄂᆞ니라

3 피가이처럼빗출변ᄒᆞ는연고는다름아니라다만허파에드러간산소가피에드러가면빗치붉게되엿다가또피가온몸각쳐에가셔산소를내여주는ᄃᆡ로그빗치다시푸릿케되ᄂᆞ니이피가붉엇다푸릿다ᄒᆞ는거시산소가잇고업는ᄃᆡ상관이라그런고로만일정믹(靜脉)에셔흐르는푸른피를무슴그릇시담아셔공긔에흔들면그빗치변ᄒᆞ야붉어지ᄂᆞ니이빗치변ᄒᆞ는거시탄산셰쓰가만코적게잇는ᄃᆡ는상관이업ᄂᆞ니라

4 피의직분은음식과공긔에잇는사ᄅᆞᆷ의몸을양육ᄒᆞ는지료를가져다가온몸에ᄂᆞ화주고또온몸각쳐에잇는탄산셰쓰와밋거긔잇는낡아져ᄇᆞ릴모든거슬가져다가더러는두ᄐᆡ로보내고더러는피부로내여ᄇᆞ리고탄산셰쓰는거반다허파로내여ᄇᆞ리ᄂᆞ니라

허파(肺)로내여ᄇᆞ릴낡은것과공긔의변ᄒᆞᄂᆞᆫ것과공긔를통케ᄒᆞᄂᆞᆫ법이라

뎨륙편

1 임의긔록ᄒᆞᆫ거슬보니허파가산소를밧을ᄲᅮᆫ만아니오탄산셰쓰를내여ᄇᆞ리기도ᄒᆞᄂᆞᆫ티이탄산셰쓰ᄂᆞᆫ몸의내여ᄇᆞ리ᄂᆞᆫ것가온티ᄒᆞᆫ큰거시니

몸에쓰다가낡아져ᄇᆞ릴것즁에허파로ᄇᆞ리ᄂᆞᆫ거시또ᄒᆞᆫ나잇스니이ᄂᆞᆫ물이라너느ᄯᅢ에ᄂᆞᆫ사ᄅᆞᆷ이볼수업ᄂᆞᆫ긔운으로업셔지나심히치울ᄯᅢ에ᄂᆞᆫ나아오ᄂᆞᆫ티로엉긔여능히보게되여사ᄅᆞᆷ의슈염과즘ᄉᆡᆼ의털긋헤다얼어붓ᄂᆞ니라그런고로사ᄅᆞᆷ이ᄒᆞᄅᆞ이십ᄉᆞ시동안쉬일숨에잇ᄂᆞᆫ습긔를다모화물되게ᄒᆞᆯ것곳ᄒᆞ면쇠쥬잔으로열이나되리라

2 사ᄅᆞᆷ과다ᄅᆞᆫ동물의날숨에탄산셰쓰와물밧긔도각각특별ᄒᆞᆫ내암새잇ᄂᆞᆫ것도잇ᄂᆞ니가령소의날숨에ᄂᆞᆫ그몸에잇ᄂᆞᆫ특별ᄒᆞᆫ내암새가나고사ᄅᆞᆷ이셰굿ᄒᆞ고재로숨쉬면내암새가업슬듯ᄒᆞ나이내암새가오히려잇ᄂᆞ니라이런고로여러사ᄅᆞᆷ이좁은방에문을닷고잇스면이내암새의셩픔이변ᄒᆞ야방에내암새가나셔불편ᄒᆞ게되ᄂᆞ니이세가지산소

뎨팔쟝

와탄산셔쓰와일홈업ᄂᆞᆫ내암새퓌우ᄂᆞᆫ동물질은ᄒᆞᆼ샹낼숨에잇고혹엇던때에ᄂᆞᆫ다른내암새도특별히날수잇스나얼마오ᄅᆡ나지안ᄂᆞ니라

3 사ᄅᆞᆷ의ᄒᆞᆫ번낼숨에잇ᄂᆞᆫ공긔의분수ᄂᆞᆫ거의이십립방치(二十立方寸)즘되여공의톄보다조곰적은ᄃᆡᄒᆞᆫ푼동안에열여ᄃᆞᆲ번즘식호흡ᄒᆞ니ᄒᆞᆫ시에ᄂᆞᆫ열두립방쳑이되고ᄒᆞ로동안에ᄂᆞᆫ삼ᄇᆡᆨ립방쳑이나될터이나그러나무ᄉᆞᆷ일노운동을잘ᄒᆞ면ᄒᆞᆫ푼동안에열여ᄃᆞᆲ번을더지날거신ᄃᆡ아마ᄒᆞᆫ사ᄅᆞᆷ이ᄒᆞ로동안에쓰ᄂᆞᆫ공긔가삼ᄇᆡᆨ오십립방쳑이되기쉬오니이거ᄉᆞᆯ다합ᄒᆞ면ᄉᆞ면여ᄃᆞᆲ자되ᄂᆞᆫ방속에잇ᄂᆞᆫ공긔만ᄒᆞ니라

4 낼숨마다입에셔나오ᄂᆞᆫᄃᆡ로네가지로변ᄒᆞᄂᆞ니

첫재ᄂᆞᆫ산소를일코

둘재ᄂᆞᆫ탄산셔쓰를밧고

셋재ᄂᆞᆫ습긔를밧고

넷재ᄂᆞᆫ일홈업ᄂᆞᆫ동물질을밧ᄂᆞ니라

이러케호흡ᄒᆞᆫ공긔ᄂᆞᆫ다시호흡ᄒᆞ지못ᄒᆞ게되ᄂᆞ니비록산소가좀잇스나ᄆᆞᆰ은공긔에잇ᄂᆞᆫ것보다적은ᄃᆡ공긔ᄇᆡᆨ분의이십일의일분만일허도사ᄅᆞᆷ의게조곰해롭고또십일분만일흐면능히그가온ᄃᆡ셔살수업ᄂᆞᆫᄃᆡ탄산셔쓰도또ᄒᆞᆫ해ᄒᆞᄂᆞᆫ후환이잇ᄂᆞᄂᆞ니라

5 숨을내여쉴때에나아오ᄂᆞᆫ공긔가그냥ᄯᅡ로잇지아니ᄒᆞ고곳밧긔잇ᄂᆞᆫ공긔와석기

ᄂᆞᆫ거시마치외창을ᄆᆞᆰ은물에두면곳퍼져온물이다푸럿케됨과ᄀᆞᆺᄒᆞ니사ᄅᆞᆷ이ᄉᆡᆨᄀᆞᆺᄒᆞᆫ공긔를두번호흡ᄒᆞᆯ수업고여러사ᄅᆞᆷ이ᄒᆞᆫ방에잇스면그방에잇ᄂᆞᆫ공긔가ᄎᆞᄎᆞ부졍ᄒᆞ게되ᄂᆞᆫᄃᆡ례ᄇᆡ당과ᄀᆞᆺ치큰방이공긔가ᄅᆡ왕ᄒᆞᄂᆞᆫ구멍이업시사ᄅᆞᆷ이만히잇스면그잇ᄂᆞᆫ사ᄅᆞᆷ이답답지아니ᄒᆞ고그방안에공긔가부졍ᄒᆞ여지ᄂᆞᆫ거슬ᄭᆡᄃᆞᆺ지못ᄒᆞ나밧그로브터드러오ᄂᆞᆫ다른사ᄅᆞᆷ은곳ᄭᆡᄃᆞ를지니만일방이좁을ᄯᅢ에공긔를통치안케ᄒᆞ면그방에잇ᄂᆞᆫ사ᄅᆞᆷ들이답답ᄒᆞ게되ᄂᆞ니라

6 이젼에인도국갈커다셩에셔사ᄅᆞᆷ일ᄇᆡᆨᄉᆞ십륙명을밤ᄉᆡ도록ᄒᆞᆫ방에가도앗ᄂᆞᆫᄃᆡ이방은ᄉᆞ면열여ᄃᆞᆲ자히되고적은문둘이잇셧스나공긔가잘통치못ᄒᆞᆷ으로갓친사ᄅᆞᆷ들이크게고ᄉᆡᆼᄒᆞ야밤재도록견ᄃᆡ여산사ᄅᆞᆷ이이삽삼명ᄲᅮᆫ이더라

7 ᄆᆞᆰ은공긔에셔더풍셩ᄒᆞ고헐ᄒᆞᆫ거시업스나그러나이거시부족ᄒᆞᆷ으로우리사ᄅᆞᆷ들이각금고ᄉᆡᆼᄒᆞ고엇던사ᄅᆞᆷ들은ᄒᆞᆼ샹고ᄉᆡᆼ을밧ᄂᆞ니우리들은ᄒᆞᆼ샹이긴요ᄒᆞᆫ거슬긔억ᄒᆞᆯ거시니라대개ᄆᆞᆰ은공긔업ᄂᆞᆫ방에잇기를힝습ᄒᆞ야두통나ᄂᆞᆫ것과운동ᄒᆞᆯᄆᆞ음이업ᄂᆞᆫ것과온몸이불편ᄒᆞᆫ셔ᄃᆞᆰ을알지못ᄒᆞ기쉬오니아모도록사ᄅᆞᆷ이잘ᄯᅢ에그방안희공긔가ᄒᆞᆼ샹새로슌환ᄒᆞ게ᄒᆞᆯ거시니라

8 이러케ᄒᆞ기가대단히어려온거슨대개사ᄅᆞᆷ이ᄆᆞᆰ은공긔를넉넉히쓸이만치그방에잇게ᄒᆞ면서도찬바람은막아온화ᄒᆞ야사ᄅᆞᆷ이평안케ᄒᆞᆯ거시니이공긔를잘통케ᄒᆞᄂᆞᆫ법

은특별ᄒᆞᆫ공부라여러가지법이잇스나그러나모든방에공긔를ᄒᆞᆫ법으로ᄂᆞᆫ다통케ᄒᆞᆯ수업스니만일사ᄅᆞᆷ마다ᄆᆞᆰ은공긔가업스면해로올줄노알아그지혜ᄃᆡ로방칙을베플면능히ᄒᆞᆯ수잇ᄂᆞ니라

목소ᄅᆡ라

뎨칠편

1 호흡ᄒᆞᄂᆞᆫ긔계가또ᄒᆞᆫ목소ᄅᆡ도ᄒᆞᄂᆞᆫᄃᆡ후두(喉頭)를특별ᄒᆞᆫ음셩긔계라ᄒᆞᆯ수잇스나그러나허파와긔관과목과입과코가다합ᄒᆞ야소ᄅᆡᄒᆞᄂᆞᆫ긔계니라

2 음셩긔계ᄂᆞᆫ나발과풍금ᄀᆞᆺᄒᆞ니가슴과허파ᄂᆞᆫ바람을장만ᄒᆞ고대긔관은통이되고후두에ᄂᆞᆫ셩ᄃᆡ(聲帶)가잇서소ᄅᆡ를내ᄂᆞᆫᄃᆡ이후두가둘에ᄂᆞᆫ호인거슨그즁에막ᄀᆞᆺᄒᆞᆫ벽이잇고거긔쳥이라ᄒᆞᄂᆞᆫ길쭉ᄒᆞᆫ구멍이잇서압과뒤로향ᄒᆞ여서이쳥이열니고닷치며길고닯게되ᄂᆞᆫ거슨그에워싼허다ᄒᆞᆫ작은근육의힘으로ᄒᆞᄂᆞ니라

이쳥은후두구(喉頭口)라ᄒᆞ고그ᄉᆞᆰ은셩ᄃᆡ(聲帶)라ᄒᆞᄂᆞ니사ᄅᆞᆷ이호흡ᄒᆞᆯ때에ᄂᆞᆫ공긔가이후두구로츌입ᄒᆞ되네ᄉᆞ로호흡ᄒᆞ면소ᄅᆡ가업스나소ᄅᆡ를ᄒᆞ고져ᄒᆞᆯ때에ᄂᆞᆫ거긔둘닌작은근육들이그셩ᄃᆡ를당겨ᄲᅥᆼᄲᅥᆼᄒᆞ게ᄒᆞᆷ으로이후두구쳥이좁게되고허파가눌님

을밧아그속에잇는공긔가이청으로
나아갈때셩딕가흔들님으로소릐가
나는딕그소릐가여러가지되는거슨
목과입이변ᄒᆞ는딕로되ᄂᆞ니라
3맛당ᄒᆞᆫ련습으로목소릐를연ᄒᆞ
게ᄒᆞᆯ수잇ᄉᆞ니대개음셩을닥는딕로

오십도

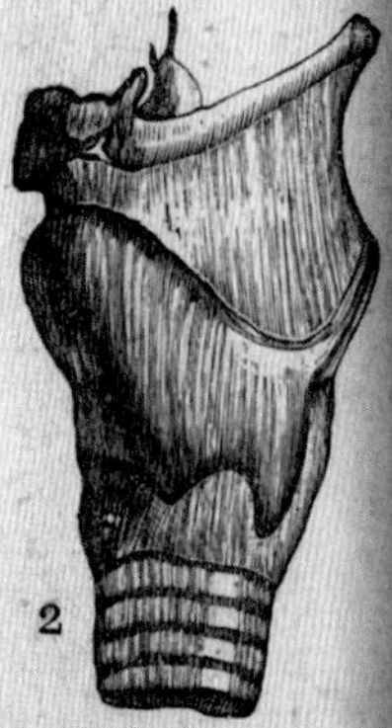

1 살멱쎠
2 대긔관

호흡ᄒᆞ는근육들과또이음셩궤에잇는근육들도힘이나셔묽고아름다온목소릐가될수
잇는딕노릐공부로이러케닥을수잇스나노릐보다말잘ᄒᆞ는거시더옥유익ᄒᆞ니노릐로
만음셩을닥지아닐거시니대개노릐는ᄒᆞᆯ때에소릐만싱각ᄒᆞ매말은분명치아니ᄒᆞ여도
심상ᄒᆞ나말ᄒᆞᆯ때에는소릐도묽아듯기됴케ᄒᆞᆯ섇더러그마딕마다각각분명ᄒᆞ게ᄒᆞ여알
아듯기쉽게ᄒᆞᆯ거시니맛당히말ᄒᆞᆯ때마다조심ᄒᆞ면그혀와썀과말ᄒᆞ는근육들이ᄎᆞᄎᆞ힘
이나셔말을분명히ᄒᆞ는힘습이되ᄂᆞ니라

쥬졍과담비의후환이라

뎨팔편

1 사름이술을먹으면쥬졍이변치안코그듸로호흡을쫏차나아오는고로술먹은사름은그날숨으로증거가되ᄂᆞ니대개그날숨에당연습긔와탄산ᄶᅥ쓰밧긔당연치못ᄒᆞᆫ쥬졍이잇스니그내암새로아ᄂᆞ니라

2 담비도술과ᄀᆞᆺ치날숨으로나아오는듸웬만치만ᄒᆞᆼ샹먹어도그입에내암새가됴치못ᄒᆞ게되는듸담비연긔가새로나는거슨심샹ᄒᆞ나오릭된연긔가몸과의복에젓존거시다른사름의게해가되ᄂᆞ니라

3 또이담비연긔를허파ᄭᆞ지드려보내는거시더옥크게해로오니이는그독이긔포로서여피에드려감이라

습문

뎨일편 1 호흡은엇더케ᄒᆞ는거시뇨

2 공긔를능히볼수잇스면무엇과ᄀᆞᆺ겟ᄂᆞ뇨

3 공긔는톄가잇ᄂᆞ뇨△무어스로되ᄂᆞ뇨

4질소가공긔가온ᄃᆡ소용이무어시뇨

5탄산쎄쓰는공긔가온ᄃᆡ소용이무어시뇨△동물들이능히쓸수잇ᄂᆞ뇨△공긔에잇ᄂᆞᆫ탄산쎄쓰를ᄒᆞᆼ샹더ᄒᆞ게ᄒᆞᄂᆞᆫ거ᄉᆞᆫ무어시뇨△공긔에잇ᄂᆞᆫ산소를ᄒᆞᆼ샹더ᄒᆞ게ᄒᆞᄂᆞᆫ거ᄉᆞᆫ무어시뇨

6산소는엇더ᄒᆞ뇨

이편 I 우리호흡ᄒᆞᄂᆞᆫ공긔가모도다피에드러가ᄂᆞ뇨

2허파는무어시뇨△산소가엇더케허파를지나혈관에드러가ᄂᆞ뇨

3멱ᄌᆞ구들은엇더케물속에셔호흡ᄒᆞᆯ수잇ᄂᆞ뇨

4물고기는엇더케호흡ᄒᆞᄂᆞ뇨

5호흡ᄒᆞᄂᆞᆫ긔계가다각각다르나ᄒᆞᆫ나ᄀᆞᆺᄒᆞᆫ거ᄉᆞᆫ무어시뇨

6멀구ᄒᆞᆫ송이비유로허파를말ᄒᆞ오

7나무비유로허파의ᄉᆡᆼ긴거슬말ᄒᆞ오

8사ᄅᆞᆷ이눈으로이ᄉᆡᆼ긴모양을다볼수잇ᄂᆞ뇨

삼편 I 공긔가허파ᄭᆞ지드러가ᄂᆞᆫ길은무어시뇨

2코의두가지ᄉᆡᆼ긴모양이엇더ᄒᆞ뇨△코에잇ᄂᆞᆫ뷘곳과동ᄒᆞᆫ다른뷘곳ᄉᆞᆫ무어시뇨

3 4맛하보ᄂᆞᆫ신경은어ᄃᆡ잇스며ᄯᅩ내암새나ᄂᆞᆫ가루가엇더케이신경에ᄭᆞ지밋출수잇

뎨팔쟝

ᄂᆞ뇨

5 입으로호흡지안코코로호흡ᄒᆞᆯᄭᆞᄃᆞᆰ세가지를말ᄒᆞ오

6 더운방에셔치운곳에나아갈때에감긔를면ᄒᆞᄂᆞᆫ법이무어시뇨

7 긔관과식관이서로가로ᄃᆡᄒᆞᆫ곳이어ᄃᆡ뇨△음식이긔관으로드러가지안ᄂᆞᆫᄭᆞᄃᆞᆰ은무어시뇨

8 후두는무어시뇨

9 대긔관은무어시뇨

10 대긔관이ᄂᆞᆫ호여무어시되ᄂᆞ뇨

11 긔관지는엇더ᄒᆞ며나죵에는무어시되ᄂᆞ뇨

ᄉᆞ편 1 공긔가ᄉᆞᄉᆞ로허파에드러가ᄂᆞ뇨

2 사ᄅᆞᆷ이호흡ᄒᆞᄂᆞᆫ거슬ᄉᆞᆯ펴보면무어시동ᄒᆞ겟ᄂᆞ뇨△가슴이엇더케ᄒᆞᄂᆞ뇨△공긔가드러가ᄂᆞᆫᄭᆞᄃᆞᆰ은무어시뇨△가슴은무엇과ᄀᆞᆺᄒᆞ뇨

3 가슴이커지ᄂᆞᆫ법두가지가무어시뇨△첫재를말ᄒᆞ오

4 둘재법을말ᄒᆞ오

5 가슴이커질때에허파가또커지ᄂᆞᆫᄭᆞᄃᆞᆰ은무어시뇨

6 륵막은무어시뇨

7호흡ᄒᆞᄂᆞᆫ거슬간단히말ᄒᆞ오

8너느때에호흡ᄒᆞᄂᆞᆫ거슬뜻ᄃᆡ로ᄒᆞᄂᆞ뇨

오편1산소가피에드러간때브터ᄒᆞᄂᆞᆫ것시엇더ᄒᆞ뇨

2피빗치변화ᄒᆞᄂᆞᆫ것엇더ᄒᆞ뇨△붉은피가변ᄒᆞ야푸른빗되ᄂᆞᆫ곳이어ᄃᆡ잇ᄂᆞ뇨△푸른피가변ᄒᆞ야붉은빗되ᄂᆞᆫ곳은어ᄃᆡ잇ᄂᆞ뇨

3피빗치변ᄒᆞᄂᆞᆫ서ᄃᆞᆰ은무어시뇨

4피의ᄒᆞᄂᆞᆫ직분은무어시뇨

륙편1 2허파가산소를밧ᄂᆞᆫ것밧긔또무엇슬ᄒᆞᄂᆞ뇨△허파로내여ᄇᆞ리ᄂᆞᆫ낡아진거슨무어시뇨

3ᄒᆞᆫ번호흡ᄒᆞᄂᆞᆫᄃᆡ공긔가얼마나잇ᄂᆞ뇨△ᄒᆞ로동안호흡ᄒᆞᄂᆞᆫ공긔는얼마나되ᄂᆞ뇨

4호흡ᄒᆞᆯ때마다공긔가출입ᄒᆞ야변화ᄒᆞᄂᆞᆫ네가지는무어시뇨△거긔잇ᄂᆞᆫ산소가다일헛ᄂᆞ뇨△공긔가온ᄃᆡ산소가얼마나잇스야싱명을보젼ᄒᆞ겟ᄂᆞ뇨△산소가얼마나적게되여야사ᄅᆞᆷ이해로옴을쎄ᄃᆞᆺᄂᆞ뇨

5사ᄅᆞᆷ이능히ᄯᅩᆨᄀᆞᆺᄒᆞᆫ공긔ᄅᆞᆯ두번호흡ᄒᆞᆯ수잇ᄂᆞ뇨

7ᄆᆞᆰ은공긔가부족ᄒᆞᆷ으로곳나타나ᄂᆞᆫ후환은엇더ᄒᆞ뇨

8엇더케ᄆᆞᆰ은공긔를엇을수잇ᄂᆞ뇨

칠편 1. 목소리ᄒᆞ는긔계는무어시뇨
2 후두구는무어시뇨△셩ᄃᆡ는엇더ᄒᆞ뇨
3 엇더케ᄒᆞ여목소리를닥을수잇ᄂᆞ뇨
팔편 1 쥬졍이호흡을엇더케ᄒᆞᄂᆞ뇨
2 3 담비는호흡을엇더케ᄒᆞᄂᆞ뇨

오십일도

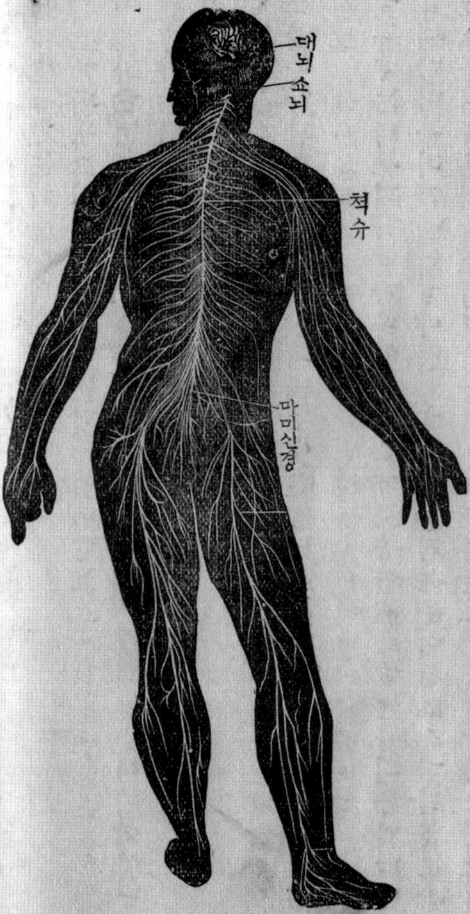

신경계통을보임이라

뎨구장신경계통(神經系統)이라

이편3 션셩된쟈숑아지나도야지뢰를엇어 그 ᄂᆞᆫ호인것과족을족을ᄒᆞᆫ것과 그회셕과흰조직을보이ᄂᆞᆫ거시됴흐니라

뎨일편

1 사ᄅᆞᆷ의머리ᄅᆞᆯ힘써치면그사ᄅᆞᆷ이죽을수잇고가만히치면감으러쳐셔온몸이녹작ᄒᆞ야ᄒᆞᆯ수업ᄂᆞᆫ모양으로너머져얼마동안은아모것도모르지라도념통은아직조곰식뛰놀고호흡도ᄒᆞ다가나종에그지각을엇어다시동ᄒᆞᆯ힘이날터이니라

2 또등심뼈를힘써치면그다리를동치못ᄒᆞᄂᆞ니대개사ᄅᆞᆷ이감으러치지도안코호흡과념통의뛰노ᄂᆞᆫ것도여젼ᄒᆞ고또그당쳐우희잇ᄂᆞᆫ근육도능히동ᄒᆞᆯ수잇스나그아래잇ᄂᆞᆫ근육이샹ᄒᆞᆷ을빗밧아쓸수업게되ᄂᆞᆫᄃᆡ엇던ᄯᅢ에ᄂᆞᆫᄂᆞᆷ의살과ᄀᆞᆺ치되ᄂᆞ니라대뎌머리를칠ᄯᅢ에ᄂᆞᆫ뢰가샹ᄒᆞᆷ을밧고등심이를칠ᄯᅢ에ᄂᆞᆫ쳑슈가샹ᄒᆞᆷ을밧ᄂᆞ니라

3 뢰가두골뷘곳에가득히차셔잇ᄂᆞᆫᄃᆡᄒᆞᆫ덩이로되지안코여러덩이가셔로서로합ᄒᆞ여되엿스니그즁에큰거슨대뢰(大腦)라ᄒᆞ고그다음큰거슨쇼뢰(小腦)라ᄒᆞᄂᆞ니쇼뢰ᄂᆞᆫ대뢰뒤아래에잇고대뢰아래쇼뢰압헤바ᄅᆞᆯ써교(橋)가잇ᄂᆞᆫᄃᆡ련쥬(連珠)ᄂᆞᆫ쇼뢰아

래와바롤씨교뒤에잇ᄂᆞ니라
4 이뢰된덩어리들이다쌍쌍이되여둘식둘식ᄶᅩᆨᄀᆞᆺ치되엿고대뢰와쇼뢰둘식된덩어리가얼마즘갈나지고바롤씨교와련쥬의둘식된덩어리ᄂᆞᆫ서로붓흔거시라
5 대뢰와쇼뢰의외면은판판ᄒᆞ지안코밧이랑과ᄀᆞᆺ치되여그사이에도골쟉이가잇셔이이랑을반션(盤旋)이라ᄒᆞᄂᆞᆫᄃᆡ사ᄅᆞᆷ과다

도이십오

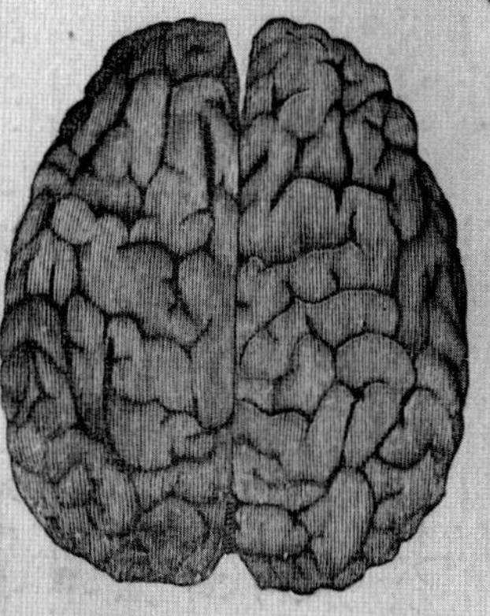

대뇌외면을보임이라

른동물의뢰가크게분간되ᄂᆞᆫ거ᄉᆞᆫ이반션에다쇼를인ᄒᆞᆷ이니대개례의잇ᄂᆞᆫ나라에학문을잘닥근사ᄅᆞᆷ의뢰에잇ᄂᆞᆫ반션은야만국사ᄅᆞᆷ의뢰보다만코깁히갈나졋스며야만사ᄅᆞᆷ의반션은잔나비보다만코잔나비의반션은ᄀᆡ보다만코잔나비나ᄀᆡᄂᆞᆫ그아래동물보다만ᄒᆞ니라또모든사ᄅᆞᆷ의뢰가ᄀᆞᆺ흔거ᄉᆞᆫᄒᆞ나도업고어려슬ᄯᅢ에ᄂᆞᆫ잘형지치못ᄒᆞ나ᄎᆞᄎᆞ쟝셩ᄒᆞᄂᆞᆫᄃᆡ로분명히뵈이ᄂᆞ니라
6 련쥬(連珠)ᄂᆞᆫ뢰즁에아래잇ᄂᆞᆫ거시니두골아래밋창에잇ᄂᆞᆫ큰구멍우희잇ᄂᆞᆫᄃᆡ이구멍으로쳑슈와통ᄒᆞᄂᆞ니라
7 쳑슈(脊髓)ᄂᆞᆫ쳑쥬관(脊柱管)에잇ᄂᆞᆫᄃᆡ경은반치즘되고길이ᄂᆞᆫᄒᆞᆫ자반즘되ᄂᆞ니

오십삼도

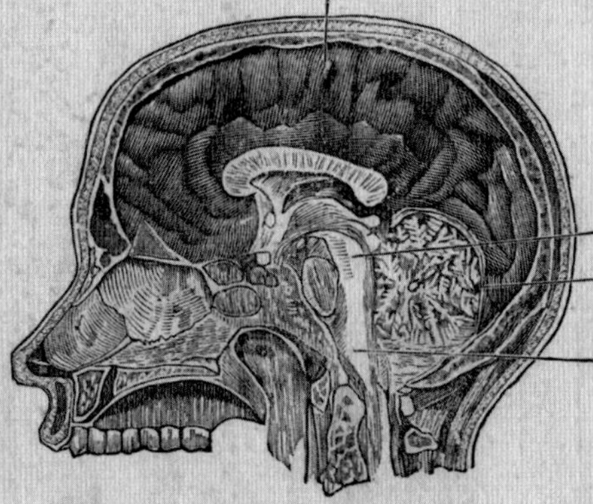

그관아래ᄭᅳᆺ헤니르기젼에는ᄒᆞ여가는 줄기ᄒᆞᆫ폭이ᄅᆞᆯ일우워마미신경(馬尾神經)이되엿ᄂᆞ니라

쳑슈도뢰와ᄀᆞᆺ치길이로반즘는ᄒᆞ여 좌우편이ᄶᅡᆨᄀᆞᆺᄒᆞ니라

8 쳑슈와뢰를에웨싸셔덥는막세겹이잇고또뢰좌우편에셔나아가는열두가는ᄉᆞᆯ식잇스니이ᄉᆞᆯ은두골에잇는적은구멍으로나아왓고또쳑슈좌우편에셔도나온가는ᄉᆞᆯ셜흔ᄒᆞᆫ나식잇셔ᄆᆡᄉᆞᆯᄭᅳᆺ헤ᄲᅮ리둘식이뢰골ᄉᆞ이에잇는구멍으로나아왓는ᄃᆡ이ᄉᆞᆯ은신경이라ᄒᆞᄂᆞ니라

9 뢰와쳑슈의조직은부드러워두부와ᄀᆞᆺ고빗ᄎᆞᆫ회식과ᄇᆡᆨ식두가진ᄃᆡ대쇼뢰는온외면에셔ᄒᆞᆫᄉᆞ분지일치즘깁기

ᄭᆞ지는회ᄉᆡᆨ이되고그속은다ᄇᆡᆨᄉᆡᆨ이나쳑슈는그러치안코속이회ᄉᆡᆨ이오것ᄎᆞᆫ흰빗치

오십ᄉᆞ도

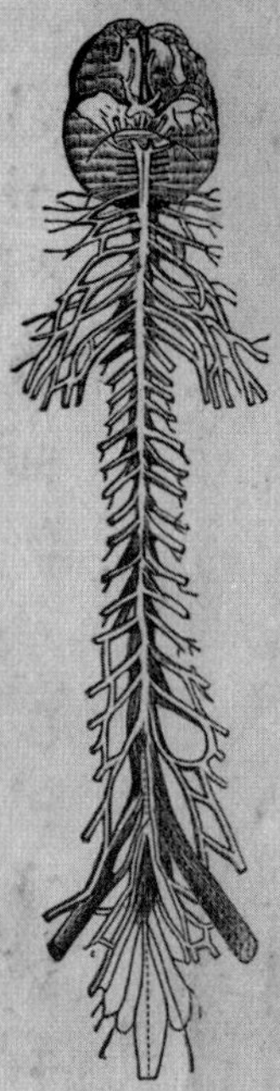

뇌와쳑슈와거긔셔나오는신경을압호로보임이라

되ᄂᆞ니라

10 팔고빙이를위연히닷치면ᄉᆡᆨ기손가락ᄭᆞ지싀게되ᄂᆞᆫᄃᆡ팔고빙이를버혀보면그속에빗나고납작ᄒᆞᆫ넓기가팔분지일치즘되ᄂᆞᆫ노ᄉᆡᆫ을보리니만일이노ᄉᆡᆫ을ᄯᆞ라ᄂᆞ려가면ᄂᆞᆫ호여여러적은ᄉᆡᆫ이되엿ᄂᆞᆫᄃᆡ이적은ᄉᆡᆫ을ᄯᆞ라가면나죵에ᄂᆞᆫ피부에나근육에나다른조직에드러가셔현미경으로도못볼허다ᄒᆞᆫ실ᄀᆞᆺᄒᆞᆫ셤유되ᄂᆞᆫ거ᄉᆞᆯ볼지니이허다ᄒᆞᆫ셤유들이ᄉᆡᆨ기손가락ᄭᆞ지간고로닷칠ᄯᆡ에그곳이뎨일만히싀니라대뎌이런노ᄉᆡᆫ을샹고ᄒᆞ여보면여러곳에잇ᄂᆞᆫᄃᆡ그즁에엇던거ᄉᆞᆫ팔고빙이에잇ᄂᆞᆫ것보다크기도ᄒᆞ고ᄯᅩ그즁에가ᄂᆞᆫ거시피모셰관보다더가늘고수효도ᄀᆞᆺᄒᆞ니라

11 팔고빙이에셔브터이노ᄉᆡᆫ을ᄯᆞ라올나가면다른노ᄉᆡᆫ과합ᄒᆞᆫ것도보고ᄯᅩ엇던곳에ᄂᆞᆫᄌᆞ연갈나진거ᄉᆞᆯ보겟고나죵에ᄂᆞᆫ되골ᄉᆞ이에잇ᄂᆞᆫ구멍으로드러가셔쳑슈와련합ᄒᆞᆫ거ᄉᆞᆯ보리라

셔다ᄅᆞᆫ노ᄉᆞᆫ을ᄯᅡ라올나가면나죵에는다쳑슈나뢰에드러가슬터인ᄃᆡ이흰노ᄉᆞᆫ들은몸에신경이되여ᄒᆞᆫ긋슨몸모든곳에심히가는셤유로는호이고ᄒᆞᆫ긋슨쳑슈나뢰에련접ᄒᆞ엿ᄂᆞ니라

뢰와쳑슈는신경즁츄(神經中樞)라ᄒᆞᄂᆞ니라

도오십오

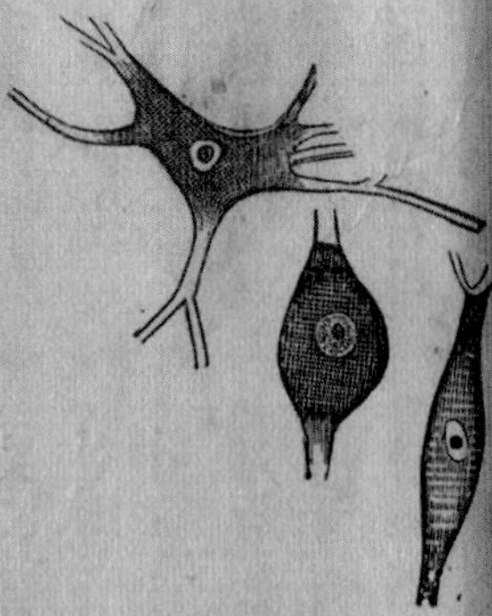

신경셰포라

I2 만일현미경으로뢰와쳑슈를검사ᄒᆞ여보면거긔잇는회ᄉᆡᆨ질은반즘여러모양셰포(細胞)로되엿는ᄃᆡ이셰포에나아오는셤유가잇고빅ᄉᆡᆨ은뇌에날파ᄀᆞᆺ치길이로모힌신경셤유로되엿ᄂᆞ니라신경들은온젼히빅ᄉᆡᆨ셤유로되고셰포잇는회ᄉᆡᆨ질은거반다신경즁츄에잇ᄂᆞ니라

신경계통(神經系統)의횡위라

뎨이편

I 만일이신경을버혀노면그니른곳이크게변홈을불터이니가령가족에니르는신경

을버혀노면그피부가놈의가족과ᄀᆞᆺ치되여ᄯᅮ르ᄂᆞᆫ것과ᄭᅦ집ᄂᆞᆫ거ᄉᆞᆯ모를거시오ᄯᅩᄒᆞᆫ근육에니르ᄂᆞᆫ신경을버혀노면그곳근육이본톄의ᄯᅳᆺ슬ᄯᅡ르지아니ᄒᆞ야못쓰게되ᄂᆞ니라

2 이버히ᄂᆞᆫ거시가족이나근육을바로샹케ᄒᆞᄂᆞᆫ거시아니오다만그신경즁츄와통ᄒᆞᆫ

오십륙도

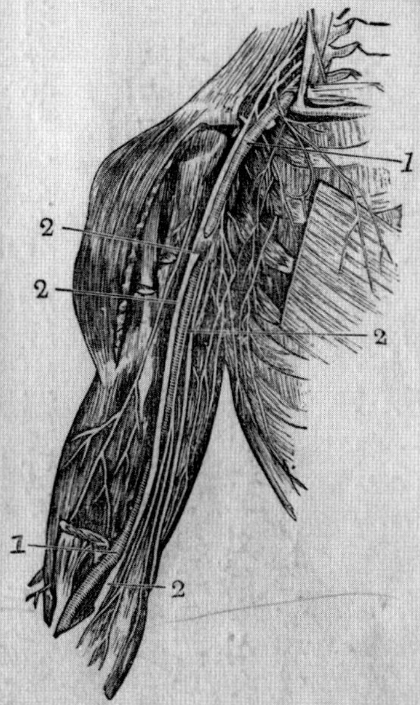

팔과엇기에 잇ᄂᆞᆫ신경을 보임이라
1 동믹
2 신경

줄만ᄭᅳᆫ허노흘ᄲᅮᆫ이니이럼으로알거ᄉᆞᆫ가족을ᄯᅮ를ᄯᅢ에그압흠을ᄭᆡᄃᆞᆺᄂᆞᆫ거ᄉᆞᆫ실노가족이아니오오직신경즁츄에셔ᄃᆞᆺᄂᆞᆫ거시잇ᄉᆞ니이신경들은그ᄯᅮ루ᄂᆞᆫᄃᆡ압흔거ᄉᆞᆯ신경즁츄에ᄭᅥ지통긔ᄒᆞᄂᆞᆫ길ᄲᅮᆫ이라그런고로이길을ᄭᅳᆫ흐면압흔줄을모르고ᄯᅩ미루어알거ᄉᆞᆫ근육이네ᄉᆞ로히스ᄉᆞ로동ᄒᆞ지안코오직신경즁츄의격동식힘을밧아동ᄒᆞ고ᄯᅩ신경들은곳즁츄에셔브터근육에ᄭᅥ지격동식힘을니르게ᄒᆞᄂᆞᆫ거시라

3 비유컨ᄃᆡ이신경은뎐선(電線)과ᄀᆞᆺᄒᆞ니대개신경은줄이되고쳑슈에잇ᄂᆞᆫ회ᄉᆡᆨ은

쇼뎐보국(小電報局)이되고대뢰는대뎐보국(大電報局)이되ᄂᆞᆫ딕가령모긔가얼골에 안져그주뎜이로가족을뚜를때에그주뎜이가비록작으나두어작은신경셤유를닷치지 안코는뚜를수업느니그런고로뚜를때에그닷치는신경들이갑작이그곳으로브터신경 본톄로소식을보내고또거긔셔쳑슈로쏫차대뢰뎐보국ᄭᆞ지보내느니이소식은여긔야 단낫다홈ᄀᆞᆺᄒᆞ니곳대뢰에셔분부ᄒᆞ야다른신경과셤유로엇거와팔에잇는근육의게말

오십칠도

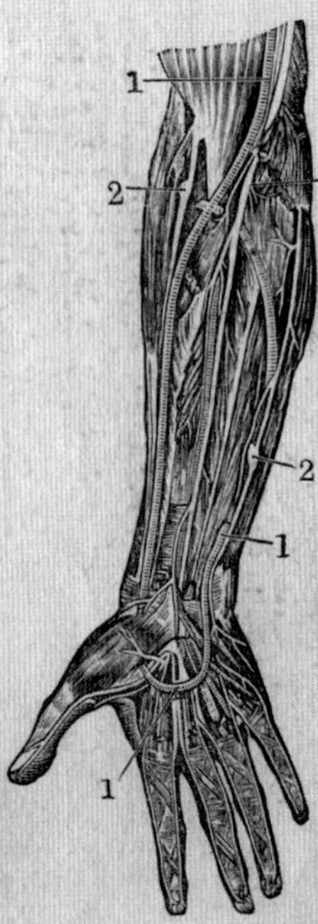

압팔과손에잇는신경을보임이라
1 동믹
2 신경

ᄒᆞ면이근육이모긔를치기위ᄒᆞ야곳주러지느니라

4 이러케일ᄒᆞ는거슬심히쌜니ᄒᆞᆯ지라도시간은조곰허비ᄒᆞ니피부에셔대뎐보국으로보내는소식은ᄒᆞᆫ쵸에일빅ᄉᆞ십자를속히가고또여긔셔회뎐은ᄒᆞᆫ쵸에구십자즘쌜니ᄒᆞ나대뎐보국이소식을밧을쌈도잇고또분부ᄒᆞᆯ시간도잇고근육이주러질시간도잇슬터이니모긔가만일쌜니ᄒᆞ면피ᄒᆞᆯ수잇스리라

반샤작용(反射作用)이라

5사름이밤에잘때에는대뎐보국은닷고뢰가자나만일발바닥이가리우면곳음츠려치며또멱ᄌᆞ귀의뢰를다쎄여ᄇᆞ려도죽지아니ᄒᆞᆯ때가잇스니이때에바늘노그몸녑ᄒᆞᆯ찌르면그발노찌르는곳을글ᄂᆞ니이거슬보고분명히알거슨그뢰에잇는대뎐보국쥬ᄉᆞ가온몸에일을다다ᄉᆞ리지안코쳑슈와련쥬(連珠)에잇는쇼쥬ᄉᆞ들이잇서엇던거슨대뎐보국에동긔업시ᄉᆞᄉᆞ로ᄒᆞᄂᆞ니이는쇼화와호흡과슌환ᄒᆞ는거시다쇼쥬ᄉᆞ의쥬관ᄒᆞ는일이니라

6이러케ᄒᆞ는일을반샤작용(反射作用)이라ᄒᆞ는서ᄃᆞᆰ은피부에셔나다른ᄃᆡ셔무슴소식을드려보내면본뎨의뜻슬밧지안코곳분부를돌녀보냄이라

가령눈을쑴직거리는것시반샤작용으로되ᄂᆞ니눈이조곰몰나질때이면이소식이눈외면아래잇는신경셤유로드러가셔곳분부가두눈ᄭᅥᆷ을닷게ᄒᆞ는근육에니르러츅츅ᄒᆞᆫ거스로눈외면에바르게ᄒᆞᄂᆞ니라

또기침ᄒᆞ는것도이반샤작용의힘으로되ᄂᆞ니가령무슴물건이목구멍이나긔관을간지럽게닷치면본뎨가기침아니ᄒᆞᆯ수업셔날숨ᄒᆞ는근육들이힘을다ᄒᆞ야그간지럽게ᄒᆞ는물건을내여보내랴ᄒᆞ는거시라

또지최기ᄒᆞᄂᆞᆫ것도반샤작용력으로ᄒᆞᄂᆞ니이ᄂᆞᆫ목구멍우희잇ᄂᆞᆫ긔관을해롭게ᄒᆞᄂᆞᆫ거슬내여쫏기위ᄒᆞ야ᄒᆞᄂᆞᆫᄃᆡ이여러가지일은다대뢰아래에잇ᄂᆞᆫ신경즁추의게다ᄉᆞ림을밧ᄂᆞ니라

7 여러가지일을처음시작ᄒᆞᆯ때에ᄂᆞᆫ대뢰의게다ᄉᆞ림을밧을수밧긔업슬지라도ᄎᆞᄎᆞ그아래잇ᄂᆞᆫ신경즁추에맛길수잇ᄂᆞ니가령풍금타기를비ᄒᆞᆯ때에처음은손가락으로그말ᄯᅮᆨ을닷칠때마다일단졍신을가지고야ᄒᆞ나ᄎᆞᄎᆞ공부ᄒᆞ면ᄒᆞ기어려온소ᄅᆡ라도념려업시잘ᄒᆞᆯ수잇ᄂᆞ니라

만일ᄒᆞᄂᆞ님셰셔우리를이ᄀᆞᆺ치문드시지아니ᄒᆞ셧스면우리가뎨일쉬운일이라도젼심치아니ᄒᆞ고ᄂᆞᆫ못ᄒᆞ리니먹ᄂᆞᆫ것과호흡ᄒᆞᄂᆞᆫ것과거러ᄃᆞᆫ니ᄂᆞᆫ일에힘을다허비ᄒᆞ야긔진력진케될수밧긔업스리라

8 즁추(中樞)에셔지소식을젼ᄒᆞᄂᆞᆫ신경셤유ᄂᆞᆫ지각신경(知覺神經)이라ᄒᆞ고즁추에셔각근육에셔지소식을보내ᄂᆞᆫ신경셤유ᄂᆞᆫ운동신경(運動神經)이라ᄒᆞᄂᆞ니라

9 이우희긔록ᄒᆞᆫ말과ᄀᆞᆺ치소식이모도다밧그로브터나ᄂᆞᆫ것아니오원ᄒᆞᄂᆞᆫ거시나ᄉᆡᆼ각ᄒᆞᄂᆞᆫ거슨다대뢰에셔시작ᄒᆞ야밧긔감화가업시근육에셔지분부ᄒᆞ기쉬우니라

10 신경계통이젼신에잇ᄂᆞᆫ여러곳들노ᄒᆞ여곰다련합ᄒᆞ야ᄒᆞᆷ셰일ᄒᆞ게ᄒᆞᄂᆞ니라

대뢰(大腦)는놉흔지혜와지각이잇는자리라

뎨삼편

I 오관(五官)을다ᄉᆞ리는힘이다대뢰에잇ᄉᆞ니이는보는것과듯는것과맛보는것과맛하보는것과닷치는거ᄉᆞᆯ세ᄃᆞᆺ는거시오또모든희노ᄋᆡ락이다여긔잇ᄉᆞ니모든ᄉᆡᆼ각과모든지혜와모든욕이나는곳이니라이증거는두가지가잇ᄉᆞ니
첫재는뢰가온ᄃᆡ대뢰가샹ᄒᆞ거나병이들면이여러가지일이다둔ᄒᆞ게됨이오
둘재는동물중에놉흔지각이만토록이대뢰가커졋ᄂᆞ니온동물을그몸과뢰를비교ᄒᆞ면사ᄅᆞᆷ의대뢰가뎨일크니라

2 쇼뢰(小腦)는몸ᄯᅩᆼ이와ᄉᆞ지의동ᄒᆞ는거ᄉᆞᆯ다ᄉᆞ리는ᄃᆡ거러갈ᄯᅢ나셀ᄯᅢ나몸을바로힝케ᄒᆞᄂᆞ니라

3 련쥬(連珠)에는념통과호흡긔계와쇼화ᄒᆞ는여러긔계와동ᄆᆡᆨ의느러지고주러지는힘이다잇ᄂᆞ니라

뎨ᄉᆞ편

1 사ᄅᆞᆷ의힝ᄒᆞᄂᆞᆫ일즁에신경을해롭게ᄒᆞᄂᆞᆫ일이만ᄒᆞ니이ᄂᆞᆫ됴치못ᄒᆞᆫ공긔가온ᄃᆡ에호흡ᄒᆞᄂᆞᆫ것과운동아니ᄒᆞᄂᆞᆫ것과쇼화ᄒᆞ기어려온음식을먹ᄂᆞᆫ거시라이밧긔또희노ᄋᆡ락(喜怒愛樂)이신경을크게감동식히ᄂᆞ니대개본톄가즐겁고뛰노ᄂᆞᆫᄆᆞᄋᆞᆷ이잇스면신경의힘이더ᄒᆞ야몸에잇ᄂᆞᆫ모든긔계가다격동을밧아그직분을힘써잘ᄒᆞᆷ으로온몸의위ᄉᆡᆼ을크게돕고도로쳐슯ᄒᆞᆫᄆᆞᄋᆞᆷ이잇스면신경의힘을감ᄒᆞᄂᆞᆫᄃᆡ만일셥셥ᄒᆞᆫ말을갑작이드른ᄯᅢ에신경이감으러쳐념동이얼마동안잘뛰놀지아니ᄒᆞ야죽ᄂᆞᆫ것과ᄀᆞᆺᄒᆞ며또셩내ᄂᆞᆫ것과싀긔ᄒᆞᄂᆞᆫ것과분노ᄒᆞᄂᆞᆫ것과여러가지ᄉᆞᄉᆞ로온고약ᄒᆞᆫ일이다신경의힘을감ᄒᆞ야몸에잇ᄂᆞᆫ됴흔긔계를해롭게ᄒᆞ기쉬오니라또본톄가만일신경계통을바로쓰면오ᄅᆡ견ᄃᆡᆯ수잇스나ᄒᆞᆼ샹부족히자거나과히격동식히거나ᄆᆞᄋᆞᆷ에근심ᄒᆞᄂᆞᆫ거시다신경을ᄒᆡ여지게ᄒᆞᄂᆞᆫᄃᆡ일을만히ᄒᆞᄂᆞᆫ것보다걱졍을만히ᄒᆞᄂᆞᆫ거시더옥해로오니라

2 무ᄉᆞᆷ일이던지처음시작ᄒᆞᆯᄯᅢ에조심ᄒᆞ고ᄆᆞᄋᆞᆷ을써셔ᄒᆞᆼ샹ᄒᆞ면나죵에ᄂᆞᆫᄆᆞᄋᆞᆷ업시그일을쉽게ᄒᆞᆯ수잇ᄂᆞ니이거시ᄎᆞᄎᆞ반샤작용력으로되ᄂᆞᆫᄃᆡ이런고로모든일을손니ᄋᆡᆨ은사ᄅᆞᆷ이저보다힘세고셔튼사ᄅᆞᆷ보다곤고ᄒᆞᆷ이업시오ᄅᆡᄒᆞᆯ수잇ᄂᆞ니라

이럼으로아모일이던지ᄒᆞᆫ번습관이되면아니ᄒᆞ기어려온ᄃᆡ청년에닥은힝습이더옥오ᄅᆡ가ᄂᆞ니대개류츄ᄒᆞ던ᄋᆡ히가나죵에류츄ᄒᆞᆫ늙은이가되고사오납던ᄋᆡ히가나죵에

악ᄒᆞᆫ사ᄅᆞᆷ이되겟고착ᄒᆞᆫᄒᆡᆼ습도이와ᄀᆞᆺ치오ᄅᆡ갈터이니남녀를무론ᄒᆞ고ᄆᆞᄋᆞᆷ이량슌ᄒᆞᆫᄋᆞᄒᆡ가나죵에인졍스럽고ᄉᆞ랑만ᄒᆞᆫ어룬이될거시니아모던지어려슬때에조심ᄒᆞ야착ᄒᆞᆫᄒᆡᆼ습을닥을지니라

3뢰(腦)도근육과ᄀᆞᆺ치운동ᄒᆞᄂᆞᆫ듸ᄉᆡᆼ각ᄒᆞ여심공ᄒᆞᄂᆞᆫ거시뢰를강건케ᄒᆞ고졍신을나게ᄒᆞ며그위ᄉᆡᆼ을돕ᄂᆞ니라

쥬졍과담ᄇᆡ의후환이라

뎨오편

1술먹ᄂᆞᆫ사ᄅᆞᆷ이그뢰와신경을격동식히기위ᄒᆞ야먹ᄂᆞ니쳣번먹기시작ᄒᆞᆯ때에ᄂᆞᆫ조미잇ᄂᆞᆫ줄알아이악습을크게닥ᄂᆞᆫ사ᄅᆞᆷ은탐욕이심ᄒᆞ야술업스면못살줄노아ᄂᆞᆫ듸이술이조곰만먹으면뢰와신경이격동홈을밧으나만히먹으면온몸이둔ᄒᆞ게되여죽은것ᄀᆞᆺ치되ᄂᆞ니라대개술을조곰먹을때에ᄂᆞᆫ희노ᄋᆡ락을감화식혀사ᄅᆞᆷ으로ᄒᆞ여곰경솔ᄒᆞ게ᄒᆞ고ᄯᅩ지혜와ᄒᆡᆼ지거동을미련ᄒᆞ게ᄒᆞᄂᆞᆫ고로이때가위태ᄒᆞ니대개술이왕이되여사ᄅᆞᆷ의지각을ᄃᆡ뎍ᄒᆞ야아모때이던지지각을이긔고사ᄅᆞᆷ을다ᄉᆞ릴수잇ᄂᆞ니라

2술을ᄎᆞᄎᆞ조곰식더먹ᄂᆞᆫ듸로ᄆᆞᄋᆞᆷ에잇ᄂᆞᆫ놉ᄒᆞᆫ지조가둔ᄒᆞ여지고ᄂᆞᆫ존지각은더옥

커지며ᄯᅩ뢰가온ᄃᆡ근육을다ᄉᆞ리는힘이약ᄒᆞ여지ᄂᆞ니몸은비록근육의힘으로ᄒᆡᆼᄒᆞᆯ수잇스나그러나뢰에인도ᄒᆞᆯ이가업는고로온육톄가서로ᄒᆞᆷ셰일ᄒᆞᆯ수가업는ᄃᆡ가령술먹고취ᄒᆞᆫ사ᄅᆞᆷ이무어슬힘잇게칠수는잇스나바로ᄒᆞᆯ수업스며그다리에잇는근육들도ᄒᆞᆷ셰합ᄒᆞ야일ᄒᆞᆯ수업고다서로어그러지는ᄯᅳᆺ슬밧아뢰의분부ᄒᆞᆷ이업시주려지고느려지ᄂᆞ니본톄의동ᄒᆞ는거시ᄆᆞᄋᆞᆷ에잇는ᄉᆡᆼ각ᄀᆞᆺ치뒤숭숭ᄒᆞ여지ᄂᆞ니라

3 ᄯᅩᄎᆞᄎᆞ스ᄉᆞ로ᄌᆞ랑ᄒᆞ는것과시비ᄒᆞᆯᄆᆞᄋᆞᆷ이나고조심이변ᄒᆞ야망녕되히ᄒᆡᆼᄒᆞ며못ᄎᆞᆷ내스ᄉᆞ로절졔ᄒᆞ는힘은다일코그즁ᄂᆞᆺ존지각이웃듬이되여쥬장ᄒᆞ야모든죄를범ᄒᆞ기쉽고나죵에는자ᄂᆞ니라

사ᄅᆞᆷ이셩픔이다른ᄃᆡ로이러케ᄒᆡᆼᄒᆞ는것도다르니엇던사ᄅᆞᆷ은안다는거시업시둔ᄒᆞ게만되고혹은나죵ᄭᅡ지그ᄉᆞ지를절졔ᄒᆞᆯ수잇고혹은미련ᄒᆞ여지고혹은ᄒᆞᆼ샹분노ᄒᆞᄂᆞ니모도다취ᄒᆞᆫ동안은미친사ᄅᆞᆷ이되ᄂᆞ니라

4 술을만히먹은후에는두통과됴치못ᄒᆞᆫ구미와신경이흔들님으로몸이ᄯᅥᆯ니는것과ᄆᆞᄋᆞᆷ이답답ᄒᆞᆫ증셰가나ᄂᆞ니술구럭이된사ᄅᆞᆷ이술먹고취ᄒᆞᆫᄯᅢ밧긔는이여러가지증셰가나는쟈가만흐니라

술을먹는ᄃᆡ로먹셩이더나셔나죵에는이긜수업게되여량심과승벽과톄면을다일코부모와형뎨와부부간에거룩ᄒᆞᆫ졍의를ᄇᆞ릴지라도술업시는못살줄노알거시니이러케

되는거시다스ᄉᆞ로취ᄒᆞᆫ병이니라
5술먹는사ᄅᆞᆷ의얼골붉은거슬보고쥬졍의후환즁에ᄒᆞᆫ나흘쎠ᄃᆞᆺ를지니이는그작은
혈관을커지게ᄒᆞᆷ으로붉케되ᄂᆞᆫᄃᆡ얼골에ᄲᅮᆫ아니오다른몸에도그러케될수잇ᄂᆞ니대개
쥬졍이혈관의대쇼를고로롭게ᄒᆞᄂᆞᆫ신경을약ᄒᆞ게ᄒᆞᄂᆞᆫ셔ᄃᆞᆰ이니몸의위ᄉᆡᆼ을그만치해
ᄒᆞᄂᆞ니라
6쥬졍이위에드러가면곳피로드러가셔온몸에ᄲᆞᆯ니퍼지나여러가지로시험ᄒᆞ야보
니쥬졍이뢰에더옥만히모혀이졍미롭고오묘ᄒᆞ게된긔계를해ᄒᆞᄂᆞᆫᄃᆡ이해를잠간동안
만밧을ᄲᅮᆫ아니라ᄒᆞᆼ샹긋치지아니ᄒᆞᄂᆞᆫ해를밧아모든병이나ᄂᆞ니이즁에간질과반신불
슈와밋치ᄂᆞᆫ병이니라
7담비도쥬졍과ᄀᆞᆺ치몸긔계즁에신경과뢰를더옥해롭게ᄒᆞᄂᆞᆫᄃᆡ처음에ᄂᆞᆫ이두긔계
가이독을이긔랴고ᄃᆡ뎍ᄒᆞᆷ으로역ᄒᆞ야몸에힘이다쇠진ᄒᆞ게되나이악습을닥ᄂᆞᆫᄃᆡ로몸
이ᄎᆞᄎᆞ견ᄃᆡ고나죵에ᄂᆞᆫ먹을욕심이나셔됴화ᄒᆞ야졈졈먹ᄂᆞᆫᄃᆡ로더먹을ᄆᆞ음이나ᄂᆞ니
엇던사ᄅᆞᆷ이담비를먹은후에곳그즁험이나타나셔손이흔들흔들ᄒᆞ고목구멍에침이말
나조곰압흐고ᄯᅩ위가약ᄒᆞ야지며졍신이아득ᄒᆞ야희미ᄒᆞ고념통이ᄒᆞᆫ길ᄀᆞᆺ치동ᄒᆞ지못
ᄒᆞᄂᆞ니라
쥬졍이뢰와신경을해ᄒᆞᄂᆞᆫ거슬간단히의론ᄒᆞᆷ이라

8첫재는몬져격동식히고후에는죽게홈이오
둘재는모든지각즁에놉흔지각을몬져죽이여본뎨가ᄂᆞᆫ즌지각의지휘를밧아힝케홈이오
셋재는정신을흐리게ᄒᆞ고경위를망케홈이오
넷재는온신경계통을쇠진케ᄒᆞ야반신불슈와간질과쥬광병을내ᄂᆞ니라

습 문

일편 I 머리를샹케ᄒᆞᄂᆞᆫᄃᆡ후환은무어시뇨
2등심이를샹케ᄒᆞᄂᆞᆫᄃᆡ후환은무어시뇨
3 4뢰의싱긴모양이엇더ᄒᆞ뇨
5뢰에잇ᄂᆞᆫ반션은무어시뇨△이반션이엇더케례의지국과야만사ᄅᆞᆷ과밋ᄂᆞᆫ즌동물을표ᄒᆞᄂᆞ뇨
6연슈는엇더ᄒᆞ뇨
7쳑슈를말ᄒᆞ오
8뢰와쳑슈를덥ᄂᆞᆫ막이멧겹이뇨△뢰에셔나아오ᄂᆞᆫ신경이얼마나되ᄂᆞ뇨△쳑슈에셔나아오ᄂᆞᆫ신경은얼마나되ᄂᆞ뇨

뎨구장

9 뢰의조직이모양이엇더ᄒᆞ뇨△쳑슈의조직은모양이엇더ᄒᆞ뇨

10 엇지ᄒᆞ야팔고빙이를치면석기손가락ᄭᅡ지압흐게되ᄂᆞ뇨△신경들이몸밧긔로가ᄂᆞᆫᄃᆡ로엇더케되ᄂᆞ뇨

11 신경들이몸안으로드러가ᄂᆞᆫᄃᆡ로엇더케되ᄂᆞ뇨△신경즁츄ᄂᆞᆫ무어시뇨

12 현미경으로보면회석질노된거시엇더ᄒᆞ뇨△ᄇᆡᆨ석질노된것엇더ᄒᆞ뇨

이편 1 몸가온ᄃᆡ가죡ᄒᆞᆫ곳에나아가ᄂᆞᆫ신경을버히면그곳이엇더케되ᄂᆞ뇨△근육으로간신경을버히면엇더케되ᄂᆞ뇨

2 이로미루워알거슨무어시뇨

3 신경계통이젼보와ᄀᆞᆺᄒᆞᆫ것무어시뇨△모긔가사ᄅᆞᆷ을물ᄯᅢ에엇더케되겟ᄂᆞ뇨

4 신경이소식을보낼ᄯᅢ와ᄃᆡ답ᄒᆞᆯᄯᅢ에시간을허비ᄒᆞᄂᆞ뇨

5 6 반샤작용리치ᄂᆞᆫ무어시뇨△그즁에두어가지를말ᄒᆞ오

7 대뢰에셔ᄒᆞ게ᄒᆞᄂᆞᆫ일을나죵에반샤작용력으로ᄒᆞᆯ수잇ᄂᆞ뇨

8 지각신경셤유ᄂᆞᆫ무어시뇨△운동신경셤유ᄂᆞᆫ무어시뇨

10 신경계통의ᄒᆞᆯ직분은무어시뇨

삼편 1 대뢰ᄂᆞᆫ무어슬쥬관ᄒᆞᄂᆞ뇨△두가지아ᄂᆞᆫ즁거ᄂᆞᆫ무어시뇨

2 쇼뢰ᄂᆞᆫ무어슬쥬관ᄒᆞᄂᆞ뇨

3연슈는무어슬쥬관ᄒᆞᄂᆞ뇨
ᄉᆞ편ㅣ신경을돕ᄂᆞᆫ거슨무어시뇨△ᄯᅩ만케ᄒᆞᄂᆞᆫ것무어시뇨
2 3어려슬때에악습이나착ᄒᆞᆫ덕을닥ᄂᆞᆫ거시사ᄅᆞᆷ의게크게샹관되ᄂᆞᆫ거슨무어시뇨△
ᄅᆡ도운동ᄒᆞᄂᆞᆫ거시유익ᄒᆞ뇨
오편ㅣ사ᄅᆞᆷ이웨술을먹ᄂᆞ뇨△조곰먹ᄂᆞᆫᄃᆡ해는무어시뇨
2만히먹ᄂᆞᆫᄃᆡ해는무어시뇨
3술먹ᄂᆞᆫ사ᄅᆞᆷ의후환이다ᄀᆞᆺᄒᆞ뇨
4술만히먹은후에곳빗ᄂᆞᆫ해는무어시뇨△그먹을욕심을이긔기쉬우뇨
5쥬졍이엇더케그먹은사ᄅᆞᆷ의얼골을붉어지게ᄒᆞᄂᆞ뇨
6쥬졍이그먹은사ᄅᆞᆷ의몸가온ᄃᆡ어ᄂᆞ곳에더옥만히모히ᄂᆞ뇨△술먹음으로나ᄂᆞᆫ병은
무어시뇨
7담ᄇᆡ를처음먹을때에신경과릐가첫재로밧ᄂᆞᆫ해가무어시뇨△이악습을닥ᄂᆞᆫᄃᆡ로엇
더케되ᄂᆞ뇨△권연초를먹ᄂᆞᆫᄃᆡ해됨이업ᄂᆞ뇨
8쥬졍이릐와신경을해ᄒᆞᄂᆞᆫ거슬간단히말ᄒᆞ오

뎨십쟝은피부(皮膚)라

가족의싱긴모양이라

뎨일편

1 가족은몸을덥는거시니부드럽고밋근밋근ᄒᆞ나힘이만흔ᄃᆡ몸에ᄶᆞᆨ마ᄌᆞ나탄력이잇서그안헤잇는근육우희조곰밀닐수잇는고로몸이동홀ᄯᅢ에도당긔여거리ᄭᅵ지안으며또그빗치조곰묽으니그속에잇는정믹의푸른빗과동믹의붉은빗출볼수잇ᄂᆞ니라이가족은몸이비빔을만히밧는ᄃᆡ로더옥둡거워지ᄂᆞ니가령교군의엇기와버슨발노ᄃᆞ니는사ᄅᆞᆷ의발바닥이그러케되ᄂᆞ니라

2 만일몸에부릇흔곳슬바늘노찌르면물ᄀᆞᆺ흔거시나아오고판판ᄒᆞ게몰나붓흘지니그찔너도압흔줄을모로고피도아니나오니이는가족외면에는신경과혈관이업는증거니만일가족외면이버서질ᄯᅢ에는압흐기도ᄒᆞ고피도나아오는거슨가족을다벗기지안코그웃겹만샹ᄒᆞ여그속에신경과혈관이잇는겹ᄭᆞ지버서지는연고니라

3 머리에서나는비듬은가족외면에서ᄯᅥ러지는ᄆᆞ른비늘과ᄀᆞᆺ흔ᄃᆡ온몸가족에서도

이보다작은거시쩌러지ᄂᆞ니몬지와ᄀᆞᆺ치심히작아셔눈으로ᄂᆞᆫ잘보지못ᄒᆞ나옷시모혀잇고또몸을글거취ᄒᆞᆫ거슬현미경으로보면흰ᄆᆞ른비늘과ᄀᆞᆺᄒᆞᆯ지라도실샹은죽은가족이니이ᄂᆞᆫ외면에가족이히여지ᄂᆞᆫᄃᆡ로그속에잇ᄂᆞᆫ가족이둡거워져서그ᄌᆞ리를메우ᄂᆞ니라

4 가족밧겹은표피(表皮)라ᄒᆞ고그속겹은진피(眞皮)라ᄒᆞᄂᆞᆫᄃᆡ만일가족ᄒᆞᆫ조각을바로얇게버혀현미경으로보면쉰여듧재그림과비슷ᄒᆞ리니그표피와진피가맛붓ᄂᆞᆫ곳에우ᄒᆞ로벗친산ᄀᆞᆺᄒᆞᆫ거슨유두(乳頭)라ᄒᆞᄂᆞ니쉰아홉재그림을보면크게뵈인유두인ᄃᆡ이거슨진피외면에잇ᄂᆞᆫ거시라그표피가만일무엇시비비여버서지면이유두들이적고붉은씃슬뵈이ᄂᆞ니혈관과신경이다거긔잇ᄂᆞ니라

오십팔도

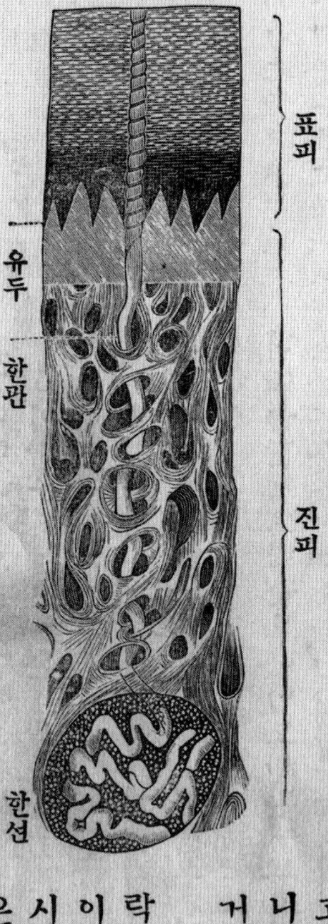

5 손바닥과손가락에밧이랑과그ᄉᆞ이에골쟉이ᄀᆞᆺᄒᆞᆫ거시현뎌ᄒᆞᆫᄃᆡ이이랑은다허다ᄒᆞᆫ유두로

오십구도

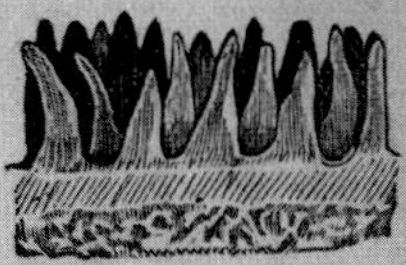

유두들이라

륙십도

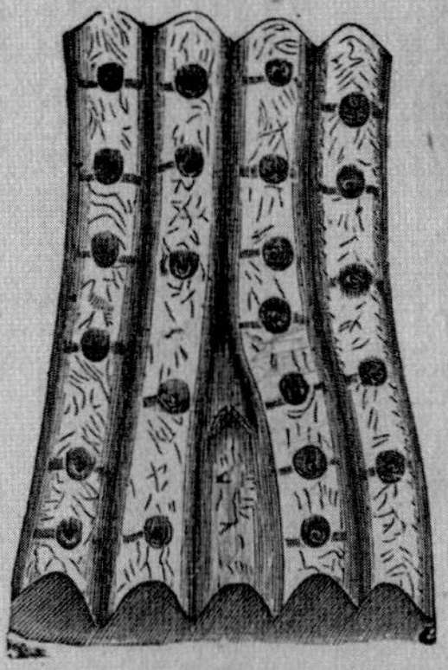

손바닥에잇ᄂᆞᆫ유두로된이랑을현미경으로보입이니검은뎜들은한관구니라

되ᄂᆞ니현미경으로보면예슌재그림과ᄀᆞᆺᄒᆞ니라
6 이랑우희잇ᄂᆞᆫ검은뎜은한관구(汗管口)라ᄒᆞᄂᆞ니쉰여ᄃᆞᆲ재그림을보면통과ᄀᆞᆺᄒᆞᆫ한관ᄒᆞᆫ나흘볼거신ᄃᆡ외면에셔보면나샤못과ᄀᆞᆺ치되여표피를지나고ᄯᅩ진피에드러갈ᄯᅢ에는오불ᄭᅩ불ᄒᆞ야나죵에가죡온속에사리ᄂᆞ니이거시한션(汗腺)이라이사린밧면에는모셰관구믈이잇ᄉᆞ니예슌ᄒᆞᆫ재그림을보라이모셰관에셔피에잇ᄂᆞᆫ물과렴질(鹽質)즁에더러ᄂᆞᆫ이통으로셔여드러와셔한션을취우ᄂᆞᆫ듸로넘어시내와ᄀᆞᆺ치밧그로흐르ᄂᆞ니이물은다그아래잇ᄂᆞᆫ혈관에셔나ᄂᆞ니라싱리학박학ᄉᆞ들의가량은온몸에이통이이빅오십만즘되ᄂᆞ니만일이거슬다ᄒᆞᆫ줄에니어놀수잇ᄉᆞ면삼십리나되리라

땀(汗)나는거시라

7몸이셔늘ᄒᆞᆯ때에는외면에축축ᄒᆞᆫ거슬보지못ᄒᆞ나그러나이통에셔나아오는거슨항상잇ᄂᆞ니대개몸이심상ᄒᆞᆫ때에는이나오는거시김이되여헤여짐으로땀방울을일울땀이업스나만일몸이더울때에는이물이ᄲᆞᆯ니솟사나와땀방울되고엇던때에는잘흐르기도ᄒᆞᄂᆞᆫᄃᆡ사ᄅᆞᆷ이셔늘ᄒᆞᆫ

륙십일도

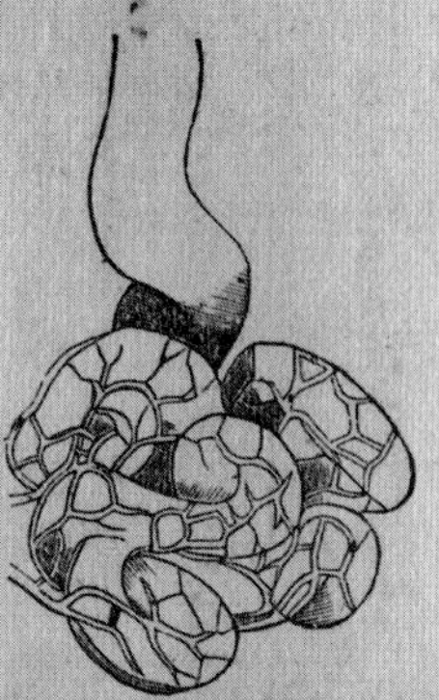

한션과그에워싼모세관이라

곳에가만히잇스면땀이마른다ᄒᆞᆷ은그땀이과히ᄲᆞᆯ니나지아니ᄒᆞ고또임의외면에나아온거슨김에되여바람에ᄂᆞᆯ아가ᄂᆞᆫ연고니라

한관구에셔항상나아오ᄂᆞᆫ보지못ᄒᆞᆯ축축ᄒᆞᆫ물은ᄭᆡᄃᆞᆺ지못ᄒᆞᄂᆞᆫ땀이라ᄒᆞ고또임의물과ᄀᆞᆺ치보아알거슨ᄭᆡᄃᆞᆺᄂᆞᆫ땀이라ᄒᆞᄂᆞ니라

모발(毛髮)이라

8모발은가족에셔나아오ᄂᆞᆫᄃᆡ몸에잇ᄂᆞᆫ거슨거반다졂고가ᄂᆞ나머리와얼골에잇ᄂᆞᆫ거슨길고굵으니라ᄂᆞ즌동물의몸에털이그즘싱의유익ᄒᆞᆫ거슨대개그몸을덥허덥게ᄒᆞᆷ이나오직사ᄅᆞᆷ의게ᄂᆞᆫ이런소용이업ᄂᆞᆫ거슨대개사ᄅᆞᆷ은지혜가잇셔옷슬지어닙을수잇

ᄂᆞ니라그러나머리와턱아리는이런털노보호ᄒᆞᄂᆞ니라에슌둘재그림은현미경으로모발ᄉᆡ리를본거신ᄃᆡ이ᄉᆡ리가진피에잇서그통아래끗헤는근육셤유가붓허가족외면에ᄭᅵ지나왓ᄂᆞ니이근육이주려질ᄯᅢ에모발을당겨셔나아오게ᄒᆞᄂᆞ니라이러케ᄒᆞ야그겻헤잇ᄂᆞᆫ가족을열두이와ᄀᆞᆺ치내여밀게ᄒᆞᄂᆞᆫᄃᆡ몸이칩던지무셔옴을맛나면이근육이주려지ᄂᆞ니쇽담에이런거슬솜돗ᄂᆞᆫ다ᄒᆞᄂᆞ니라

도이십륙

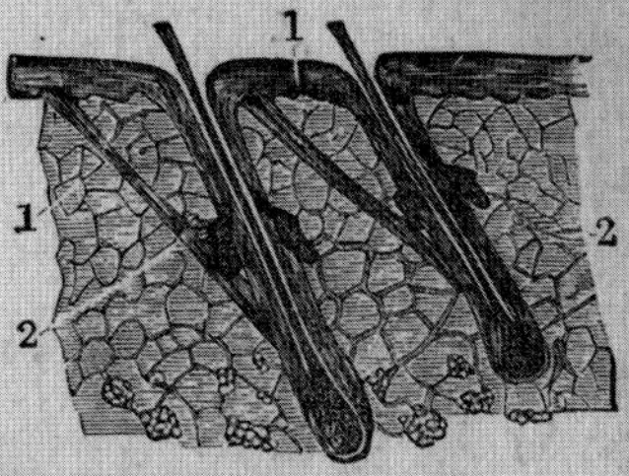

가족을고추버혀모발의ᄉᆡ리를보임이라

1 모낭에붓흔근육
2 피지션

피지션(皮脂腺)이라

9이모발에잇ᄂᆞᆫ통과련ᄒᆞᆫ다른통이만히잇서모양은가는젼ᄃᆡ와ᄀᆞᆺ흔ᄃᆡ이는피지션(皮脂腺)이라이션이모발통과련ᄒᆞ여거긔셔나는기름을모발통에부어가족밧긔ᄭᅵ지나오게ᄒᆞᄂᆞᆫᄃᆡ그소용은온가족을부드럽게ᄒᆞ고ᄯᅩ모발을ᄆᆞ르지안케ᄒᆞ여윤턱케ᄒᆞᄂᆞ니그런고로만일두골가족이병나면이피지션이그직분을잘못ᄒᆞ야머리털이윤턱지못ᄒᆞ고셜셜ᄒᆞ게되ᄂᆞ니라

손톱과발톱이라

10 손톱과발톱도모발과굿치가족에셔나는ᄃᆡ실샹은표피가특별히쎅쎅ᄒᆞ고든든ᄒᆞ게변ᄒᆞ야손끗슬보호ᄒᆞ고또집는거슬위ᄒᆞ야되엿ᄂᆞ니그ᄲᅮ리는웃편가족아래잇고손톱아래잇는살손톱은조궁(爪宮)인ᄃᆡ손톱이거긔셔나는고로손톱은샹ᄒᆞ나조궁만셩ᄒᆞ면손톱이다시싱길수잇고이조궁이조곰샹ᄒᆞ면손톱이나기는ᄒᆞ나온젼치못ᄒᆞ며만일조궁이다샹ᄒᆞ여업셔지면손톱이다시나지못ᄒᆞᄂᆞ니라

가족(皮)의공용이라

11 가족의싱긴거슬보고그ᄒᆞ는일을알기쉬오니

첫재는그안헤잇는거슬보젼ᄒᆞ는ᄃᆡ가족은탄력이만코또질긘고로힘센닷침이라도잘견ᄃᆡ고또표피(表皮)는신경이업스매그속에압흐기쉬온거슬덥허보호ᄒᆞ는ᄃᆡ류질이나또긔질이잘실수업스니가족이셩ᄒᆞᆫ손은독ᄒᆞᆫ약물에잠아도관계치안켓스나만일가족이샹ᄒᆞᆫᄃᆡ가잇스면그약이시셔여피에드러감으로사름을해ᄒᆞ리라

둘재는몸속에잇는낡아진거슬내여ᄇᆞ리는ᄃᆡ이썩은거반다물이라도그속에다른질도녹아잇ᄂᆞ니ᄒᆞ로동안에가족으로나는물이ᄯᅢ와한셔를ᄯᅳ라ᄒᆞᆫ굿되지아니ᄒᆞ니대개네ᄉᆞ로온ᄯᅢ에는ᄒᆞᆫ사발즘되는ᄃᆡ그즁에뎨질이두어숫가락이나녹아잇ᄂᆞ니라

셋재는몸에한열을고로롭게ᄒᆞᄂᆞ니라

사ᄅᆞᆷ의몸에한열(寒熱)이라

12 사ᄅᆞᆷ의몸이ᄒᆞᆼ샹열긔를내ᄂᆞ니한셔표를가지고셩ᄒᆞᆫ사ᄅᆞᆷ의입에물녀두면아ᄒᆞᆫ여ᄃᆞᆲ듸그리반에셔더올으지안는ᄃᆡ만일이보다더올으면그몸에병난증거가되며ᄯᅩ셩ᄒᆞᆫ사ᄅᆞᆷ의위에나피에너흘수잇스면ᄇᆡᆨ듸그리즘되여더올으고ᄂᆞ리지아니ᄒᆞᄂᆞ니이럼으로몸속에열이ᄇᆡᆨ듸그리되여열ᄃᆡ에잇는사ᄅᆞᆷ도여긔셔더되지안코ᄯᅩ남북극빙양에잇는사ᄅᆞᆷ도여긔셔더ᄂᆞ리지아니ᄒᆞᄂᆞ니라

13 가령방안희한열을평균히잇게ᄒᆞ랴면덥게ᄒᆞ는불도잇고ᄯᅩ과히덥게되면식게ᄒᆞ는법도잇셔야됨과ᄀᆞᆺ치사ᄅᆞᆷ의몸속에도덥게ᄒᆞ는것과식히는긔계둘이다잇셔스ᄉᆞ로쥬쟝ᄒᆞ고ᄒᆞ는일도온젼ᄒᆞ야사ᄅᆞᆷ이오리살다가죵신ᄒᆞᆯᄯᅢᄭᆞ지그동안더움을맛나던지치움을맛나던지셩ᄒᆞᆫ사ᄅᆞᆷ의몸속에잇는한열은ᄒᆞᆫ두듸그리밧긔변치아니ᄒᆞᄂᆞ니라

온몸에한열을고로롭게ᄒᆞ는법이라

14 이몸을덥게ᄒᆞ는거시ᄒᆞᆫ곳에만잇지안코모든셰미ᄒᆞᆫ곳에ᄭᆞ지다잇ᄉᆞ니곳곳마다피에잇는산소를취ᄒᆞ고탄산ᄭᅢ쓰를내여주는ᄃᆡ로변화ᄒᆞᆷ이되고이러케변화ᄒᆞ는ᄃᆡ로열긔를내는거시마치나무나셕탄이불에타질ᄯᅢ에변화ᄒᆞᆷ으로열긔를발ᄒᆞᆷ과ᄀᆞᆺᄒᆞ니라

이열긔가피에드러가ᄂᆞ니모셰관에셔나아올때에는더옥더운ᄃᆡ이피가허다ᄒᆞᆫ적은강과ᄀᆞᆺ치논호엿다가다시합ᄒᆞ야념통에는큰강이되ᄂᆞ니이럼으로열긔를온몸에젼파ᄒᆞᄂᆞ니라

15 가령사ᄅᆞᆷ의발이다른곳보다치움을맛나면거긔잇는피가다른ᄃᆡ잇는피보다잠간동안칩기쉬우나그러나이피가우ᄒᆞ로올나가셔다른더운피와석겨덥게되고념통에셔또더운피가ᄂᆞ려가셔발에열긔를돕ᄂᆞ니이럼으로발에열긔가다른ᄃᆡ와거반ᄀᆞᆺ치더우니라

또뢰나위가일이만하밧불때에는다른ᄃᆡ보다덥기쉬우나그러나그더워진피가다른ᄃᆡ피와쉬석기여다른피의열긔를도아줌으로미지근ᄒᆞ게되는ᄃᆡ피가이ᄀᆞᆺ치온몸에ᄒᆞᆼ샹슌환홈으로온몸에한열이고로롭게되ᄂᆞ니라

16 흔이공긔는몸보다차셔몸에잇는열긔를ᄒᆞᆼ샹먹는ᄃᆡ사ᄅᆞᆷ이옷슬닙음으로몸에잇는열긔를막아일치안케ᄒᆞᄂᆞ니이솜잇는옷시나가족옷시능히열긔를내는것아니오다만치움을막고또몸에잇는열긔를막아나아오지안케ᄒᆞᆯ섇이니라

사ᄅᆞᆷ이치울때문밧긔오리잇셔도몸을덥게ᄒᆞ는법이두가지가잇스니

첫재는음식을만히먹을지니사ᄅᆞᆷ이음식을만히먹음으로그속에잇는열긔를돕는거시마치장작이를불에살움으로열긔를돕는것과ᄀᆞᆺ고또호흡ᄒᆞᆯ때마다방안에잇는것보다산소를더밧ᄂᆞ니이산소도열긔를돕는거시니라

둘재는운동을더만히ᄒᆞᆯ지니이거시또사ᄅᆞᆷ의몸속에잇는열긔를돕ᄂᆞ니라

몸을식히ᄂᆞᆫ법이라

17 엇던ᄣᅢ에사ᄅᆞᆷ이운동을힘써만히ᄒᆞ던지ᄒᆡ빗체잇슬ᄣᅢ에ᄂᆞᆫ몸에열긔가과히만하져옷슬얇게닙어도공긔가몸에열긔를다헤치지못ᄒᆞᄂᆞᆫᄃᆡ그ᄣᅢ에가족이식히ᄂᆞᆫ긔계가되여두가지모양으로ᄒᆞᄂᆞ니

첫재ᄂᆞᆫ진피ᄂᆞᆫ가ᄂᆞᆫ혈관으로되엿ᄂᆞᆫᄃᆡ이혈관들이더움을마즐ᄣᅢ커지고ᄯᅩ커지ᄂᆞᆫᄃᆡ로몸속에깁히잇ᄂᆞᆫ혈관에피가만히나아오니사ᄅᆞᆷ이더울ᄣᅢ에얼골이붉어지ᄂᆞᆫ거시이ᄭᆞ닭이라피가진피혈관에잇셔식히기를몸속에잇ᄂᆞᆫ혈관보다더옥속히ᄒᆞᄂᆞ니이ᄂᆞᆫ그셔늘ᄒᆞᆫ공긔와갓가옴이라그런고로사ᄅᆞᆷ이더울ᄣᅢ에ᄂᆞᆫ가족이피를더만히밧고외면갓가히식히ᄂᆞ니피가이러케식음으로온몸이식ᄂᆞ니라

둘재ᄂᆞᆫ피부에잇ᄂᆞᆫ무수ᄒᆞᆫ한션(汗腺)들이ᄯᅩᄒᆞᆫ몸의한열을고로롭게ᄒᆞᄂᆞᆫᄃᆡ크게샹관이잇ᄂᆞ니어ᄂᆞ곳이던지물이김이되면그잇ᄂᆞᆫ곳슬조곰셔늘ᄒᆞ게ᄒᆞᄂᆞᆫᄃᆡᄯᆞᆷ이한션으로가족에ᄭᆡ지나아올ᄣᅢ에김이됨으로가족과거긔잇ᄂᆞᆫ혈익이식을수잇ᄂᆞ니일긔가덥도록ᄯᆞᆷ이더옥나고ᄯᆞᆷ이날ᄉᆞ록열긔가더옥헤여지ᄂᆞ니라그런고로심히더운곳에잇슬ᄣᅢ에ᄯᆞᆷ이잘나면관계치아니ᄒᆞ나만일ᄯᆞᆷ이나지아니ᄒᆞ면웬만치더운거시라도잘견ᄃᆡ지못ᄒᆞᄂᆞ니라

가족을잘간슈ᄒᆞ는거시라

뎨이편

1 만일산즘싱의가족을숑유(松油)로더루면오릭지아니ᄒᆞ야죽고또사ᄅᆞᆷ의가족을반즘틱오면깁히타지는아니ᄒᆞ나곳죽을지니이거슬보면피부가대단히즁ᄒᆞᆫ거신ᄃᆡ잘보호ᄒᆞ는거시유익ᄒᆞ니라

2 이가족을셩ᄒᆞ게ᄒᆞ는법이세가지니
첫재는한션(汗腺)과피지션(皮脂腺)을열어활동ᄒᆞ게ᄒᆞ는거시오
둘재는피부에잇는피를잘슌환ᄒᆞ게ᄒᆞ는거시오
셋재는공긔가가족에잘맛게ᄒᆞ는거시라

3 ᄯᅡᆷ에잇는톄질과피지션에셔나아오는기름ᄀᆞᆺ흔것과표피에셔ᄲᅥ러지는비늘과몸에붓는띄글을모혀잇게ᄒᆞ면한관에구멍을막아위싱을해ᄒᆞᄂᆞ니라

야만사ᄅᆞᆷ의피부는덥는옷시업셔공긔를잘맛나되문명ᄒᆞᆫ나라사ᄅᆞᆷ들은아츰에더운침소에셔니러나셔더운옷슬닙고또더운방에잇기쉬오니이럼으로그피부가부드럽고약ᄒᆞ여지고거긔잇는션(腺)과혈관들이힘이업셔그직분을잘못ᄒᆞᄂᆞ니라

뎨십장

4이런사름은감긔가들기쉬우니대개그피부가갑작이식는ᄭᆞᄃᆞᆰ이오ᄉᆞ시에다문밧긔만히거ᄒᆞᄂᆞᆫ사름은감긔가잘들지안ᄂᆞ니이는그피부와온몸이치움을잘견ᄃᆡᄂᆞᆫ연고니라

5사름이심히둡거온옷과ᄯᅩ여러겹을닙으면공긔가피부에잘맛나지못ᄒᆞᆷ으로몸이약ᄒᆞ여지ᄂᆞ니라

6엇던ᄯᅢ에병든사름이그몸을비빔으로유익을만히밧을ᄲᅮᆫ더러ᄒᆞᆼ샹이러케ᄒᆞ면병곳침을도을수잇스며ᄯᅩ셩ᄒᆞᆫ사름이라도이러케ᄒᆞᄂᆞᆫ거시됴ᄒᆞᆫᄃᆡ날마다목욕ᄒᆞᄂᆞᆫ거시유익ᄒᆞ나그다음에는손으로나슈건으로온몸을비빌거시니이러케비비ᄂᆞᆫᄃᆡ세가지유익이잇스니

첫재는피부의근육을운동케ᄒᆞᆷ이오

둘재는그피부에피를잘슌환ᄒᆞ게ᄒᆞᆷ이오

셋재는그몸에모혀잇ᄂᆞᆫ허여진표피와ᄯᆞᆷ을업시ᄒᆞᆷ이니라

7피부를셩케ᄒᆞᄂᆞᆫ일즁에목욕ᄒᆞᄂᆞᆫ것에셔더됴ᄒᆞᆫ거시업ᄂᆞ니혹약ᄒᆞᆫ사름은만히ᄒᆞᆯ수업고ᄯᅩᄒᆞᆫ맛당치아니ᄒᆞᆫ목욕으로해를밧을수잇스나그러나뎍당ᄒᆞᆫ법으로ᄒᆞ면크게유익ᄒᆞ니라혹은말ᄒᆞᄃᆡ만흔사름이다ᄒᆞᆼ샹목욕ᄒᆞ지아니ᄒᆞ여도온몸이평안ᄒᆞ다ᄒᆞ나일언이폐지ᄒᆞ고물노씻슴과비빔으로가족을졍ᄒᆞ게ᄒᆞ고ᄯᅩ환관구(汗管口)를열니게ᄒᆞ고모든션(腺)을활동케ᄒᆞ고슌환을잘ᄒᆞ게ᄒᆞᄂᆞᆫ거시엇더던지피부를셩케ᄒᆞ고ᄯᅩ위

셩을돕ᄂᆞ니라

8 링슈(冷水)가피부의게텬연ᄒᆞᆫᄌᆞ극이되고또신경을격동식혀온몸을더옥활동ᄒᆞ게ᄒᆞᄂᆞᆫ디단물(淡水)보다짠물에목욕ᄒᆞᄂᆞᆫ거시몸을더강건케ᄒᆞᄂᆞ니이ᄂᆞᆫ짠물에잇ᄂᆞᆫ렴질(鹽質)이온몸을잘견고케ᄒᆞᆷ이라

9 날마다목욕ᄒᆞᄂᆞᆫ거시감긔를뎨일잘막아들지못ᄒᆞ게ᄒᆞᄂᆞ니대개감긔ᄂᆞᆫ피부가부드럽고약ᄒᆞ여져습긔잇ᄂᆞᆫ공긔나찬공긔를잘견듸지못ᄒᆞᆷ으로나ᄂᆞᆫ디만일날마다목욕을잘ᄒᆞ면피부가힘이나고피가잘슌환ᄒᆞ고몸속에잇ᄂᆞᆫ신경들이강건케됨으로치움을능히잘견딜수잇ᄂᆞ니라

10 그러나목욕ᄒᆞᆯ때에조심ᄒᆞᆯ거시두어가지잇ᄉᆞ니

첫재ᄂᆞᆫ음식을만히먹은후에곳ᄒᆞ지말지니대개사ᄅᆞᆷ이음식을먹은때에ᄂᆞᆫ온몸에피가다위에만히모혀힘쓸일이만코다른긔계ᄂᆞᆫ가만히노ᄂᆞᆫ디만일이때에목욕ᄒᆞ면쇼화ᄒᆞᄂᆞᆫ일을막아온몸이해롭게됨이오

둘재ᄂᆞᆫ몸이심히곤ᄒᆞᆯ때에ᄂᆞᆫ링슈로목욕ᄒᆞ지말거시니몸이약ᄒᆞᆫ사ᄅᆞᆷ은링슈에도모지아니ᄒᆞᄂᆞᆫ거시됴ᄒᆞ며

셋재ᄂᆞᆫ몸이더울때에도링슈에ᄒᆞᄂᆞᆫ거시크케위ᄐᆡᄒᆞ니아니ᄒᆞᆯ거시오

넷재ᄂᆞᆫ링슈에너머오ᄅᆡ잇서나올때에곳덥게되지안커나또목욕ᄒᆞᆫ후에싀원ᄒᆞᆫ모양은업시도로혀뢰곤ᄒᆞ면유익ᄒᆞᆷ은업고해로오니라

귀(耳)라

뎨삼편

1 귀는코와ᄀᆞᆺ치얼마는머리속에잇고얼마는머리밧긔잇ᄂᆞᆫᄃᆡ이귀를세층으로논호니밧긔잇ᄂᆞᆫ귀와가온ᄃᆡ잇ᄂᆞᆫ귀와속에잇ᄂᆞᆫ귀라

륙십삼도

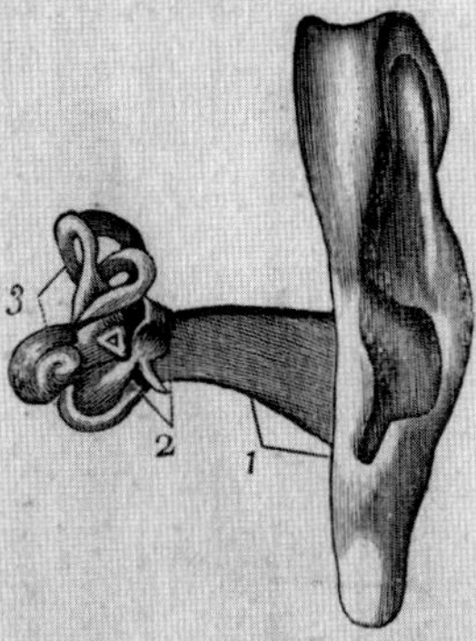

귀

1 밧귀
2 가온ᄃᆡ귀
3 안귀

2 밧긔잇ᄂᆞᆫ귀ᄂᆞᆫ나발통과비슷ᄒᆞ니그직분은모든소ᄅᆡ를다모화안귀에ᄭᅥ지드려보내ᄂᆞᆫᄃᆡ듯ᄂᆞᆫ신경은안귀속에잇ᄂᆞ니라ᄯᅩ나발과ᄀᆞᆺ치머리속으로드러가고발ᄒᆞᄂᆞᆫ통은머리밧긔드러낫ᄂᆞᆫᄃᆡ이통은거반다연골노되고밧긔잇ᄂᆞᆫ귀에붓흔작은근육셋시잇스니엇던사ᄅᆞᆷ은혹이근육으로귀를동케ᄒᆞᆯ수잇스나흔치못ᄒᆞ니라

3 이통은외청관(外聽管)이라ᄒᆞᄂᆞᆫᄃᆡ길이가흔치즘되고고막(鼓膜)ᄭᅥ지드러갓ᄂᆞ

니라

4이고막은북챵과ᄀᆺ치가온ᄃᆡ귀와밧귀두ᄉᆞ이에막혀잇ᄂᆞᆫᄃᆡ가온ᄃᆡ귀에뷘곳시잇ᄉᆞ니북이라ᄒᆞᆯ수잇고또고막부(鼓膜部)라ᄒᆞᆯ수잇ᄂᆞ니라그속에는조고마ᄒᆞᆫ귀ᄲᅧ가잇는ᄃᆡ여긔셔목구멍뒤편ᄭᆞ지통ᄒᆞᄂᆞᆫ길이잇스니이길은유쓰탁씨관이라ᄒᆞᄂᆞ니라

5가온ᄃᆡ귀를지나셔는안귀가잇스니이귀는두골왼속에잇셔듯는신경ᄭᅳᆺ시여긔잇ᄂᆞ니라

엇더케듯는리치라

6소리는귀가능히ᄡᅧ듯는ᄃᆡ이는공긔가흔들님으로공긔의결이외청관(外聽管)에드러가셔북을쳐흔들니게ᄒᆞᄂᆞ니라

도ᄉᆞ십륙

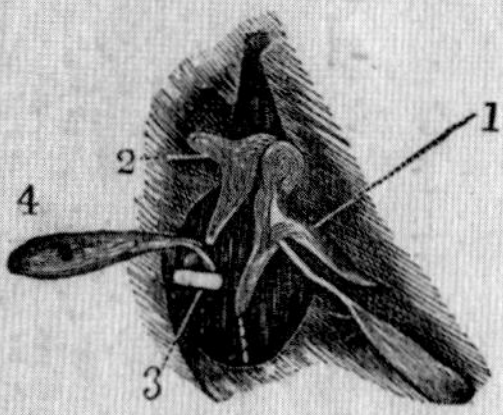

귀속에잇는ᄲᅧ를안으로보임이라

1침골
2츄골
3마등골
4마등골근

7이북챵에셔브터건넌벽ᄭᆞ지ᄲᅢᆼᄲᅢᆼ히련ᄒᆞᄂᆞᆫ작은ᄲᅧ세ᄀᆡ가잇스니츄골(槌骨)과침골(砧骨)과마등골(馬鐙骨)이라츄골흔ᄭᅳᆺ슨북챵과접ᄒᆞ고흔ᄭᅳᆺ슨침골과련ᄒᆞ고침골은마등골과련접ᄒᆞ엿ᄂᆞ니라

8이북챵이공긔에흔들기릴ᄯᅢ에이적은

뎨 십 쟝

쎠들도흔들거리는디셋재마등골이속귀막과졉ᄒᆞ니이막도작은안북창이라이속에는
안귀가잇서물이가득ᄒᆞ엿는디마등골이흔들기리는디로이북창이흔들니고또이북챵
이흔들니는디로그안귀에잇는물도흔들녀이적은물결들이듯는신경긋슬쳐셔이침으
로뢰에셔지듯는다는소식을보내ᄂᆞ니라

9 듯는거슨귀가아니오뢰가귀로듯ᄂᆞ니라

10 귀알는거슨흔이이북안겹에열긔가나셔부어물ᄀᆞᆺ흔진익을내여북을가득히채워
눈님으로합흔디혹열긔가멋는디로물도쌜아드리게되고혹은북창이터져물이나온후
에야압흔거시멋는디고름은흔이가온디귀압흔곳에셔나셔북창구멍으로나아오ᄂᆞ니
만일그구멍이좁우면고름이ᄀᆞᆺ칠때에도로합창홀수잇스나그창이태반이나샹ᄒᆞ여업
셔지면다시합창이되지못ᄒᆞᄂᆞ니라

11 익북창이다샹ᄒᆞ면조곰도못듯지는아니ᄒᆞ나잘드를수는업ᄂᆞ니라

12 귀지는청관안편에잇는션(腺)에셔나는디사룸이ᄲᅭ족ᄒᆞᆫ거스로쑤셔내는거시위
태ᄒᆞ니이는귀지가잇셔야청관이부드럽고촉촉ᄒᆞ게ᄒᆞ며스ᄉᆞ로보호ᄒᆞᄂᆞ니라이거시
만엘ᄀᆞᆺ은덩어리가되여귀를막으면의ᄉᆞ의게가셔파내는거시됴흐니라

눈(眼)이라

뎨ᄉᆞ편

1 두골에눈알(眼球)잇는두구멍은안와(眼窩)인ᄃᆡ깁기는ᄒᆞᆫ치반즘되고그밋창에보는신경드러가는구멍이ᄒᆞᆫ나식잇스며또이안와안편에구멍ᄒᆞᆫ나식잇스니이구멍은코에셔바로가는루관(淚管)과통ᄒᆞ엿ᄂᆞ니라

륙십오도

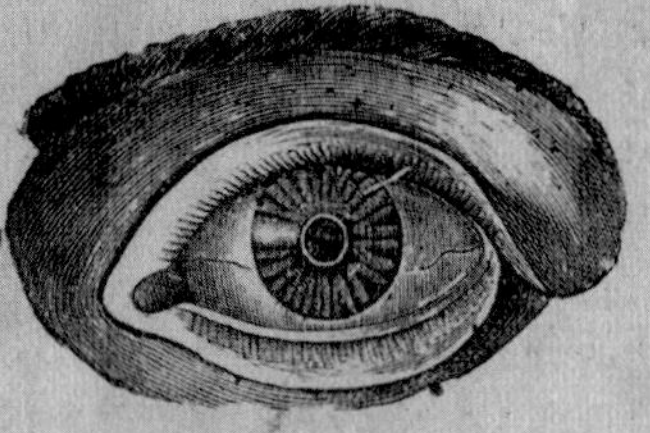

눈

2 안와속에기름ᄒᆞᆫ겹이잇셔눈알을밧치는부드러온광셕이되는ᄃᆡ눈알은겨우둥그러워경은ᄒᆞᆫ치즘되며그뒤에듯는신경과붓흔거시마치능금ᄀᆞᆺᄒᆞᆫ실과가그ᄭᅩᆨ지와ᄒᆞᆫᄃᆡ붓흔것과ᄀᆞᆺᄒᆞ니라

3 눈알외면에잇는가족은희고질긴ᄃᆡ공막(鞏膜)이라ᄒᆞ고눈알압헤잇는ᄇᆞᆰ은환은각막(角膜)이라ᄒᆞᄂᆞ니라

4 눈알속에잇는뷘곳에슈졍톄(水晶體)로두방에는홧는ᄃᆡ슈졍톄뒤편으로잇는방은부드럽고썰죽ᄒᆞᆫ류질노채왓는ᄃᆡ일홈은교양익(膠樣液)이라ᄒᆞ고슈졍톄압헤잇는

방은물궃흔거시가득ᄒᆞ엿ᄂᆞ니일홈은슈양익(水樣液)이라ᄒᆞᄂᆞ니라
보ᄂᆞᆫ신경이눈알속에드러가셔는허다히가는실노ᄂᆞᆫ호여펴져셔그뒤편을덥ᄂᆞᆫ막이
되ᄂᆞ니이는망막(網膜)이라ᄒᆞᄂᆞ니라

션셩된쟈육고에가셔소눈알을엇어다가버혀뵈이는거시ᄌᆞ세ᄒᆞ니라

5붉은각막(角膜)을드려다보면검은ᄌᆞ우를볼수잇스니이거슨ᄆᆡ그럽고아름다온ᄃᆡ그톄는반즘불슈의근으로되여그즁얼마는가온ᄃᆡ로돌나환이되고ᄯᅩ얼마는박회에살과궃치가온ᄃᆡ셔브터가ᄒᆞ로내벗쳣ᄂᆞᆫᄃᆡ이살궃흔거시줄어질때에는동ᄌᆞ라ᄒᆞᄂᆞᆫ구멍이커지고ᄯᅩ그환으로된근육이주러질때에는동ᄌᆞ가작아지ᄂᆞ니이검은ᄌᆞ우는눈의휘쟝과궃치되여붉은빗출밧을때에는그동ᄌᆞ를보호ᄒᆞ랴고암을니고ᄯᅩ어슬어슬ᄒᆞᆯ때에는빗출모히게ᄒᆞ랴고그동ᄌᆞ를크게벌니ᄂᆞᆫᄃᆡ아편과다른두어가지약도이러케ᄒᆞᆯ수잇ᄂᆞ니라

륙십륙도

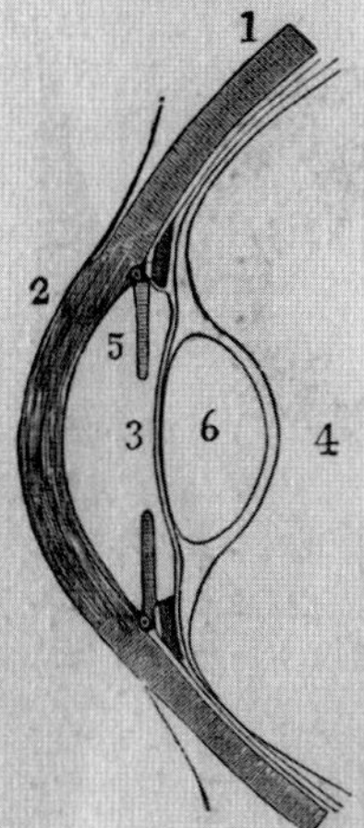

1 공막
2 각막
3 압방
4 뒤방
5 검은ᄌᆞ우
6 슈졍톄

이검은ᄌᆞ우가주러젓다가느러나는거시다반샤작용리치로되ᄂᆞ니라

6 눈가족에는얇은연골이ᄒᆞᆫ겹이잇스니이는든든케홈이오또눈가족안편과눈알밧편을덥는덤의막이잇스니일홈은결막(結膜)이라눈가족에셔나는속눈섭의ᄒᆞᆫ일은띄글과땀이눈에못드러가게ᄒᆞ고또이가족안편에조고마ᄒᆞᆫ피지션이잇셔눈숣으로통ᄒᆞ야속눈섭과가족숣에기름을바르ᄂᆞ니이일홈은마이봄씨션이라ᄒᆞᄂᆞ니라

도칠십륙

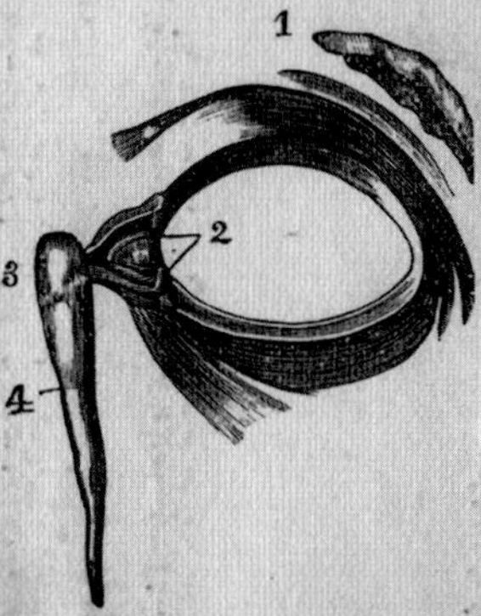

눈물나는긔계

1 루션
2 루관
3 루낭
4 루비관

또안와밧숣우편에루션(淚腺)이잇스니이션은눈알을의지ᄒᆞ고거긔셔작은관열둘이나나셔눈외면을향ᄒᆞ엿ᄂᆞᆫ듸이션이눈에쓸습긔를내면눈이감앗다떳다홈으로이습긔를눈외면에ᄭᅥ지다젼ᄒᆞᆯ수잇ᄂᆞ니라

7 사름이네ᄉᆞ로온때에는이눈물되는습긔가ᄎᆞᄎᆞ쓸이만치만나셔나는듸로김이될수잇스나만일희노의락이심ᄒᆞᆯ때에는이습긔가쌀니나셔모혀눈물이되며또눈구석아래가족가헤바늘자리만ᄒᆞᆫ구멍을볼수잇스니이는눈물밧는관구(管口)라이관들이안와안편에잇는루낭

(淚囊)과동ᄒᆞ고루낭은루비관(淚鼻管)과동ᄒᆞ고이루비관은코와통ᄒᆞᆫ거시니눈물이
만히흐를때에이관을넘어낫출젹시우ᄂᆞ니라

8 눈알과붓흔근육여ᄉᆞᆺ시잇스니ᄒᆞᆫ나흔눈알을우흐로동케ᄒᆞ고ᄒᆞᆫ나흔아래로동ᄒᆞ
게ᄒᆞ고ᄒᆞᆫ나흔밧그로동ᄒᆞ게ᄒᆞ고ᄒᆞᆫ나흔안흐로동케ᄒᆞ고둘은좌우로굴녀동케ᄒᆞᄂᆞ니
라

사ᄅᆞᆷ이눈으로보ᄂᆞᆫ리치라

도팔십륙

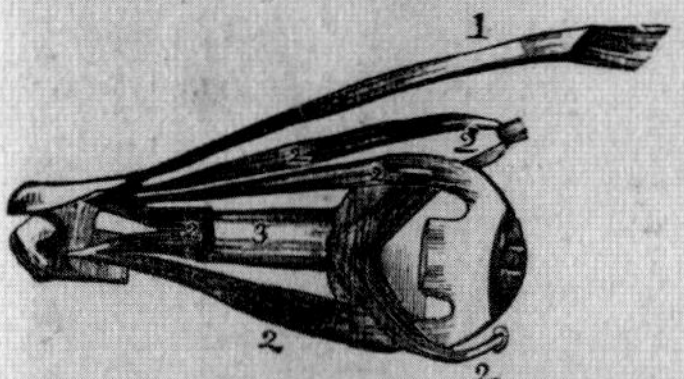

1 웃눈가죡근육
2 눈알에근육
3 보ᄂᆞᆫ신경

9 눈은사진긔계와ᄀᆞᆺ흔ᄃᆡ그슈졍톄ᄂᆞᆫᄉᆞ
진통끗헤잇ᄂᆞᆫ류리와ᄀᆞᆺ고눈알뷘속에잇ᄂᆞᆫ
검은막은사진긔계속에검은것과ᄀᆞᆺ고망막
은사진ᄒᆞᄂᆞᆫ사ᄅᆞᆷ이그긔계뒤편에ᄃᆡ이ᄂᆞᆫ류
리와ᄀᆞᆺ고ᄉᆞ진ᄒᆞᄂᆞᆫ사ᄅᆞᆷ은눈뒤에잇ᄂᆞᆫ뇌와
ᄀᆞᆺᄒᆞ니라

10 사ᄅᆞᆷ이무슴물건을볼때에그물건의형
샹이망막에그려지ᄂᆞᆫᄃᆡ손닉은사ᄅᆞᆷ이특별
ᄒᆞᆫ긔계를가지고눈을드려다보면이거슬능
히볼수잇스니임의죽은즘싱의눈알을ᄲᅢ여

가지고그뒤로빗최여보면그죽기젼에마즈막본물건의형샹그린거슬볼수잇ᄂᆞ니라
망막(網膜)은보ᄂᆞᆫ신경ᄭᅳᆺ시되엿ᄂᆞᆫᄃᆡ그밧ᄂᆞᆫ물건의형톄를뢰에셔지보내ᄂᆞ니보ᄂᆞᆫ
거슨눈이아니라그런고로보ᄂᆞᆫ신경을버혀노흐면물건의형톄그리ᄂᆞᆫ거슨젼과ᄀᆞᆺ치망
막ᄭᆞ지될지라도능히볼수ᄂᆞᆫ업ᄂᆞ니대개뢰에ᄂᆞᆫ보ᄂᆞᆫ힘이잇고눈은다만긔계ᄲᅮᆫ이니라

눈을샹케ᄒᆞᄂᆞᆫᄭᆞᄃᆞᆰ이라

11 엇던ᄯᅢ에ᄂᆞᆫ눈이약ᄒᆞ야쓰ᄂᆞᆫᄃᆡ로곤ᄒᆞ게되ᄂᆞᆫ거슨온몸이약ᄒᆞ게되ᄂᆞᆫᄭᆞᄃᆞᆰ이여니
와그러나혹눈이붉어지거나압흐거나붓거나ᄒᆞ면눈속에병이잇기쉬우니혹그가족속
에결막이목구멍과ᄀᆞᆺ치압흐게되여모ᄅᆡ가든것처럼압흐니라

원시안(遠視眼)이라

12 사ᄅᆞᆷ이무ᄉᆞᆷ칙을본후에머리가압흔거슨그눈이혹시원시안이되여과히멀니볼수
잇ᄂᆞᆫᄃᆡ갓가온물건을볼ᄯᅢ에ᄂᆞᆫ눈이힘을만히쓰ᄂᆞᆫᄭᆞᄃᆞᆰ이니사ᄅᆞᆷ마다갓가온물건을볼
ᄯᅢ에그슈졍톄가조곰변ᄒᆞᄂᆞ니원시안은네ᄉᆞ로온눈보다힘을만히써셔야보ᄂᆞᆫ고로쉬
곤ᄒᆞ게되고나종에ᄂᆞᆫ약ᄒᆞ게되ᄂᆞ니라그러나눈에잘맛ᄂᆞᆫ안경을쓰면이ᄀᆞᆺ흔해를온젼
히곳칠수잇ᄂᆞ니라

근시안(近視眼)이라

13 과히갓가히보는사ᄅᆞᆷ은흔이눈과머리압흐지아니ᄒᆞᆫ거슨멀니보는눈보다갓가온물건을보는ᄃᆡ힘들지안코칙볼때에도관ᄒᆞᆫ줄은모로나이근시안이졈졈더ᄒᆞ기쉽고또갓가온물건밧긔는어릿어릿ᄒᆞ야잘뵈지안ᄂᆞ니라그러나이런것도잘맛는안경으로곳칠수잇ᄂᆞ니라

14 이근시안은학도의게는심샹ᄒᆞ니궁구ᄒᆞ여보면처음학당에ᄃᆞᆫ니는ᄋᆞᄒᆡ즁에는근시안된ᄋᆞᄒᆡ가만치아니ᄒᆞ나그러나ᄎᆞᄎᆞ등수가놉하가는ᄃᆡ로졈졈근시ᄒᆞ는사ᄅᆞᆷ이만하지ᄂᆞ니이로써미루워알거슨학도들이공부ᄒᆞ는즁에근시안되게ᄒᆞ는ᄒᆡᆼ습이잇는줄알거시니라

근시안(近視眼)되게ᄒᆞ는ᄉᆞᄃᆞᆰ이라

15 이러케되는거슬알고져ᄒᆞ야ᄌᆞ셰히슬펴보니이거시여러ᄉᆞᄃᆞᆰ인ᄃᆡ무어시던지학도의눈에힘쓰고곤ᄒᆞ게ᄒᆞ는거슨다근시ᄒᆞ게ᄒᆞᄂᆞ니이즁에대강두어가지를말ᄒᆞ노라

첫재는눈을과히쓰는거시오

둘재는빗작은ᄃᆡ셔칙을봄이오

셋재는무어슬볼때에몸을맛당치못ᄒᆞ게가짐이니라

눈을보젼ᄒᆞᄂᆞᆫ법이라

16 첫재는눈이곤ᄒᆞ야더운것ᄀᆞᆺᄒᆞ면너머오리쓴표이니눈이쉬기셔지쓰지말거시오 둘재는어두온때에ᄎᆡᆨ을보지말거시니대개어슬어슬ᄒᆞ면그ᄎᆡᆨ을눈압헤갓가히둘수밧긔업스니이러케홈으로눈이근시ᄒᆞ고곤ᄒᆞ게되ᄂᆞ니황혼에ᄎᆡᆨ을보ᄂᆞᆫ거시눈을뎨일샹케ᄒᆞᄂᆞᆫ거시라

셋재는빗치너머밝어도됴치못ᄒᆞ니아모죠록히빗치ᄎᆡᆨ에쐬우지못ᄒᆞ게ᄒᆞᆯ지니라 이럼으로ᄎᆡᆨ을볼때에빗촐빗겨빗최게ᄒᆞᄂᆞᆫ거시유익ᄒᆞ니이ᄂᆞᆫ사ᄅᆞᆷ이빗촐뒤ᄒᆞ혀ᄎᆡᆨ을보면그빗치ᄎᆡᆨ에ᄂᆞᆫ잘쐬우지아니ᄒᆞ고도로혀눈을맛쳐곤ᄒᆞ게ᄒᆞᄂᆞ니라

넷재ᄂᆞᆫ빗치ᄒᆞᆫ길ᄀᆞᆺ치되게ᄒᆞᆯ거시니만일빗치ᄒᆞᆫ들ᄒᆞᆫ들ᄒᆞ면눈을괴롭게ᄒᆞ여곤ᄒᆞ게되ᄂᆞ니라

다ᄉᆞᆺ재ᄂᆞᆫ사ᄅᆞᆷ이글볼때에ᄎᆡᆨ과머리가가만히잇셔야될터이니ᄎᆡᆨ이나머리를ᄒᆞᆫ들기리며보ᄂᆞᆫ거시빗치ᄒᆞᆫ들기려ᄂᆞᆫ듸보ᄂᆞᆫ것과ᄀᆞᆺᄒᆞ니라

여ᄉᆞᆺ재ᄂᆞᆫᄎᆡᆨ볼때에곳게안져보ᄂᆞᆫ거시쉽고편연ᄒᆞᆫ거시니누어보ᄂᆞᆫ것과머리를숙이고ᄂᆞ려다보ᄂᆞᆫ거시눈을해ᄒᆞ야근시안이되게ᄒᆞᄂᆞ니라

ᄎᆡ식을불변(彩色不辨)ᄒᆞᆷ이라

17 이는여러가지빗출보고도분별ᄒᆞᆯ줄을모르는거시니이런사ᄅᆞᆷ이불쇼ᄒᆞᆫᄃᆡ혹은여러빗출도모지분별치못ᄒᆞ고혹은여러빗가온ᄃᆡᄒᆞᆫ빗만분별치못ᄒᆞ야다른빗친줄노모르ᄂᆞ니이런사ᄅᆞᆷ이ᄌᆞ긔가이런흠잇는줄을아는거시됴ᄒᆞ니대개텰로에화륜챠쟝(車長)이만일푸른빗과붉은빗출분별ᄒᆞᆯ수업스면결단코이사ᄅᆞᆷ은화륜챠를부리지못ᄒᆞ리라

쥬졍(酒精)과담ᄇᆡ의후환이라

뎨오편

1 사ᄅᆞᆷ이ᄆᆞᆰ은눈과수식잇는얼골이잇는거시됴흔위싱의표이니대개피가부졍ᄒᆞᆯᄯᅢ에는가족이그아ᄅᆞᆷ다온모양을일코ᄯᅩ술먹는사ᄅᆞᆷ은그얼골에됴치못ᄒᆞᆫ빗출내며엇던ᄯᅢ에는열독이가만히돗고ᄯᅩ담ᄇᆡ먹는사ᄅᆞᆷ은그피부가다누럿케되ᄂᆞ니라

눈빗치흐리게된거시술구럭이된표이니대개셩경말ᄉᆞᆷ에낫치붉어진사ᄅᆞᆷ이누구냐밤이깁도록술을먹은사ᄅᆞᆷ이아니냐ᄒᆞ셧ᄂᆞ니라

눈과귀의싱긴거시우리몸이졍밀홈과ᄌᆞ셰ᄒᆞ고춍명ᄒᆞᆫ거슬나타내ᄂᆞᆫᄃᆡ만일우리몸이극히오묘ᄒᆞ게싱긴거슬술이나담비를먹음으로놉흔지각을둔ᄒᆞ게ᄒᆞ고여러가지모든긔계를폐ᄒᆞᄂᆞᆫ거시가셕ᄒᆞᆯᄲᅮᆫ더러죄가되ᄂᆞ니맛당히위싱법을ᄯᅡ라몸을잘보젼ᄒᆞ고닥음으로우리놉흔셩픔의종과쓰ᄂᆞᆫ긔계를삼아하ᄂᆞ님의거륵ᄒᆞᆫᄯᅳᆺ슬일우게ᄒᆞᆯ거시니라

습문

일편 I 피부의셩질이엇더ᄒᆞ뇨

2 부르ᄂᆞᆫ거슨무어시뇨△가족웃겹이압흔줄을아ᄂᆞ뇨△혈관이잇ᄂᆞ뇨△가족안겹에ᄂᆞᆫ신경과혈관이잇ᄂᆞ뇨

3 비듬은엇더ᄒᆞ뇨△비듬과ᄀᆞᆺ흔거시온몸외면에셔도다나ᄂᆞ뇨

4 가족웃겹은무어시라ᄒᆞᄂᆞ뇨△안겹은무어시라ᄒᆞᄂᆞ뇨△유두ᄂᆞᆫ무어시며어ᄃᆡ잇ᄂᆞ뇨

5 손바닥가족에잇ᄂᆞᆫ이랑과도랑은무어시뇨

6 한관구ᄂᆞᆫ무어시뇨△한관을말ᄒᆞ오△한션을말ᄒᆞ오△ᄯᆞᆷ은어ᄃᆡ셔나아오ᄂᆞ뇨△엇더케한관에드러가ᄂᆞ뇨△그수가대강얼마뇨△이한관을다길이로니어노흐면얼마

나길겟ᄂᆞ뇨
7 ᄶᅧ닷지못ᄒᆞᄂᆞᆫᄯᅡᆷ은무어시뇨△ᄶᅧ닷ᄂᆞᆫᄯᅡᆷ은무어시뇨
8 모발의소용은무어시뇨△어ᄃᆡ셔나ᄂᆞ뇨△가족에잇ᄂᆞᆫ근육셤유가모발을엇더케ᄒᆞᄂᆞ뇨
9 피지션은무어시며무어슬ᄒᆞᄂᆞ뇨
10 손발톱은무슴소용이잇ᄂᆞ뇨△어ᄃᆡ셔나ᄂᆞ뇨△손발톱의ᄲᅮ리ᄂᆞᆫ무어시뇨△조궁은무어시뇨△이톱이ᄲᅡ지면다시날수잇ᄂᆞ뇨△엇더케되면다시나지못ᄒᆞᄂᆞ뇨
11 피부의소용세가지를말ᄒᆞ오
12 사ᄅᆞᆷ의몸속에텬연ᄒᆞᆫ열긔가멧ᄃᆡ그리나되ᄂᆞ뇨
13 엇더케이ᄀᆞᆺ치ᄒᆞᆫ모양으로덥게ᄒᆞᄂᆞ뇨
14 몸에열긔를나게ᄒᆞᄂᆞᆫ거ᄉᆞᆫ무어시뇨
15 몸여러곳에잇ᄂᆞᆫ열긔가엇더케평균케되ᄂᆞ뇨
16 옷시엇더케몸을덥게ᄒᆞᄂᆞ뇨△치음을막ᄂᆞᆫ법두가지가무어시뇨
17 가족이몸을식히ᄂᆞᆫ긔계된첫재ᄉᆞ둙을말ᄒᆞ오△둘재ᄉᆞ둙을말ᄒᆞ오△사ᄅᆞᆷ이엇더케그열이빅여ᄃᆡ그리되여도견ᄃᆡᆯ수잇ᄂᆞ뇨
이편 I 피부가사ᄅᆞᆷ의게유익ᄒᆞᆷ을나타내ᄂᆞᆫ것무어시뇨

2—6 피부를셩케ᄒᆞᄂᆞᆫ세가지법은무어시뇨△가족구멍들이엇더케막히게되ᄂᆞ뇨△엇더케ᄒᆞ면감긔가들기쉬우뇨△옷슬과히둡겁게닙ᄂᆞᆫ듸해ᄂᆞᆫ무어시뇨△가족을비비ᄂᆞᆫ효험은무어시뇨

7—10 목욕ᄒᆞᄂᆞᆫ효험은무어시뇨△찬물에목욕ᄒᆞᄂᆞᆫ거시웨유익ᄒᆞ뇨△감긔를막ᄂᆞᆫ법즁에뎨일요긴ᄒᆞᆫ거슨무어시뇨△목욕ᄒᆞᆯ때에삼가조심ᄒᆞᆯ거슨무어시뇨

삼편 1 귀에세가지ᄂᆞᆫ혼것무엇시뇨

2 밧긔잇ᄂᆞᆫ귀ᄂᆞᆫ소용이무어시뇨△무어스로되엿ᄂᆞ뇨

3 외청관을말ᄒᆞ오

4 북챵은무어시뇨△북은무어시뇨△북에셔나아오ᄂᆞᆫ길이잇ᄂᆞ뇨

5 안귀ᄂᆞᆫ어듸잇ᄂᆞ뇨△요긴ᄒᆞᆫ거슨무어시뇨

6 소리란거슨무엇시뇨

7 귀속에잇ᄂᆞᆫ적은뼈들이서로련졉ᄒᆞ엿ᄂᆞ뇨

8 이적은뼈들의소용은무어시뇨△물결이엇더케듯ᄂᆞᆫ신경에ᄭᆞ지니르ᄂᆞ뇨

9 귀가능히듯ᄂᆞ뇨

10 흔이어ᄂᆞ곳시압ᄒᆞ게되ᄂᆞ뇨△고름이어듸셔나ᄂᆞ뇨△귀북챵이샹ᄒᆞ게되면스ᄉᆞ로곳칠수잇ᄂᆞ뇨

뎨십쟝

11 북챵이샹ᄒᆞ면조곰도못듯ᄂᆞ뇨
12 귀지는무어시뇨△무어스로쑤시ᄂᆞᆫ거시위태ᄒᆞ뇨
ᄉᆞ편 1 안와를말ᄒᆞ오
2 눈알의형샹과대쇼와그자리를말ᄒᆞ오
3 공막은무어시뇨△각막은무어시뇨
4 눈알을두방으로ᄂᆞᆫ혼것무어시뇨△뒤방은무엇ᄉᆞ로채웟ᄂᆞ뇨△압방은무엇ᄉᆞ로채
웟ᄂᆞ뇨△망막은무어시뇨
5 검은ᄌᆞ우를말ᄒᆞ오△동ᄌᆞ를말ᄒᆞ오△검은ᄌᆞ우의힘ᄒᆞᄂᆞᆫ일이엇더ᄒᆞ뇨
6 결막은무어시뇨△속눈셥은무슴소용이잇ᄂᆞ뇨△마이뽐시션은무어시며소용은무
어시뇨△루션은어ᄃᆡ잇스며무슴소용이잇ᄂᆞ뇨
7 눈물은무어시뇨△엇더케눈에셔내여보내ᄂᆞ뇨
8 눈알을동케ᄒᆞᄂᆞᆫ근육은몃치며엇더ᄒᆞ뇨
9 눈이ᄉᆞ진긔계와ᄀᆞᆺ흔것무어시뇨
10 보ᄂᆞᆫ물건의형샹이어ᄃᆡ그려지ᄂᆞ뇨
11 | 14 눈의병되ᄂᆞᆫ여러가지ᄉᆞᄃᆞᆰ을말ᄒᆞ오△원시안의해로옴됨은무어시뇨△그곳치
ᄂᆞᆫ법은무어시뇨△근시안의해로옴됨은무어시뇨△무슴사ᄅᆞᆷ즁에근시안이뎨일만

ᄒᆞ뇨

15 근시안되게ᄒᆞᄂᆞᆫ셔ᄃᆞᆰ세가지를말ᄒᆞ오

16 눈을보전ᄒᆞᆯ방칙여러가지를말ᄒᆞ오

17 빗츨분별치못ᄒᆞᄂᆞᆫ것무어시뇨

오편 1 쥬졍과담비가피부와눈을엇더케해ᄒᆞᄂᆞ뇨

부록(附錄)

갑작이죽을디경에ᄲᅡ진사ᄅᆞᆷ을구원ᄒᆞ는방법이라

누구던지위태ᄒᆞᆫ큰일을맛나면우리가그일당ᄒᆞᆫ사ᄅᆞᆷ과통졍ᄒᆞ고죽을가념려만ᄒᆞ야졍신이황망ᄒᆞ야아모구원ᄒᆞᆯ일은ᄒᆞ지못ᄒᆞ기쉬오나그러나이런일을볼때에졍신을차려엇더케ᄒᆞ여야구원ᄒᆞᆯ수잇슬넌지스ᄉᆞ로무러미리알고ᄆᆞᄋᆞᆷ에예비ᄒᆞ엿던ᄃᆡ로ᄒᆞᆯ거시니라

감으러치는거시라

사ᄅᆞᆷ이감으러칠때에념통의ᄯᅱ노는거시거의긋치게되는ᄃᆡ그낫빗츤회석이되고만일그뢰를볼수잇스면뢰빗ᄭᅡ지회석이되ᄂᆞ니이는그피가뢰에셔지녁녁히가지못홈으로그ᄒᆞ는일을반즘폐ᄒᆞ게되여감으러치ᄂᆞ니라

이러케된사ᄅᆞᆷ은베게업시잡바쳐뉘는거시됴흐니이는곳게안즌것보다누은거시피

가릐에흐르기가쉬옴이라
몱은공긔에호흡ᄒᆞ게ᄒᆞᆯ거시니대개그감으러쳔ᄉᆡᄃᆞᆰ은혹공긔가부족홈이니몱은공긔ᄅᆞᆯ먹으면다시ᄭᅢ여날수잇슴이오
ᄯᅩ팅슈ᄅᆞᆯ그얼골에ᄲᅮ리ᄂᆞᆫ거시됴ᄒᆞ니이ᄂᆞᆫ신경을격동식혀ᄭᅢ임이라
ᄯᅩ그사ᄅᆞᆷ의목과허리에잇ᄂᆞᆫ옷슬다푸러호흡ᄒᆞᄂᆞᆫ거시막히지안케ᄒᆞᆯ거시니혼이감으러치ᄂᆞᆫ일은잠시동안되ᄂᆞ니라

간질(癇疾)이라

사ᄅᆞᆷ이감으러칠ᄯᅢ에ᄂᆞᆫ얼골이회ᄉᆡᆨ이되고ᄆᆡᆨ이겨우잇고ᄉᆞ지가녹녹ᄒᆞ여가만히잇스나이간질병든사ᄅᆞᆷ은얼골이회ᄉᆡᆨ도되고븕게도되여ᄆᆡᆨ은보기쉽고ᄉᆞ지ᄅᆞᆯᄯᅥᆯ며혹은그입에츰이나아오ᄂᆞᆫᄃᆡ이병세ᄂᆞᆫ오ᄅᆡ되나여러번니어될ᄯᅢ에ᄂᆞᆫ의원이오기젼에ᄒᆞᆯ일은첫재ᄂᆞᆫᄉᆞ지ᄅᆞᆯᄯᅥᆯᄯᅢ에본톄ᄅᆞᆯ샹치못ᄒᆞ게ᄒᆞ고둘재ᄂᆞᆫ몱은공긔ᄅᆞᆯ넉넉히잇게ᄒᆞᆯ거시오셋재ᄂᆞᆫ그목과가슴에옷슬다푸러노코넷재ᄂᆞᆫ그머리ᄅᆞᆯ놉히괴이고다ᄉᆞᆺ재ᄂᆞᆫ그중세가머즐ᄯᅢ에가만히잇게ᄒᆞᆯ거시니라

셔긔(暑氣)먹은사ᄅᆞᆷ이라

이즁셰는ᄒᆡ빗헤잇거나그늘에잇거나더위를크게맛는사ᄅᆞᆷ의게나ᄂᆞ니그얼골이혹회석도되고혹붉게되며ᄆᆡᆨ이심히ᄲᆞᆯ니놀고가족이말나더우니이런사ᄅᆞᆷ은서늘ᄒᆞᆫ곳에뉘이되머리를들고머리와가슴에찬물이나어름을ᄯᅴ엿다가만일그사ᄅᆞᆷ이크게약ᄒᆞᆫ것ᄀᆞᆺ고가족이식게되면어름은그만두고게ᄌᆞ가루를물에ᄀᆡ여주머니에너허셔그목뒤와발바닥에ᄯᅴ일지니라

몸이샹홈으로약ᄒᆞ게되는거슬곳치는법이라

이는사ᄅᆞᆷ이혹몸이크게샹홈을밧은후에심히약ᄒᆞ야지는거시니본톄가비록감으러치지는아니ᄒᆞ나대단히약ᄒᆞ여져얼골이회석되고가족이셔늘ᄒᆞ야츅츅ᄒᆞ며ᄆᆡᆨ이연ᄒᆞ고도속히놀고몸이답답ᄒᆞ여ᄒᆞᄂᆞ니혹은죽기ᄭᆞ지그몸이졈졈쇠ᄒᆞ고혹은얼마잇다가다시소셩ᄒᆞᄂᆞ니라

이러케된사ᄅᆞᆷ을대단히조심ᄒᆞ야구원ᄒᆞᆯ거시니만일조곰조심치아니ᄒᆞ면그ᄉᆡᆼ명을일흘거시니라베ᄀᆡ업시뉘이고아모도록덥게ᄒᆞ고ᄆᆞᆰ은공긔를먹게ᄒᆞ되치음은조곰도업게ᄒᆞ며효험이나기ᄭᆞ지그곳에두고옴기지말거시니라

ᄲᅧ가부러지거나어그러지는거시라

이러케된거슨혹은압흔줄모르나쓰지는못ᄒᆞ니의원의게뵈기젼에가만히잇셔그몸을동치못ᄒᆞ게ᄒᆞ고혹링슈나염슈로그당쳐에발나압흔것과붓는거슬낫게ᄒᆞᆯ거시니라

샹쳐에피흐르는거시라

피가샹쳐에셔흐를때에불가불긋치게ᄒᆞ여야될지니엇던때에는슈건으로누루기만ᄒᆞ면그흐르는거시막혀엉길수잇고혹은오ᄅᆡ동안샹쳐를누루야긋치기도ᄒᆞ고혹은슈건으로아모리누를지라도긋치지안ᄂᆞ니이는동ᄆᆡᆨ에셔흐르는피라그때에는샹쳐우희다른곳슬ᄶᅡᆨ동여피가머즌후에라도반시즘잇다가푸는것도심샹ᄒᆞ고ᄯᅩ만일이러케ᄒᆞ여도멋지아니ᄒᆞ면정ᄆᆡᆨ에셔나아오는피니그샹쳐아래를힘잇게동일지니라ᄯᅩ혹그피흐르는혈관을차자와엄지손가락으로힘써누르는것도됴ᄒᆞ니라

코피나는거시라

만일피가코에셔흐를때에그몸을곳게ᄒᆞ고두팔을우흐로벗치고그니마와목뒤에링슈로바르고코구멍을솜으로막는거시됴ᄒᆞ니라

허파나위나홍문(肛門)에셔나는피라

이런사ᄅᆞᆷ은몸을잡바치고가만히잇셔말도못ᄒᆞ게ᄒᆞ고어름과소곰을먹일거시니라

약에취ᄒᆞᆫ거시라

만일약먹은지가ᄒᆞᆫ두시가넘지아니ᄒᆞ엿스면입으로토ᄒᆞ게ᄒᆞ는거시됴ᄒᆞ니새의짓치나손가락으로닷쳐도토ᄒᆞ지아니ᄒᆞ면계ᄌᆞ가루를온슈에타셔먹이고만일비가압흐게되면계란서너ᄀᆡ흰좌우를먹이고또그약이아편ᄀᆞᆺᄒᆞᆫ거시면아모도록자지못ᄒᆞ게ᄒᆞᆯ거시니라

물에ᄲᅡ져죽어가는거시라

물에ᄲᅡ져죽은것ᄀᆞᆺᄒᆞ면그사ᄅᆞᆷ을물에셔처음새낼ᄯᆡ에그허파에물이잇고목구멍도물과가ᄅᆡ로막아슬거시니그몸을업드러쳐물이그입으로나아오게ᄒᆞ고손가락으로그입에막히는거슬다새내고그혀를잡아당길거시오그후에는다시잡바치고의복ᄀᆞᆺᄒᆞᆫ거스로그엇ᄀᆡ아ᄅᆡ를괴여머리보다조곰놉게ᄒᆞ고짓눌ᄀᆡ로그코그멍을닷칠거시니만일이러케ᄒᆞ여도호흡을시작아니ᄒᆞ면그가슴을던연ᄒᆞᆫᄃᆡ로느럿다주러지게ᄒᆞ는거시됴

Language

ᄒᆞ니그머리우희쓰러안쳐그팔고빙이우흘잡고팔을머리우흐로버쳐들거시니이는이러케홈으로가슴과허파를열고흡(吸)긔를시작케홀이오또그두팔고빙이로좌우협구리를누를거시니이는호(呼)긔를나게ᄒᆞ는거시라이러케ᄒᆞ기를ᄒᆞᆫ푼동안에열다슷번이나혹이십번을ᄒᆞ되그사룸이회복ᄒᆞ도록두어시셔지라도홀거시오이러케홀때에다른사룸들은그젹신옷슬벗기고니불노덥흐며더운곳에뉘이고ᄉᆞ지를비비며비빌쩍에몸먼곳브터념통잇는듸로비비되ᄒᆞ랴는거슨세가지니

첫재는호흡을다시ᄒᆞ게ᄒᆞ고

둘재는그몸에열긔를다시발ᄒᆞ게ᄒᆞ고

셋재는그몸에피의슌환을활동케홀거시니라사룸이조곰도싱긔가업는것과ᄀᆞᆺᄒᆞ나이일을ᄀᆞᆺ치지아니ᄒᆞ고만히ᄒᆞ면다시살아날수잇ᄂᆞ니라

어려죽은사룸이라

사룸의몸가온듸얼기쉬온거슨귀와코와손발가락인듸사룸이이런일을맛날때에더온불에나더온물에담는거시맛당홀지라도그러나아모던지이러케ᄒᆞ지말고이것과반듸되는링슈에담거나손으로눈을가지고언듸를비비고아모도록더운곳에잇지말게홀거시니만일그언곳이밧그로더온거슬맛나면그밧만녹고속은오히려더어려피가그녹

은곳에니르지못ᄒᆞᆷ으로녹은곳이샹ᄒᆞᆯ지니라그런고로그외면을셔늘ᄒᆞ게두고손으로슌슌히비비면그속에더운피가안흐로브터밧게ᄭᆞ지다녹혀다시뎐연ᄒᆞ게될거시니

누구던지로즁에셔어러죽기쉬온줄알면그집에니르기ᄭᆞ지힘드ᄂᆞᆫ운동을ᄒᆞ야그피의슌환ᄒᆞᄂᆞᆫ거슬도아줄거시니라

만일누구던지어러죽어가ᄂᆞᆫ사ᄅᆞᆷ을보면그언곳을임의말ᄒᆞᆫ법ᄃᆡ로ᄒᆞ고ᄯᅩ몸ᄯᅮᆼ이를ᄯᅳᆺᄯᅳᆺᄒᆞ게ᄒᆞ여더온물을먹임으로피의슌환을격동식힐거시니라

싱리학명목

가피	咖啡	Coffee	팔십이편
가족	皮	Skin	일빅륙십이편
가온ᄃᆡ귀	中耳	Middle ear	일빅칠십ᄉᆞ편
가슴쌔	胸骨	Breast bone	십일편
각막	角膜	Cornea	일빅칠십칠편
간	肝	Liver	일빅일편
간질	癎疾	Epilepsy	일빅오십구편
갈비ᄃᆡ	脇骨	Rib	십편
갑개골	甲介骨	Turbinated bones	칠편
건	腱	Tendon	이십구편
검은ᄌᆞ우		Iris	일빅칠십팔편
견치	犬齒	Canine teeth	구십칠편
견갑골	肩甲骨	Scapula	십편
결톄조직	結體組織	Connective tissue	이십구편
결막	結膜	Conjunctiva	일빅칠십구편
경동ᄆᆡᆨ	頸動脈	Carotid artery	륙십일편
경퇴골	頸椎骨	Cervical vertebra	팔편

싱리학명목

경졍믹	頸靜脈	Jugular vein	륙십일편
경충증	驚冲症	Palpitation of heart	오십칠편
경골	脛骨	Tibia	십오편
고막	皷膜	Tympanum	일빅칠십ᄉᆞ편
고막부	皷膜部	Tympanic membrane	일빅칠십오편
골	骨	Bone	오편
골슈	骨髓	Marrow	십칠편
골반	骨盤	Pelvis	륙편
골막	骨膜	Periosteum	십팔편
골격	骨格	Skeleton	삼편
공긔	空氣	Air	일빅십구편
공막	鞏膜	Sclerotic coat	일빅륙십륙편
교양익	膠樣液	Vitreous humor	일빅칠십칠편
구미	口味	Appetite	팔십일편
구개골	口蓋骨	Palate bones	삼편
귀	耳	Ear	일빅칠십ᄉᆞ편
귀지		Earwax	일빅칠십륙편
근육	筋肉	Muscle	이십팔편

싱리학명목

등심써	脊骨	Spine … … … … … … … … … … … … …	팔편
듸그리		Degree … … … … … … … … … … … … …	일빅륙십팔편
련쥬	連珠	Medulla oblongata … … … … … … … … … …	일빅ᄉᆞ십오편
련톄동물	連體動物	Mollusks … … … … … … … … … … … …	칠십팔편
로뎡골	顱頂骨	Parietal bone … … … … … … … … … … …	칠편
루골	淚骨	Lachrymal bone … … … … … … … … … …	칠편
루관	淚管	Lachrymal duct … … … … … … … … … …	일빅칠십구편
루선	淚腺	Lachrymal gland … … … … … … … … … …	일빅칠십구편
루낭	淚囊	Lachrymal sac … … … … … … … … … … …	일빅칠십구편
루비관	淚鼻管	Nasal duct … … … … … … … … … … … …	일빅팔십편
류질	流質	Fluid … … … … … … … … … … … … …	ᄉᆞ십삼편
류황	硫磺	Sulphur … … … … … … … … … … … … …	칠십이편
린산칼시엄		Phosphate of lime … … … … … … … … … …	구십ᄉᆞ편
린소	燐素	Phosphorus… … … … … … … … … … … …	칠십이편
마미신경	馬尾神經	Cauda Equina … … … … … … … … … … …	일빅륙편
마등골	馬蹬骨	Stapes or Stirrup … … … … … … … … … …	일빅칠십오편
마야썸씨선		Meibomian gland … … … … … … … … … …	일빅칠십구편
마등골근	馬蹬骨筋	Stapedius muscle … … … … … … … … … …	이십구편
막	膜	Membrane … … … … … … … … … … … …	이십일편

빨아드리는것	吸收	Absorption	일빅ᄉᆞ편
방	房	Auricle	오십이편
법랑질	琺琅質	Enamel of teeth	구십팔편
ᄲᅧ	骨	Bone	오편
보는신경	視神經	Nerves of seeing	일빅칠십칠편
본질	本質	Element	칠십이편
부골	跗骨	Tarsal bone	십륙편
불소	弗素	Eluorine	칠십이편
불슈의근	不隨意筋	Involuntary muscle	이십팔편
비골	腓骨	Fibula	십오편
비골	鼻骨	Nasal bone	칠편
비와	鼻窩	Nasal cavity	일빅이십륙편
빅혈구	白血球	White blood corpuscle	ᄉᆞ십ᄉᆞ편
비	腹	Abdomen	륙편
빈셜	排泄	Excretion	일빅일편
빈셜긔계	排泄機械	Excretory organs	일빅일편
사당	沙糖	Sugar	륙십륙편
산소	酸素	Oxygen	칠십이편

살멱쌔		Adanis apple	일빅이십구편
삼쳠판	三尖瓣	Tricuspid valve	오십삼편
샹지골	上肢骨	Bones of upper extremities	십일편
샹박골	上膊骨	Humerus	십편
샹악골	上顎骨	Upper maxillary	칠편
샹대졍믹	上大靜脈	Superior Vena Cava	오십일편
샹아질	象牙質	Dentine	구십팔편
서골	鋤骨	Vomer	칠편
셩디	聲帶	Vocal cord	일빅삼십팔편
션	腺	Gland	일빅ᄉᆞ편
션관	腺管	Duct of gland	일빅ᄉᆞ편
셜골	舌骨	Hyoid bone	삼편
셜하션	舌下腺	Sublingual gland	구십구편
셤유	纖維	Fibre	삼십일편
셤유양연골	纖維樣軟骨	Fibro-cartilage	팔편
셥유골	顳顬骨	Temporal bone	칠편
세포	細胞	Cell	일빅ᄉᆞ십구편
쏘듸엄		Sodium	칠십이편

싱리학명목

쇼뇌	小腦	Cerebellum	일빅ᄉᆞ십오편
쇼긔관	小氣管	Bronchus	일빅이십구편
쇼화ᄒᆞ는것		Digestion	구십ᄉᆞ편
쇼장	小腸	Small intestines	구십ᄉᆞ편
쇼슌환	小循環	Lesser circulation	오십오편
슈소	水素	Hydrogen	칠십이편
슈양익	水樣液	Aqueus humor	일빅칠십칠편
슈정톄	水晶體	Lens	일빅칠십칠편
슈뇨관	輸尿管	Ureter	일빅십이편
슈의근	隨意筋	Voluntary muscles	이십팔편
슬개골	膝蓋骨	Patella	십오편
식관	食管	Oesophagus	구십ᄉᆞ편
신경	神經	Nerve	일빅칠편
신경즁추	神經中樞	Nerve centre	일빅ᄉᆞ십구편
신경셤유	神經纖維	Nerve fibre	일빅ᄉᆞ십구편
신경계통	神經系統	Nervous system	일빅ᄉᆞ십오편
씨	核	Nucleus	삼십이편
실니산		Silicon	칠십이편

싱리학명목

운동신경	運動神經	Motory nerve	일빅오십삼편
위	胃	Stomach	일빅편
위익	胃液	Gastric juice	일빅일편
위선	胃腺	Stomach gland	일빅일편
위성	衛生	Hygiene	일편
위익소	胃液素	Pepsin	일빅십ᄉᆞ편
유미	乳糜	Chyle	구십오편
유미관	乳糜管	Lacteal	구십오편
유미죽	乳糜粥	Chyme	일빅오편
유쓰탁씨관		Eustachian tube	일빅칠십오편
유두	乳頭	Papilla	일빅륙십삼편
유문	幽門	Pyloric orifice	일빅편
융모	絨毛	Villi	일빅오편
이두근	二頭筋	Biceps muscle	일빅오편
이쳠판	二尖瓣	Bicuspid valve	오십ᄉᆞ편
이하선	耳下腺	Parotid gland	구십구편
인딕	靭帶	Ligament	이십일편
하대정믹	下大靜脈	Inferior vena cava	오십일편
하버쓰시소관		Haversian canal	십팔편

하악골	下顎骨	Submaxillary bone … … … … … … … … … …	칠편
하지골	下肢骨	Bones of lower extremities … … … … … … … …	십ᄉᆞ편
한관구	汗管口	Pore of skin … … … … … … … … … … …	일ᄇᆡᆨ륙십ᄉᆞ편
한열	寒熱	Temperature … … … … … … … … … … …	일ᄇᆡᆨ륙십팔편
허파	肺臟	Lung … … … … … … … … … … … … …	일ᄇᆡᆨ이십이편
현미경	顯微鏡	Microscope … … … … … … … … … … … …	삼십일편
혈구	血球	Blood corpuscle … … … … … … … … … …	ᄉᆞ십삼편
혈관	血管	Blood vessels … … … … … … … … … … …	오십편
혈ᄋᆡᆨ응고	血液凝固	Coagulation of blood … … … … … … … … …	ᄉᆞ십오편
혈장	血漿	Plasma … … … … … … … … … … … …	ᄉᆞ십오편
호흡ᄒᆞᄂᆞᆫ것	呼吸	Respiration … … … … … … … … … … …	일ᄇᆡᆨ십구편
호근육	呼筋肉	Expiratory muscle … … … … … … … … … …	일ᄇᆡᆨ삼십일편
호뎝골	蝴蝶骨	Sphenoid bone … … … … … … … … … … …	칠편
홍문	肛門	Anus … … … … … … … … … … … … …	일ᄇᆡᆨ십이편
회염연골	會厭軟骨	Epiglottis … … … … … … … … … … … …	일ᄇᆡᆨ이십팔편
횡격막	橫膈膜	Diaphragm … … … … … … … … … … … …	륙편
후두	喉頭	Larynx … … … … … … … … … … … …	일ᄇᆡᆨ이십구편
후두구	喉頭口	Glottis … … … … … … … … … … … … …	일ᄇᆡᆨ삼십팔편
후각	喉角	Process of vertebra … … … … … … … … … …	팔편

후두골	喉頭骨	Occipetal bone	칠편
흉관	胸管	Thoracic duct	일빅칠편
흉골	胸骨	Sternum	십일편
흉곽	胸廓	Chest, Thorax	륙편
흉막	胸膜	Pleura	일빅이십이편
흉퇴골	胸椎骨	Dorsal vertebra	팔편
흡근육	吸筋肉	Inspiratory muscles	일빅삼십일편
히부학	解剖學	Anatomy	일편
쟝선	腸腺	Intestinal gland	일빅삼편
쟝익	腸液	Intestinal juice	일빅삼편
쟝골	掌骨	Metacarpal bone	십삼편
졍믹	靜脉	Vein	오십일편
뎡물질	定物質	Mineral matter	십팔편
적혈구	赤血球	Red blood corpuscle	亽십삼편
젼두골	前頭骨	Frontal bone	칠편
조직	組織	Tissue	십팔편
조궁	爪宮	Matrix of nail	일빅륙십칠편
졸즁병	卒中病	Apoplexy	륙십팔편
쥬졍	酒精	Alcohol	삼십칠편

지골	指骨	Phalanges	십삼편
지각신경	知覺神經	Sensory nerve	일빅오십삼편
지치	智齒	Wisdom teeth	구십칠편
진피	眞皮	True skin	일빅륙십삼편
질소	窒素	Nitrogen	칠십이편
조극	刺棘	Stimulant	팔십일편
천골	薦骨	Sacrum	팔편
척슈	脊髓	Spinal cord	일빅륙편
척골	蹠骨	metatarsal bones	십륙편
척쥬	脊柱	Spinal column	팔편
척골	尺骨	Ulna	십삼편
척슈관	脊髓管	Spinal canal	팔편
촌충	寸蟲	Tapeworm	칠십팔편
취ᄒᆞᄂᆞᆫ것	醉	Narcotic	팔십일편
추골	槌骨	Malleus	일빅칠십오편
치의	齒醫	Dentist	구십구편
침	涎	Saliva	구십구편
침골	砧骨	Anvil	일빅칠십오편
ᄎᆡ식불변	彩色不變	Color blindness	일빅ᄉᆞ십편

타ᄋᆡᆨ션	唾液腺	Salivary gland	구십구편
탄소	炭素	Carbon	칠십이편
탄력	彈力	Elasticity	이십일편
탄산긔질	炭酸氣質	Carbonic acid gas	일ᄇᆡᆨ이십편
털	毛	Iron	칠십이편
톱	爪甲	Nail	일ᄇᆡᆨ륙십륙편
퇴골	椎骨	Vertebra	팔편
퇴골의홍예		Arch of vertebra	팔편
퇴골의몸	椎骨體	Body of vertebra	팔편
틔		Tea	팔십이편
파ᄒᆡᆼ부	爬行部	Reptiles	ᄉᆞ십삼편
팔	臂	Arm	십일편
폐긔포	肺氣胞	Air cells of lungs	일ᄇᆡᆨ이십이편
폐동ᄆᆡᆨ	肺動脈	Pulmonary artery	오십삼편
폐졍ᄆᆡᆨ	肺靜脈	Pulmonary vein	오십ᄉᆞ편
폐순환	肺循環	Pulmonary circulation	오십오편
포타시엄		Potassium	칠십이편
표피	表皮	Epidermis	일ᄇᆡᆨ륙십삼편
피부	皮膚	Skin	일ᄇᆡᆨ륙십이편

피	血液	Blood	ᄉᆞ십삼편
피의순환ᄒᆞ는것	血液循環	Circulation of blood	오십편
피지션	皮指腺	Sebaceous gland	일빅칠십칠편
완골	腕骨	Carpal bones	십삼편
원시안	遠視眼	Far sightedness	일빅팔십일편
화학	化學	Chemistry	십팔편
활익	滑液	Synovial fluid	이십이편
활익막	滑液膜	Synovial membrane	이십일편
황달증	黃疸症	Jaundice	일빅삼편
좌방	左房	Left auricle	오십이편
좌실	左室	Left ventricle	오십이편
췌	膵	Pancreas	일빅삼편
췌익	膵液	Pancreatic juice	구십오편

———

T

十一

G

H

I

五

F

D

E

INDEX.

A

B